# Glossário cervejeiro:
## da cultura à ciência

## Conselho Editorial da Editora Livraria da Física

Amílcar Pinto Martins - Universidade Aberta de Portugal

Arthur Belford Powell - Rutgers University, Newark, USA

Carlos Aldemir Farias da Silva - Universidade Federal do Pará

Emmánuel Lizcano Fernandes - UNED, Madri

Iran Abreu Mendes - Universidade Federal do Pará

José D'Assunção Barros - Universidade Federal Rural do Rio de Janeiro

Luis Radford - Universidade Laurentienne, Canadá

Manoel de Campos Almeida - Pontifícia Universidade Católica do Paraná

Maria Aparecida Viggiani Bicudo - Universidade Estadual Paulista - UNESP/Rio Claro

Maria da Conceição Xavier de Almeida - Universidade Federal do Rio Grande do Norte

Maria do Socorro de Sousa - Universidade Federal do Ceará

Maria Luisa Oliveras - Universidade de Granada, Espanha

Maria Marly de Oliveira - Universidade Federal Rural de Pernambuco

Raquel Gonçalves-Maia - Universidade de Lisboa

Teresa Vergani - Universidade Aberta de Portugal

Gabriel Gerber Hornink
Gabriel Galembeck
Alfredo Alberto Muxel

# Glossário cervejeiro:

da cultura à ciência

2ª Edição

2024

Copyright © 2024 os autores
1ª Edição

**Direção editorial**: Victor Pereira Marinho e José Roberto Marinho

**Capa**: Fabrício Ribeiro
**Projeto gráfico e diagramação**: Fabrício Ribeiro

Edição revisada segundo o Novo Acordo Ortográfico da Língua Portuguesa

Dados Internacionais de Catalogação na publicação (CIP)
(Câmara Brasileira do Livro, SP, Brasil)

Hornink, Gabriel Gerber
 Glossário cervejeiro : da cultura à ciência / Gabriel Gerber Hornink, Gabriel Galembeck, Alfredo Alberto Muxel. – 2. ed. – São Paulo: Livraria da Física, 2024.

Bibliografia.
ISBN 978-65-5563-397-9

1. Cerveja - História 2. Cerveja - Produção I. Galembeck, Gabriel. II. Muxel, Alfredo Alberto. III. Título.

23-181120 CDD- 641.23

Índices para catálogo sistemático:
1. Cervejas: Alimentos e bebidas 641.23

Eliane de Freitas Leite - Bibliotecária - CRB 8/8415

Todos os direitos reservados. Nenhuma parte desta obra poderá ser reproduzida sejam quais forem os meios empregados sem a permissão da Editora. Aos infratores aplicam-se as sanções previstas nos artigos 102, 104, 106 e 107 da Lei Nº 9.610, de 19 de fevereiro de 1998

LF Editorial
www.livrariadafisica.com.br
www.lfeditorial.com.br
(11) 2648-6666 | Loja do Instituto de Física da USP
(11) 3936-3413 | Editora

Produzir uma boa cerveja é uma arte que demanda muito trabalho,
criatividade e ciência (HORNINK, G.G./autor)

# Apresentação

Este glossário cervejeiro teve seu início em 2017, em paralelo a oferta da disciplina eletiva "Ciência da Cerveja" da Universidade Federal de Alfenas, a partir da observação das dificuldades enfrentadas pelos estudantes em definir diversos conceitos usados na produção cervejeira durante uma atividade de construção de glossários virtuais. Isto motivou a construção da primeira edição em 2019, com cerca de 700 verbetes, abordando desde conceitos científicos, até históricos e culturais envolvendo o universo cervejeiro.

Desde sua primeira edição, a demanda pelos conhecimentos científicos e gerais sobre a produção cervejeira cresceu, assim como as publicações na área, inclusive em língua portuguesa, trazendo muito mais termos para o cotidiano dos cervejeiros e consumidores, impulsionou a continuidade do trabalho de aprimoramento e criação de novos verbetes para o livro.

O trabalho de melhoria do glossário se iniciou em 2019, pouco tempo depois do lançamento da primeira edição e se estendeu por mais de quatro anos, tendo em vista a diversidade de novos termos que aparecerem em novas buscas, em grupos de cervejeiros nas redes sociais, no projeto de extensão Cerveja com Ciência e na própria disciplina Ciência da cerveja.

A construção da definição de cada termo é um trabalho complexo, que exige colocar o mesmo de forma clara, sucinta, tendo sempre referenciais para fundamentá-los.

Em 2022, o prof. Dr. Alfredo Alberto Muxel, autor do livro "Química da cerveja", lançado neste mesmo ano, entrou na equipe dos autores, trazendo importantes contribuições para melhoria dos verbetes, assim como a criação de novos, agregando ainda mais experiência e diversidade para a nossa equipe de trabalho.

Contamos novamente com a importante colaboração do prof. Eduardo de Figueiredo Peloso para revisão do material, contribuindo significativamente para elevar a qualidade deste trabalho.

Deste trabalho colaborativo, resultaram cerca de 1600 verbetes, os quais permitirão aos leitores se aprofundarem ainda mais no universo cervejeiro, assim como terem fonte para informações científicas que poderão ser usadas em trabalhos acadêmicos, assim como no dia a dia da produção cervejeira.

Boa leitura!

Gabriel Gerber Hornink
Alfredo Alberto Muxel
Gabriel Galembeck

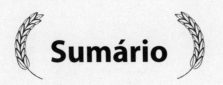

# Sumário

O Cervejeiro ................................................................................................11
Fases de produção da cerveja ...................................................................13
Informações adicionais .............................................................................17

Numéricos .................................................................................................19
A...................................................................................................................21
B...................................................................................................................51
C...................................................................................................................65
D...................................................................................................................93
E.................................................................................................................105
F.................................................................................................................119
G.................................................................................................................135
H.................................................................................................................145
I..................................................................................................................153
J..................................................................................................................161
K.................................................................................................................163
L.................................................................................................................167
M................................................................................................................179
N.................................................................................................................195
O.................................................................................................................199
P.................................................................................................................203
Q.................................................................................................................223
R.................................................................................................................225
S.................................................................................................................233
T.................................................................................................................249
U.................................................................................................................265
V.................................................................................................................267
W................................................................................................................269

X..........................................................................................271
Y..........................................................................................273
Z..........................................................................................275

Apêndices..........................................................................277
Referências........................................................................289
Lista de Abreviaturas.......................................................301
Índice remissivo................................................................305
Revisores técnicos............................................................337
Sobre os autores...............................................................339
Indicações de leitura........................................................341

# O Cervejeiro

Os princípios da produção cervejeira tem suas raízes em técnicas ancestrais de fermentação que se seguem ao longo do tempo e foram cruciais na história da humanidade e propulsionaram a ciência no desenvolvimento de novos conhecimentos, novas técnicas e equipamentos. Muitas dessas produções e inovações fazem parte de nosso dia a dia e são empregadas na indústria cervejeira e em muitos outros contextos.

**Figura 1** – O cervejeiro, xilogravura realizada por Jost Amman em 1568

Fonte: Jost Amman, domínio público

# Fases de produção da cerveja

A produção de cerveja, independentemente da forma como é realizada (artesanal, em micro, média ou grande indústria), segue um fluxo de produção semelhante que envolve diversos processos nas etapas das fases preparatórias, quente e fria (Figura 2), destacando que a limpeza e sanitização devem ser observados em todas as etapas, sendo fundamental na fase fria. As principais diferenças residem na escala, nos equipamentos, na automação, além de algumas etapas características do processo das microcervejarias e cervejarias.

Além disso, quando se pensa na produção comercial de cervejas, entram outros fatores importantes para garantir a padronização dos lotes e a qualidade da cerveja para o consumidor, como a armazenagem, a distribuição, o serviço (como servir a bebida, em garrafa, chopeira etc.).

Dependendo da escala, do tipo de montagem da produção, destacando a cozinha cervejeira (ex.: monobloco, bibloco, tribloco), e do estilo de cerveja que está sendo produzida, partes do processo podem ser alteradas, incluindo-se ou retirando-se etapas. Ademais, em produções maiores, a partir do término da primeira mosturação, inicia-se um novo ciclo de limpeza/sanitização do equipamento e nova mosturação, simultânea à continuidade do processo da primeira batelada, otimizando a produção e o uso dos equipamentos, aumentando a eficiência da produção.

**Figura 2** – Visão geral da produção cervejeira

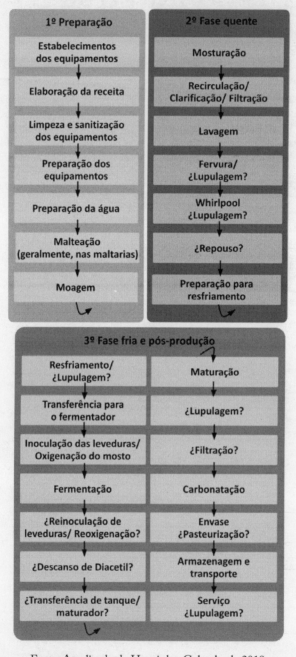

Fonte: Atualizado de Hornink e Galembeck, 2019.
Considere as etapas entre ¿ ? como opcionais.

Durante a etapa preparatória, do ponto de vista do planejamento, destaca-se a preparação da receita e do fluxo da produção. Nessa etapa também se destaca o processo de malteação dos cereais, o qual ocorre geralmente nas maltearias. A moagem dos grãos é considerada uma etapa determinante para a qualidade da mosturação, uma vez que poderá expor mais ou menos o conteúdo dos grãos, assim como facilitar ou dificultar a circulação do mosto e a extração de taninos.

Na fase quente, destacamos a etapa da mosturação, na qual as enzimas presentes nos grãos atuarão, preparando o mosto para fermentação pelas leveduras cervejeiras. Cada enzima presente atua em temperatura distinta (intervalos de atividade ótima), tendo atividade específica, a exemplo das enzimas que hidrolisam o amido, liberando açúcares fermentescíveis, enquanto outras hidrolisam as proteínas, reduzindo seus tamanhos e aumentando o teor de nitrogênio amínico livre (FAN).

Ao fim da mosturação, faz-se a clarificação e lavagem do mosto, iniciando a fervura e a lupulagem. Ao fim da fervura, faz-se o processo para decantação dos sedimentos (*Whirlpool*) que formarão o *trüb*.

O mosto resfriado é enviado aos fermentadores, no qual se inoculam as leveduras e, após o processo fermentativo, faz-se a maturação, carbonatação e envase (a cerveja poderá ser filtrada ou não, assim como poderá passar pelo processo de pasteurização).

Aprofunde seus conhecimentos sobre as fases da produção e os insumos cervejeiros no livro "Princípios da produção cervejeira e as enzimas na mosturação" (HORNINK, 2022 [2023]).

# Informações adicionais

As enzimas apresentadas neste glossário apresentam códigos aceitos e padronizados internacionalmente e que podem ser utilizados para busca de informações adicionais, sendo eles o código do PDB *(Protein Data Bank)* e o número EC *(Enzyme Commission Numbers)*.

O número EC foi estabelecido pelo *Nomenclature Committee of the International Union of Biochemistry and Molecular Biology* (NC-IUBMB) e representa um sistema para nomenclatura das enzimas, sendo composto por uma sequência de 4 números ($x$, $y$, $z$, $w$). O primeiro número ($x$) é o indicador da classe da reação catalisada (1. oxidorredutases, 2. transferases, 3. hidrolases, 4. liases, 5. isomerases, 6. ligases, 7. translocases); o segundo ($y$), a subclasse, a qual é organizada principalmente pelo tipo de substrato ou reação; o terceiro ($z$), a sub-subclasse, a qual é organizada pelos detalhes do tipo de reação; o quarto ($w$), representa o identificador único para a enzima dentro de uma sub-subclasse. Desta forma, cada enzima apresenta um número EC que a classifica e a identifica. Por exemplo, as enzimas responsáveis por hidrolisar (romper) as cadeias de proteínas e de carboidratos são da classe hidrolase (EC 3). Por exemplo, para a β-amilase tem o EC 3.2.1.2.

Para saber mais sobre cada enzima, acesse um dos sites a seguir e digite o EC desejado, completo e com pontos ou nome da enzima em inglês:

- https://www.qmul.ac.uk/sbcs/iubmb/search.html
- https://enzyme.expasy.org
- https://www.brenda-enzymes.org

Além do número EC, para cada enzima, indicamos também o código PDB, a partir do qual o leitor poderá buscar sua estrutura tridimensional e outras informações úteis. O PDB consiste em uma base de dados contendo informações experimentais sobre estruturas de diversas biomoléculas, como proteínas e enzimas. Destaca-se que para efeito ilustrativo, em alguns casos, pela falta do código PDB para a enzima específica presente na cevada, indicou-se o PDB da mesma enzima, mas de um organismo diferente. Como exemplo, a β-amilase tem o código PDB 2XFR.

A partir do PDB poderá visualizar a estrutura 3D da molécula, assim como obter informações extras sobre esta, para tanto, acesse o link (https://www.rcsb.org) e digite, no campo de busca, o código desejado.

Destaca-se que há sites onde o leitor poderá buscar por mais informações sobre diversas estruturas e biomoléculas, como o EMBL-EBI (http://www.ebi.ac.uk).

Com relação às espécies apresentadas no glossário, sejam de plantas, insetos, microrganismos de interesse cervejeiro, as mesmas podem passar constantemente por revisões taxonômicas, podendo ser reorganizadas em novos gêneros, por exemplo, ou serem consideradas sinônimos (heterotípicos ou homotípicos), passando-se a usar outra nomenclatura.

Dessa forma, padronizamos a nomenclatura com base no *"National Center for Biotechnology Information"* (NCBI) *taxonomy browser.*

Recomendamos que as bases taxonômicas sejam sempre consultadas para verificação dos nomes vigentes das espécies antes de empregá-las em trabalhos acadêmicos no *NCBI Taxonomy* (https://www.ncbi.nlm.nih.gov/taxonomy).

# Numéricos

**2-feniletanol:** Ver **Álcool fenetílico**.

**2,3-butanodiona:** Ver **Diacetil; Dicetonas/Dicetonas vicinais**.

**2-metilpropanal:** Ver **Isobutiraldeído**.

**2,3-pentanodiona:** Ver **Diacetil; Dicetonas/Dicetonas vicinais**.

**2,4,6-tricloroanisol:** Ver **Mofo**.

**4-Vinil-guaiacol:** Composto fenólico produzido pelas leveduras (*ácido ferúlico é o precursor*), resultando no sabor de cravo, podendo ser desejado (*on-flavor*) ou indesejado (*off-flavor*). Sabor típico em cervejas de trigo, podendo-se estimular a produção deste a partir dos insumos (malte de trigo), da mosturação, com a inclusão da parada ferúlica (rampa de mosturação), uso de leveduras específicas (com fenótipo POF+, "*phenolic off-flavor*" positivo) e temperatura de fermentação um pouco maior. Tipicamente, sua concentração varia de 0,05 e 0,55 mg/L, sendo que o limiar de detecção de sabor é de 0,2 mg/L. Ver **Parada ferúlica; Ácido ferúlico**.

**AAU:** Sigla em inglês para *Alpha acid unit* (Unidade de alfa ácidos), também chamado *Homebrew bitterness units* – HBU (Unidades de Amargor de Cerveja Caseira), é uma medida para quantidade de lúpulos, usada tipicamente em bateladas de 5 galões (18,9L). Pode ser calculado pela multiplicação do percentual de α-ácidos usados pela massa (gramas). AAU = (% α-ácidos) × (massa/ 28.35). Comumente se utiliza o IBU (International bitterness units) no lugar do AAU. Ver **IBU**.

*Abbey beer:* Termo em inglês para cerveja da abadia. Ver **Cerveja da abadia**.

*Abdijbier:* Termo em holandês para cerveja da abadia. Ver **Cerveja da abadia**.

**ABRACERVA**: Sigla da Associação Brasileira da Cerveja Artesanal, criada em 2013. Consiste em uma entidade civil da qual fazem parte: cervejarias, sommeliers, fornecedores, vendedores e entusiastas da cerveja artesanal. Ver **ACERVA**.

**ABV**: Sigla do inglês *Alcohol by volume* (álcool por volume – APV). É a medida de teor alcoólico mais comum nos rótulos das cervejas, indicando-se em percentual (% v/v). No Brasil, pela IN nº 65 (10/12/2019) estabelece: cerveja sem álcool, aquelas que apresentam valores menores que 0,5 % ABV; cerveja com álcool reduzido, aquelas que apresentam ABV maior que 0,5 %, até 2 %; álcool 0,0 %, deve-se ter até 0,05 % ABV. Destaca-se que cada estilo de cerveja tem uma faixa de ABV adequada ao mesmo. Para se calcular o ABV, pode-se utilizar os valores em g/mL da densidade final (DF) e inicial (DI) da fermentação, usando, por exemplo, uma das fórmulas a seguir: 1. fórmula padrão (Papazian): %ABV = 131,25 * (DI – DF); 2. ABV% = (DI – DF)/0,0075; 3. fórmula para cervejas de alta DI: ABV% = (76,08 * (DI –DF) / (1,775 –DI)) * (DF / 0,794). Também há métodos laboratoriais para se quantificar o etanol em bebidas, sendo por meio de HPLC o mais preciso. Ver **Gravidade específica/ GE; Cromatografia líquida de alta eficiência**.

**ABW**: Sigla do inglês *Alcohol by weight* (álcool por peso – APP). Indica a quantidade, em massa, de álcool por massa de bebida. Pode-se calcular o ABW a partir do ABV. ABW = ABV × 0,795. Ver **ABV**.

**Ácaro rajado**: Ácaro (*Tetranychus urticae*), também conhecido como aranhiço-amarelo, considerado uma praga, que pode infestar as plantas de lúpulo. Um animal, artrópode, da classe Arachnida, ordem Acariforme, se alimenta das plantas gerando debilidade nesta.

**Ácaro vermelho europeu:** Sinônimo de Aranhiço-vermelho. Ver **Aranhiço-vermelho**.

**Aceitação/testes de aceitação:** Conjunto de métodos quantitativos hedônicos/afetivos de análise sensorial utilizado para avaliar a aceitação, podendo ou não usar uma escala, de um determinado produto, viabilizando a compreensão local ou regional sobre a aceitação de sua cerveja. Ver **Métodos afetivos/ hedônicos**.

**ACERVA:** Sigla das Associações dos Cervejeiros Artesanais, com foco nos cervejeiros caseiros. A primeira foi a ACERVA Rio de Janeiro, criada em 2006, com o objetivo de congregar interessados e entusiastas na produção cervejeira, compartilhando conhecimentos, realizando cursos, compras compartilhadas etc. Atualmente são diversas ACERVAs regionais no Brasil, como a paulista, mineira, gaúcha, catarinense etc., além da ACERVA Brasil. Ver **ABRACERVA**.

**Acetaldeído:** Composto orgânico presente na cerveja, também chamado de etanal ($C_2H_4O$), é um dos metabólitos da fermentação etanólica, sendo formado a partir da descarboxilação do piruvato (nessa reação se forma gás carbônico – $CO_2$). Considera-se aceitável em pequenas concentrações na cerveja, 2-5 mg/L. Em maior concentração é considerado um *off-flavor* (gosto de maçã verde, solvente), sendo seu limiar de detecção sensorial em torno de 10 mg/L (ppm). A maior concentração pode ser decorrente de fermentação em temperaturas elevadas, baixa qualidade do inóculo de levedura, oxigenação excessiva ou alta inoculação, podendo atingir até 150 mg/L (ppm). O acetaldeído pode também ser formado pela oxidação do etanol, sendo um dos primeiros marcadores de oxidação da cerveja. Ver **Aldeído**.

**Acetato:** É a forma desprotonada do ácido acético ($pK_a = 4,76$), correspondendo à sua base conjugada. Ver **Ácido acético**.

**Acetato de etila:** Composto orgânico ($C_4H_8O_2$), também chamado de etanoato de etila, um éster produzido tipicamente nas cervejas, mas que em excesso pode gerar *off-flavor* (aroma desagradável) de solventes (esmalte de unha, acetona). Apresenta limiar de detecção de 18 mg/L (ppm). Geralmente mais evidente em cervejas Ales, sua produção é maior em fermentações com alta temperatura, aeração em excesso, baixo nível de FAN (Nitrogênio Amínico Livre) e pela presença de leveduras selvagens. Ver **Ester**.

A

**Acetato de isoamila:** Composto orgânico $(C_7H_{14}O_2)$, um éster que caracteriza o aroma de banana, também chamado de etanoato de 3-metilbut-1-ilo. Pode ser considerado desejável ou indesejável, de acordo com o estilo de cerveja (típico das cervejas de trigo, como *Weissbier*). Presente em todas cervejas (0,8-6,6 mg/L), com limiar de detecção de 1,4 mg/L (ppm). Produzido durante a fermentação, principalmente por leveduras para fermentação de cerveja de trigo. Ver **Ester**.

**Acético:** Termo usado em análise sensorial para se indicar o odor/aroma e gosto de ácido acético, oriundo de contaminantes ou inoculações intencionais. Ver **Ácido acético**.

**Acetificar:** Ação de acidificar o meio a partir da conversão de etanol em ácido acético, por bactérias acéticas (exemplo: *Acetobacter* spp. e *Gluconobacter* spp.). Ver **Acetobacter; Ácido acético**.

**Acetobacter:** Um dos gêneros de bactérias Gram-negativas responsáveis pela fermentação acética, convertendo etanol em ácido acético. Geralmente é contaminante, gerando o *off-flavor* acético (vinagre), sendo que há poucos estilos onde é desejável. São exemplos de espécies: espécies A. *aceti*; A. *pasteurianus*, A. *hansenii*. No geral, formam névoas ou películas na cerveja/mosto em fermentação. Ver **Ácido Acético; Fermentação acética; Lambic**.

**Acetobactérias:** Grupo de bactérias Gram-negativas, da família Acetobacteraceae, capazes de metabolizar o etanol e produzir ácido acético. Geralmente são contaminantes na fermentação, entretanto, podem ser utilizadas intencionalmente em alguns estilos de cerveja. São gêneros conhecidos: *Acetobacter* e *Gluconobacter*. Ver **Acetobacter; Bactérias ácido acéticas/BAA;** *Gluconobacter*.

**Ácido:** São substâncias químicas com tendência de doar prótons $(H^+)$ – Teoria de Brönsted-Lowry. Tanto substâncias orgânicas como inorgânicas podem ter características ácidas. Um ácido forte, em meio aquoso, dissocia-se por completo, liberando todos seus prótons (por ex.: ácido clorídrico, HCl; ácido sulfuro, $H_2SO_4$). Um ácido fraco, dissocia-se parcialmente (por ex.: ácido acético, $CH_3COOH$). Ácidos podem estar presente na cerveja e derivados dos ingredientes, como subproduto da fermentação ou adicionados durante o processo de produção, como exemplo a solução aquosa de ácido lático 88 %, utilizada para regular o pH da mosturação. Com relação ao gosto, ver **Gosto ácido**.

**Ácido acético**: Um ácido fraco, também chamado de ácido etanoico, é o ácido presente no vinagre. Composto orgânico ($CH_3COOH$), monoprótico, $pK_a = 4,76$ (código INS 260). Quando desprontonado/ionizado, denomina-se acetato. Além de conferir um sabor avinagrado desagradável (*off-flavor*) a presença do grupo carboxila contribui para aumentar a acidez da cerveja (redução do pH). Pode ser produzido por bactérias ácido acéticas (BAA) contaminantes na cerveja (destaque para *Acetobacter* spp. e *Gluconobacter oxydans*) ou mesmo intencionais. Pequenas concentrações podem ocorrer em preparações com atividade intencional de BAA. Concentração típica na cerveja: 30-200 mg/L. Limiar de detecção: 130 mg/ L. Ver **Acetobacter**.

**Ácido ascórbico**: Denominação química para a vitamina C (hidrossolúvel), também chamada de ácido L-ascórbico, um ácido orgânico ($C_6H_8O_6$), diprótico ($pk_{a1} = 4,17$; $pk_{a2} = 11,6$), importante em reações bioquímicas de hidroxilação e essencial para grande parte dos organismos. Quando desprontonado/ionizado, denomina-se ascorbato. Por apresentar características antioxidantes, pode ser usado como aditivo alimentar (código INS 300) com função antioxidante, inclusive em bebidas. Ver **Antioxidante; INS**.

**Ácido butanoico**: ver **Ácido butírico**.

**Ácido butírico**: É um ácido orgânico fraco ($C_4H_8O_2$), monoprótico, $pK_a = 4,82$, também chamado de ácido butanoico. Pode ser produzido durante a fermentação butírica, por bactérias anaeróbias contaminantes na cerveja. Quando desprontonado/ionizado, denomina-se butirato. Caracteriza-se como um *off-flavor* (aroma butírico) na cerveja, com odor/aroma de vômito de criança ou leite azedo, com limiar de detecção entre 2-3 mg/L (ppm), aparecendo tipicamente entre 0,5-1,5 mg/L.

**Ácido caprílico**: Composto orgânico ($C_8H_{16}O_2$), monoprótico ($pk_{a1} = 4,89$), também conhecido por ácido octanoico, considerado um ácido graxo. Quando desprontonado/ionizado, denomina-se caprato. Considera-se este como um *off-flavor* na cerveja, com odores/aromas que lembram sabão e queijo de cabra. Pode ser produzido durante a fermentação, principalmente quando o pH está baixo, assim como por leveduras selvagens e algumas bactérias contaminantes. Ver **Ácido caproico**.

**Ácido caproico**: Composto orgânico ($C_6H_{11}COOH$), monoprótico ($pk_{a1} = 4,88$) também conhecido por ácido hexanoico, considerado um ácido graxo saturado com cadeia curta. Quando desprontonado/ionizado, denomina-se caproato. Pode ser produzido por leveduras na cerveja, sendo considerado um *off-flavor* na cerveja, com aroma pungente, remetendo a queijo e suor. Algumas condições podem estimular a

A

produção deste pelas leveduras, como tempo longo de maturação em altas temperaturas, assim como excesso de leveduras. Aparecendo tipicamente entre 1 e 2 ppm. Algumas cepas, como as de Brettanomyces, têm maior probabilidade de produzir esse ácido. Uma das formas de se evitá-lo na maturação é purgando-o ao fim da fermentação. Ver **Ácido caprílico**.

**Ácido carbônico**: É um ácido orgânico fraco ($H_2CO_3$), diprótico ($pk_{a1}$ =3,77; $pk_{a2}$ = 10,25). Tende a se dissociar em íons hidrogênio ($H^+$) e bicarbonato ($HCO_3^-$). O ácido carbônico pode ser formado a partir do gás carbônico em solução aquosa, o qual reage com a água. Dessa forma, mantém-se um equilíbrio químico entre a formação de ácido carbônico a partir do gás carbônico e a água e sua dissociação: $CO_2 + H_2O \rightleftharpoons H_2CO_3 \rightleftharpoons HCO_3^- + H^+$.

**Ácido cítrico**: É um ácido orgânico fraco ($C_6H_8O7$), triprótico ($pk_{a1}$ = 3,15; $pk_{a2}$ = 4,77; $pk_{a3}$ = 6,40), chamado também de citrato de hidrogênio ou ácido 2-hidroxi-1,2,3-propanotricarboxílico (código INS 330). Quando desprontonado/ionizado, denomina-se citrato. Encontrado nas frutas cítricas e muito utilizado na indústria alimentícia na formação de tampão (em conjunto com citrato de sódio ou outros sais), para redução do pH, conservante etc. No processo cervejeiro, pode-se usá-lo no controle do pH e na preparação do açúcar invertido (*priming* para carbonatação) e *candy-sugar*. Encontrado nas cervejas, tipicamente, entre 90-300 mg/L (ppm), sendo o limiar de detecção sensorial em torno de 170 mg/L. Ver **Solução tampão**.

**Ácido etanoico**: Ver **Ácido acético**.

**Ácido etilenodiamino tetra-acético**: Ver **EDTA.**

**Ácido fítico**: Composto orgânico, também chamado de mio-inositol hexaquisfosfato ($C_6H_{18}O_{24}P_6$), está presente nas plantas, sendo a principal forma de armazenamento de fósforo (como fosfato). O fitato é sua forma desprotonada, aniônica, sendo a mais comum nos vegetais, sendo um quelante de minerais, como o cálcio (Ca), magnésio (Mn), manganês (Mn), ferro (Fe) e zinco (Zi). O fitato pode ser hidrolisado pela enzima fitase, a qual desfosforila este, tendo como produto final o inositol e os fosfatos. Ver **Fitase**.

**Ácido ferúlico**: Composto orgânico ($C_{10}H_{10}O_4$), diprótico, $pK_{a1}$ = 4,56 (carboxila) e $pk_{a2}$ = 8,63 (hidroxila), da família dos ácidos hidroxicinâmicos, também chamado de ácido 3-metoxi-5-hidroxicinâmico. Quando desprontonado/ionizado, denomina-se ferulato. Presente na parede vegetal dos cereais, como nos grãos de cevada e, principalmente, de trigo, podendo ser convertido pelas leveduras em 4-vinil-guaiacol, o qual resulta no aroma de cravo. Sua liberação ocorre a partir da ação da esterase de ácido ferúlico, durante a parada do ácido ferúlico/parada ferúlica. Ver **4-vinil--guaiacol; Esterase de ácido ferúlico; Parada ferúlica, Polifenol**.

**Ácido forte**: São ácidos que se ionizam/desprotonam (liberam $H^+$) completamente em soluções aquosas, como, por exemplo, ácido clorídrico (HCl), ácido sulfúrico ($H_2SO_4$), entre outros. Ver **Ácido**.

**Ácido fosfórico**: Ácido inorgânico fraco a medianamente forte ($H_3PO_4$), triprótico ($pk_{a1}$ = 2,14; $pk_{a2}$ = 7,19; $pk_{a3}$ = 12,31), chamado também de ácido ortofosfórico (código INS 338). Quando desprotonado/ionizado ser denominado como: $H_2PO_4^-$, dihidrogenofosfato; $HPO_4^{2-}$, hidrogenofosfato; $PO_4^{-2}$, fosfato. Pode ser usado para correção do pH da mostura, na lavagem ácida, além de outros usos. Ver **Lavagem ácida**.

**Ácido fraco**: São ácidos que se ionizam (liberam $H^+$) parcialmente em soluções aquosas, como, por exemplo, ácido carbônico, ácido acético, ácido cítrico, ácido fosfórico, entre outros. O pH de soluções contendo ácido fraco pode ser calculado a partir da equação de Henderson–Hasselbalch: $pH = pka + log\dfrac{[baseconjudaga]}{[ácidoconjugado]}$. Ver **Ácido**.

**Ácido graxo**: Um dos principais componentes lipídicos, apresentando-se como uma cadeia longa de carbonos aberta (acíclica/alifática), com um grupo carboxila na extremidade, podendo variar no número de carbonos e número e posição de duplas ligações entre carbonos. Componente do triacilglicerol e outros lipídios.

**Ácido hexanoico**: Ver **Ácido Caproico**.

**Ácido isovalérico**: Composto orgânico, ácido fraco ($C_5H_{10}O_2$), monoprótico ($pk_{a1}$ = 4,67), com grupo carboxílico, também chamado de ácido 3-metil-butanoico. Quando desprontonado/ionizado, denomina-se isovalerato. Com odor similar a queijo, podendo ser confundido com o odor butírico, é considerado um *off-flavor* quando presente na cerveja, porém é aceitável em alguns estilos específicos, como em cervejas Geuzes. Pode se originar da oxidação de $\alpha$-ácidos, principalmente de lúpulos velhos ou mal conservados. É um aroma desejado em alguns estilos de cervejas inglesas e que ocorre também em algumas cervejas fermentadas com leveduras do gênero *Brettanomyces*. Concentração típica na cerveja: 0,2-1,5 mg/L. Limiar de detecção: 1,2 mg/ L. Ver **Butírico; Geuse**.

**Ácido lático**: Composto orgânico, ácido fraco ($C_3H_6O_3$), com grupo carboxílico e álcool (CH3–CH(OH)–COOH), monoprótico, $pK_a = 3,86$, comumente usado para controle de pH da água e mosto cervejeiro (código INS 270). Quando desprotonado/ionizado, denomina-se lactato. Também pode ser produzido por bactérias ácido láticas (BAA) na cerveja (destaque para *Lactobacillus* spp. e *Pediococcus* spp.), estas podem ser contaminantes ou inseridas intencionalmente em cervejas, como dos estilos Lambics, *Catharina Sour*, *Berliner weisse* ou outros estilos com bactérias consorciadas. Pode ser encontrado na cerveja entre 50 e 300 mg/L, sendo seu limiar de detecção de 400 mg/L. Ver **Bactérias ácido láticas/BAL**.

**Ácido málico**: Composto orgânico, ácido fraco ($C_4H_6O_5$) diprótico ($pk_{a1} = 3,4$; $pk_{a2} = 5,15$), comumente encontrado em pequenas concentrações na cerveja (código INS 296). Quando desprontonado/ionizado, denomina-se malato. Sua maior produção ocorre quando da adição de bactérias que realizam fermentação malolática, consorciadas no processo de fermentação da cerveja ou vinho, como *Levilactobacillus brevis* (basiônimo *Lactobacillus brevis*), *Lactiplantibacillus plantarum* e, principalmente, *Oenococcus oeni*.

**Ácido mevalônico**: Importante composto ($C_6H_{12}O_4$) usado como precursor da biossíntese de diversos compostos bioquímicos (via do mevalonato/HMG-CoA redutase), como os terpenos presentes nos óleos essenciais do lúpulo. A forma desprotonada (mevalonato) é prevalente nos organismos vivos. Ver **Terpenos**.

**Ácido octanoico**: Ver **Ácido caprílico**.

**Ácido peracético**: Composto orgânico ($CH_3CO_3H$), ácido fraco monoprótico ($pK_a = 8,2$). Quando desprontonado/ionizado, denomina-se peracetato. Muito usado na sanitização de equipamentos cervejeiros. Resultante da combinação de ácido acético e peróxido de hidrogênio. Deve-se ler o rótulo do fabricante para aplicar o percentual de diluição adequado, além de usar os EPIs indicados durante a preparação e aplicação. Ver **EPI**.

**Ácido pirúvico**: Ácido orgânico fraco ($C_3H_4O_3$), monoprótico ($pk_a = 2,49$), geralmente apresentando-se na forma desprotonada (piruvato). É o produto final da via glicolítica (glicólise). Em vias aeróbias, este composto pode ser descarboxilado para formação de Acetil-CoA e oxidação no ciclo de Krebs (ciclo do ácido cítrico). Em vias anaeróbicas, o piruvato poderá ser usado em vias distintas no citosol, de acordo com o tipo de fermentação. Por exemplo: na lática, será convertido em lactato; na etanólica, primeiramente em acetaldeído e, por fim, em etanol. Ver **Glicólise**; **Fermentação**.

**Ácido propiônico:** Composto orgânico, ácido fraco $(C_3H_6O_2)$ monoprótico, $pK_a$ = 4,87 (código INS 280). Quando desprotonado, denomina-se propionato. Também chamado de ácido propanoico. Sua produção ocorre a partir da fermentação propiônica, podendo ocorrer na cerveja a partir de bactérias propiônicas contaminantes, como as dos gêneros *Propionibacterium*, *Veillonella*, *Selenomonas*, *Clostridium*, *Fusobacterium* etc. Seu limiar de detecção é de 150 ppm. Ver **Fermentação propiônica**.

**Ácido sulfídrico:** Ver **Sulfeto de hidrogênio**.

**Ácido sulfúrico:** Ácido forte $(H_2SO_4)$, altamente corrosivo, exigindo muito cuidado e uso de EPIs em seu manuseio, sendo que em altas concentrações pode causar queimaduras graves na pele. Dentre as diversas aplicações, pode-se utilizá-lo na lavagem ácida da lama cervejeira, sempre em grau alimentício. Ver **EPI**; **Lavagem ácida**.

**Aço 18/8:** Sinônimo de aço inox 304. Ver **Inox 304**.

**Aço inox:** O aço é uma liga metálica, prioritariamente de ferro (Fe) e cromo (Cr), podendo haver outros metais (como níquel – Ni, Manganês – Mn e molibdênio – Mo). São classificados pela AISI (*American Iron and Steel Institute*) de acordo com sua liga em Austeníticos (201, 304, 304L, 316, 316L etc.), Ferríticos (409, 410S, 430 etc.) ou Martensítico (410, 420, 498 etc.), sendo os mais comuns na indústria alimentícia e de bebidas o Inox 304 e o 201. Cada tipo apresenta características de dureza e diferentes resistências à corrosão, com aplicações distintas, desde uma faca, bancadas, tanques de fermentação, parafusos etc. Ver **AISI**; **Inox 201**; **Inox 304**.

**Aço inoxidável:** Ver **aço inox**.

**ACS:** Sigla em inglês para *American Chemical Society*, correspondendo à indicação, para reagentes químicos, do grau de sua pureza estipulado pela ACS. Reagentes ACS devem corresponder às especificações e limites máximos dos parâmetros indicados. Dependendo do país, esse grau de pureza é aceito em reagente para uso em alimentos, bebidas, fármacos, medicinal ou reações que exigem pureza igual ou maior a 95 %. No Brasil, a Anvisa estabelece o uso alimentar intencional de reagentes com pureza FAO-OMS ou FCC. Ver **FAO-OMS**; **FCC**; **Grau de pureza do sal**.

**Açúcar-cândi:** Ver *Candy sugar*.

**Açúcar de mesa:** Ver **Sacarose**.

**Açúcar invertido**: Xarope obtido a partir da hidrólise da sacarose (açúcar comum), produzindo-se glicose e frutose por meio de fervura, preferencialmente em meio ácido (pode-se adicionar um pouco de ácido cítrico).

**Açúcar** *priming*: Ver *Priming*.

**Açúcar residual**: São os açúcares (carboidratos) que não foram aproveitados pela levedura, extrato residual, geralmente igual ou maiores que maltotetroses (quatro glicoses ligadas) ou outros não fermentescíveis. Contribuem para o corpo da bebida. Em caso de fermentação incompleta, parte dos açúcares residuais podem ser açúcares fermentescíveis, afetando a qualidade e estabilidade do produto. Ver **Corpo da Cerveja**.

**Açúcar**: **1.** Termo genérico para carboidratos pequenos, cristalizáveis, comestíveis, de sabor adocicado, solúveis em água. Incluem-se: sacarose, lactose e frutose. **2.** Em alguns contextos, pode ser sinônimo de açúcar de mesa (sacarose).

**Adesina**: Ver **Zimolectina**.

**Adhumulona/Ad-humulona**: Um dos $\alpha$-ácidos presentes no lúpulo, em menor quantidade (10-15 %), que, quando isomerizados, contribui com o amargor da cerveja. Ver **Alfa-ácidos/$\alpha$-ácidos**.

**Aditivos**: São compostos químicos de origem natural ou sintética, os quais podem ser adicionados intencionalmente na cerveja ou durante o preparo desta e, de acordo com o decreto no 6871 de 04/06/2009, artigo 2°, inciso VII, "[…] sem propósito de nutrir, com o objetivo de conservar ou modificar as características físicas, químicas, biológicas ou sensoriais, durante a produção, elaboração, padronização, engarrafamento, envasamento, armazenagem, transporte ou manipulação". Estes podem ser usados, desde que autorizados pela legislação do país. Um exemplo de lista com compostos autorizados está na resolução da Anvisa RDC nº 64/2011). Não confundir com adjuntos. Ver **Adjuntos; Antioxidante; Antiespumante**.

**Adjuntos**: São insumos usados na mosturação, como fontes de amidos e outros carboidratos (usados como fonte parcial da receita, conforme legislação vigente). A Instrução normativa nº 65 (10/12/2019) informa que "Consideram-se adjuntos cervejeiros a cevada cervejeira não malteada e os demais cereais malteados ou não--malteados aptos para o consumo humano como alimento". Além desses, incluem--se também outros ingredientes de origem vegetal (ex. mandioca) e o mel. Demais ingredientes, cuja função principal não seja contribuir como fonte de amido (açúcar), não são considerados adjuntos. Não confundir com aditivos. Ver **Aditivos**.

**Adlupulona/Ad-lupulona**: Um dos β-ácidos presentes no lúpulo (5-10 %), na fração da resina mole. Praticamente não contribui com o amargor na cerveja. Ver **Beta-ácidos/β-ácidos**.

**Adoçante**: Ver **Edulcorante**.

**Adsorção**: Processo físico-químico no qual uma molécula de um composto (adsorvido), em meio aquoso, adere-se em uma superfície/substância sólida (adsorvente). Quando a adsorção ocorre por forças físicas, denomina-se fisissorção e, por meio químico, quimissorção. Um exemplo seriam os compostos adsorvidos pela madeira de barris durante a etapa de maturação ou mesmo os compostos adsorvidos da água pelo carvão ativado durante uma filtração. Ver **Adsorvente**; **Polyclar/PVPP**.

**Adsorvente**: Compostos sólidos usados em processos de adsorção de moléculas, ou seja, usados na produção cervejeira para remover algum composto indesejado pela aderência desta no adsorvente. Exemplos de uso: a sílica – ex. *Biofine clear* – pode ser usada na adsorção (e consequente remoção) de proteínas que contribuem para turbidez, auxiliando na clarificação da cerveja; a polivinilpolipirrolidona (PVPP) – ex. *Polyclar* – pode ser usada para adsorção de polifenóis que contribuem para turbidez, auxiliando também na clarificação da cerveja. Ver **Adsorção**; *Biofine clear*; **Polyclar/PVPP**.

**Adstringência**: Uma das sensações trigeminais (associadas ao tato) que se pode ter na cavidade oral, resultando na sensação de "pega", sensação de secura na boca, como percebemos ao comer caqui e banana-verde. Na cerveja, é resultado da presença dos taninos (polifenóis). Ver **Polifenol/Polifenóis**; **Taninos**.

**Adstringente**: Ver **Adstringência**.

*Aegir/Ægir*: Deus do mar da mitologia nórdica, considerado também deus da cerveja. Anfitrião de outros deuses durante o inverno, como Thor, servindo, para estes, cerveja em copos que se reabasteciam magicamente.

**Aeração**: Ver **Oxigenação**.

**Aeróbio**: Organismos que se desenvolvem melhor ou exclusivamente na presença de oxigênio, com sua utilização na respiração celular. Capazes de utilizar o oxigênio no metabolismo de produção de ATP, com maior rendimento energético, quando comparado às vias fermentativas. Organismos que sobrevivem somente em ambiente com oxigênio são chamados de aeróbios estritos. Caso, na ausência de oxigênio, também possa realizar fermentação, será considerado como aeróbio facultativo. Ver **Anaeróbio**.

**Afídeos do lúpulo**: Sinônimo de Pulgão do lúpulo – praga do lúpulo. Ver **Pulgão do lúpulo**.

**Aflatoxina**: Micotoxinas carcinogênicas, teratogênicas e mutagênicas que podem ser produzidas por fungos (cerca de 18 tipos), nos grãos armazenados (depende dos cuidados de armazenagem). Considerada como a substância natural de maior efeito carcinogênico. O gênero *Aspergillus* é um dos tipos de fungos comuns que podem produzir a toxina. *A. flavus* produz B1 e B2 e *A. parasiticus* produz Bi, B2, G1 e G2. Há níveis máximos permitidos, estabelecido por lei, em cada país. No Brasil, o limite máximo tolerado de Aflatoxina B1, B2, G1 e G2 em cereais malteados ou não (exceto milho) é de 5 µg/kg e, para milho, 20 µg/kg. Sempre verifique a legislação vigente. Ver *Aspergillus*; **Micotoxina**.

*Afterfeel*: Termo usado em análise sensorial para indicar a sensação residual após ingestão do alimento/bebida, como adstringência, refrescância, calor, sensação de matar a sede etc. (sensações físicas/táteis). Está relacionado, geralmente, às propriedades físicas do alimento.

*Aftertaste*: Ver **Retrogosto**.

**Agente floculante**: Ver **Clarificante**.

**Ageusia**: Termo usado em análise sensorial para indicar a perda ou redução do paladar. O principal motivo da redução do paladar é o ato de fumar. Também pode ocorrer como resultado, por exemplo, da ingestão de algum medicamento ou por processos degenerativos dos nervos. Ver **Análise sensorial**.

**Agitador magnético**: Equipamento usado para agitar soluções em vidros laboratoriais. Utiliza-se uma barra magnética revestida ("peixinho"), a qual pode ser inserida em um béquer ou erlenmeyer, sendo esta movimentada pelo campo magnético rotacional gerado pelo equipamento. No meio cervejeiro pode ser usada para agitar a solução do *starter* para propagação de leveduras ou mesmo diluir sais em pequenos volumes de água. Ver **Barra magnética**; *Starter*.

**Aglutinação**: Agrupamento de células por adesão no processo final da fermentação. Contribuirá para a formação do sedimento de leveduras, popularmente chamado de lama ou torta de leveduras.

**Agrokeg**: Barril de cerveja (*keg*) construído a partir de bombas de pulverização agrícola, não sendo recomendada sua produção e uso. Apesar de ter se tornado uma prática no meio cervejeiro caseiro, deve-se atentar que o mesmo não apresenta os requisitos técnicos de construção para este fim, apresentando riscos físicos para seu manuseio. Além disso, a composição do plástico do mesmo não tem a qualidade para uso alimentar, apresentando risco de toxicidade para os seres humanos.

**Água cervejeira**: Água utilizada no processo cervejeiro, a qual pode passar por diversos tipos de tratamento, como filtragem com carvão ativado para remoção de cloro livre, correção de pH, dureza e sais específicos.

**Água de Burton**: Um dos perfis de água cervejeira que pode ser utilizada na mostura, de origem na cidade de *Burton Upon Trent* (UK), conhecida por sua alta concentração de sulfatos e maior dureza. Destacam-se os íons: Cálcio/$Ca^{2+}$ (268 ppm); Magnésio/$Mg^{2+}$ (62 ppm); Sódio/$Na^+$ (30 ppm); Sulfatos/$SO_4^{2-}$ (638 ppm); Cloretos/$Cl^-$ (36 ppm) e Carbonatos/$CO_3^{2-}$ (141 ppm). Este perfil é indicado a estilos com alta lupulagem, pois ressalta o amargor da bebida, como: India Pale Ale. Ver **Perfil de água cervejeira**.

**Água de Dortmund**: Um dos perfis de água cervejeira que pode ser utilizada na mostura, de origem na cidade de Dortmund (Alemanha). Destacam-se os íons: Cálcio/$Ca^{2+}$ (237 ppm); Magnésio/$Mg^{2+}$ (26 ppm); Sulfatos/$SO_4^{2-}$ (318 ppm); Cloretos/$Cl^-$ (53 ppm) e Bicarbonato/$HCO_3^-$ (174 ppm). As concentrações de carbonatos e sulfatos acentuam o amargor da cerveja, assim como as maiores concentrações de sódio e cloretos ressaltam o sabor da bebida. Este perfil é indicado a estilos como: Export Lager. Ver **Perfil de água cervejeira**.

**Água de Dublin**: Um dos perfis de água cervejeira que pode ser utilizada na mostura, de origem na cidade de Dublin (Irlanda), com maior concentração de carbonatos e menor de sulfatos (similar a água de London). Destacam-se os íons: Cálcio/$Ca^{2+}$ (118 ppm); Magnésio/$Mg^{2+}$ (4 ppm); Sódio/$Na^+$ (12 ppm); Sulfatos/$SO_4^{2-}$ (54 ppm); Cloretos/$Cl^-$ (19 ppm) e Bicarbonato/$HCO_3^-$ (319 ppm). Este perfil é indicado a estilos mais secos como: *Dry stout*. Ver **Água de London**; **Perfil de água cervejeira**.

**Água de Edinburgh**: Um dos perfis de água cervejeira que pode ser utilizada na mostura, de origem na cidade de Edimburgo (Escócia). Destacam-se os íons: Cálcio/$Ca^{2+}$ (125 ppm); Magnésio/$Mg^{2+}$ (25 ppm); Sódio/$Na^+$ (55 ppm); Sulfatos/$SO_4^{2-}$ (140 ppm); Cloretos/$Cl^-$ (65 ppm) e Bicarbonato/$HCO_3^-$ (225 ppm). Este perfil é indicado a estilos como: *Scottish ale*. Ver **Perfil de água cervejeira**.

**Água de infusão**: Termo usado para indicar a água quente usada para adição aos grãos moídos (*grist*) visando a mosturação. Pode-se usar no início de uma mosturação, para a primeira temperatura da rampa ou, em casos de infusão, para manutenção ou aumento da temperatura. Ver *Grist*; **Temperatura da água de Infusão**.

**Água de lavagem**: Ver **Água secundária**.

**Água de Londres**: Um dos perfis de água cervejeira que pode ser utilizada na mostura, de origem na cidade de Londres (UK), com maior concentração de carbonatos e menor de sulfatos (similar a água de Dublin). Destacam-se os íons: Cálcio/$Ca^{2+}$ (90 ppm); Magnésio/$Mg^{2+}$ (4 ppm); Sódio/$Na^+$ (24 ppm); Sulfatos/$SO_4^{2-}$ (58 ppm); Cloretos/$Cl^-$ (18 ppm) e Carbonatos/$CO_3^{2-}$ (123 ppm). Este perfil é indicado a estilos mais doces e imperial: *British bitter*, *Sweet Stout*. Ver **Água de Dublin**; **Perfil de água cervejeira**.

**Água de Melbourne**: Um dos perfis de água cervejeira que pode ser utilizada na mostura, de origem na cidade de Melbourne (Austrália). Similarmente ao perfil de água de Pilsen, é uma água muito mole, adequada para pale ale e lagers suaves. Destacam-se os íons: Cálcio/$Ca^{2+}$ (1,3 ppm); Magnésio/$Mg^{2+}$ (0,8 ppm); Sódio/$Na^+$ (4,5 ppm); Sulfatos/$SO_4^{2-}$ (0,9 ppm); Cloretos/$Cl^-$ (6,5 ppm) e Carbonatos/$CO_3^{2-}$ (3,6 ppm). Este perfil é indicado a estilos como: Vienna lager. Ver **Água de Pilsen**; **Perfil de água cervejeira**.

**Água de Munique**: Um dos perfis de água cervejeira que pode ser utilizada na mostura, de origem na cidade de Munique (Alemanha). Destacam-se os íons: Cálcio/$Ca^{2+}$ (80 ppm); Magnésio/$Mg^{2+}$ (19 ppm); Sódio/$Na^+$ (1 ppm); Sulfatos/$SO_4^{2-}$ (5 ppm); Cloretos/$Cl^-$ (1 ppm) e Carbonatos/$CO_3^{2-}$ (164 ppm). Este perfil é indicado a estilos como: Oktoberfest. Ver **Perfil de água cervejeira**.

**Água de Pilsen**: Um dos perfis de água cervejeira, muito mole (dureza), de origem na cidade de Pilsen (República Tcheca), muito mole e com poucos sais, como a Água de Melbourne. Destacam-se os íons: Cálcio/$Ca^{2+}$ (7,1 ppm); Magnésio/$Mg^{2+}$ (3,4 ppm); Sulfatos/$SO_4^{2-}$ (4,8 ppm); Cloretos/$Cl^-$ (5 ppm) e Bicarbonato/$HCO_3^-$ (14 ppm). Este perfil é indicado a estilos como: Pilsner. Ver **Água de Melbourne; Perfil de água cervejeira.**

**Água de Viena**: Um dos perfis de água cervejeira que pode ser utilizada na mostura, de origem na cidade de Viena (Áustria). Destacam-se os íons: Cálcio/$Ca^{2+}$ (163 ppm); Magnésio/$Mg^{2+}$ (68 ppm); Sulfatos/$SO_4^{2-}$ (216 ppm); Cloretos/$Cl^-$ (39 ppm) e Bicarbonato/$HCO_3^-$ (243 ppm). Este perfil é indicado a estilos como: Vienna lager. Ver **Perfil de água cervejeira.**

**Água deionizada**: Água livre de íons positivos (cátions) ou negativos (ânions), principalmente oriundos dos sais, produzida por processo de deionização, que pode incluir colunas de resinas carregadas com cargas (positivas e negativas), além de combinação das colunas com método de osmose reversa, dessa forma, gasta-se menos com as colunas. Ver **Osmose reversa.**

**Água desmineralizada**: Corresponde a água cujos minerais foram retirados parcialmente/seletivamente ou totalmente, geralmente utilizada para fins laboratoriais e industriais ou quando se pretende produzir água cervejeira com perfis de sais padronizados. Pode-se usar técnicas de desmineralização, por exemplo, para reduzir o teor de cálcio da água cervejeira. Pode-se usar também para diluir sais naturalmente encontrados em águas cervejeiras. Ver **Desmineralização; Osmose reversa.**

**Água destilada**: Corresponde à água que passou por algum método de destilação, simplificadamente, evapora-se a água e posteriormente a condensa, recolhendo o condensado. Retiram-se a maior parte das impurezas e sais (ressalta-se que o mercúrio e diversos compostos orgânicos voláteis podem evaporar com a água). Dessa forma, pode-se usar esta água em diversas atividades laboratoriais, industriais, para arrefecer radiadores etc.

**Água dura**: Refere-se à água com concentração total de sais dissolvidos (como sais de cálcio e magnésio) entre 151-300 ppm. No geral, recomenda-se usar água com cerca de 150 ppm de dureza total na preparação de cervejas Ales escuras (p.ex.: *Stouts, Porters*), sendo que há estilos que usam com maior concentração. Para cervejas claras, ver **Água Mole.**

**Água moderadamente dura**: Refere-se à água com concentração total de sais dissolvidos (como sais de cálcio e magnésio) entre 51 e 150 ppm. Pode-se usar água com cerca de 150 ppm de dureza total para cervejas escuras. Para cervejas claras, ver **Água mole**; para escuras, ver **Água dura.**

**Água mole:** Refere-se à água com concentração total de sais dissolvidos (como sais de cálcio e magnésio) entre 0-50 ppm. No geral, recomenda-se usar água com 10 a 50 ppm de dureza total na preparação de cervejas Lagers. Para cervejas escuras, ver **Água dura** ou **Água moderadamente dura**.

**Água muito dura:** Refere-se à água com concentração total de sais dissolvidos (como sais de cálcio e magnésio) acima de 300 ppm. Utilizada em poucos estilos de cerveja. Para cervejas claras, ver **Água mole**; para escuras, ver **Água dura** ou **Água moderadamente dura**.

**Água para *priming*:** Ver **Quantidade de água para *priming***.

**Água primária:** Corresponde ao volume de água utilizado na primeira etapa da mosturação, quando da adição aos grãos moídos. Deve-se considerar a Razão água: malte que será utilizada, a qual dependerá do equipamento utilizado e da técnica. Recomenda-se entre 2,7 a 4 litros de água por quilo de malte (avaliar o equipamento, o procedimento e os objetivos da produção). Ver **Razão água: malte**.

**Água secundária:** Corresponde ao volume de água utilizado na lavagem do malte após mosturação e *mash-out*. O volume variará com o equipamento e técnica escolhida para produção. Recomenda-se que a água secundária esteja entre 76 e 78 °C, para manter as enzimas inativadas e que o pH desta água esteja próximo ao pH da mostura. Ver **Água primária**; **Lavagem**; **Mosturação**; *Mash-out*; **pH**.

***Airlock*:** Válvula no formato de um sifão que pode ser preenchido com etanol, geralmente plástica, que é conectada no topo dos fermentadores, possibilitando a saída do dióxido de carbono ($CO_2$) e impedindo a entrada/retorno do ar atmosférico, dessa forma, garantindo a fermentação anaeróbica.

**AISI:** Sigla para *American Iron and Steel Institute*. O AISI é responsável por definir os tipos de Inox, como Inox AISI 201 e 304, de acordo com a composição e outras características. Ver **Aço inox**; **Inox 201**; **Inox 304**.

**AISI 201:** Refere-se ao aço inox 201. Ver **Inox 201**.

**AISI 304:** Refere-se ao aço inox 201. Ver **Inox 304**.

**Albumina:** Termo usado para uma classe de proteínas globulares, solúveis em meio aquoso. Na cevada se encontram as isoformas Z4 e Z7 da proteína Z (uma albumina). Estas estão envolvidas, entre outros aspectos, na coagulação de proteínas durante a brassagem, além de se acreditar que estejam envolvidas com a estabilidade da espuma. Ver **Proteína Z**.

**Álcali**: Ver **Base**.

**Alcalinidade da água**: Refere-se à capacidade do sistema aquoso em neutralizar ácidos, principalmente devido à presença de carbonatos e bicarbonatos. A alcalinidade da água é resultado, principalmente, da presença de carbonatos e bicarbonatos. Ver **pH; pHmetro; pOH**.

**Alcalino**: **1**. Refere-se a uma solução aquosa que tenha pH maior que 7. **2**. Termo usado em análise sensorial para o gosto alcalino e desagradável (*Taint*), resultante de contaminantes externos (ex. soda cáustica). Ver **Base; pH; pOH;** *Taint*.

**Álcool**: Composto orgânico que possui como grupo funcional a hidroxila (–OH) ligado a um carbono saturado na cadeia carbônica. O álcool mais comum é o etanol ($C_2H_5OH$), o qual pode ser produzido a partir da fermentação etanólica, como pelas leveduras cervejeiras. Álcoois com três ou mais carbonos são considerados superiores. Ver **Etanol**.

**Álcool 70%**: Corresponde à solução de álcool etílico (etanol) hidratado 70°INPM (70% p/p) ou 74,7°GL (77% v/v). O percentual de 70% de etanol maximiza seu efeito sanitizante. Muito utilizado como sanitizante nas cervejarias e outros locais, pode ser encontrado líquido ou gel. Ver **Sanitização**.

**Álcool absoluto**: Ver **Álcool anidro**.

**Álcool anidro**: Corresponde ao álcool etílico (etanol) puro, retificado e desidratado, e graduação alcoólica entre 99,5 e 99,8°GL.

**Álcool de fúsel/Álcool fúsel**: Corresponde a mistura de vários álcoois superiores, principalmente álcool amílico, isoamílico, propanol, butanol. Podem ser produzidos como subproduto de fermentações alcoólicas. Aparece em pequenas concentrações nas cervejas, contribuindo com a sensação de aquecimento na boca e corpo. Em excesso, responsáveis pelo *off-flavor* alcoólico na cerveja.

**Álcool desidrogenase/ADH**: Enzima da classe das oxidorredutases (EC: 1.1.1.1; PDB: 4W6Z), também conhecida como Aldeído redutase. Zinco e ferro atuam como cofatores desta enzima. A ADH se apresenta em diversas formas (isoenzimas), destacando as presentes no citosol das leveduras (ADH-1), responsáveis pela oxirredução do acetaldeído e a consequente formação de etanol. O acetaldeído é o aceptor dos elétrons e próton do NADH, advindos da glicólise, desta forma, regenerando o NAD$^+$. A ADH-2, nas leveduras, converte o etanol em acetaldeído. Em humanos, uma das formas de metabolização do etanol se dá pela ADH-2, convertendo etanol em acetaldeído. Não confundir com a sigla do hormônio antidiurético (ADH – *antidiuretic hormone*). A ADH foi cristalizada em 1937 pelos pesquisadores alemães Erwin Negelein e Hans Joachim Wulff, possibilitando sua modelagem tridimensional. Ver **fermentação alcoólica/etanólica**.

**Álcool etílico**: Ver **Etanol**.

**Álcool fenetílico**: Composto químico ($C_8H_9OH$), também chamado de 2-fenil--etanol, o qual está associado com o odor/aroma floral/rosas na cerveja. Também é encontrado em óleos essenciais de diversas plantas, como rosas, flor de laranjeira etc. Presente na maior parte das cervejas em quantidades variáveis (desde abaixo do limiar de detecção até o odor/aroma/gosto intenso). Pode ter origem em algum dos insumos ou ser produzido na própria fermentação.

**Álcool** *free*: Ver **Cerveja zero álcool**.

**Álcool superior**: Correspondem a moléculas de álcool com maior peso molecular que o etanol ($C_2H_5OH$), devido ao maior número de carbonos em sua estrutura. São exemplos: álcool amílico, isoamílico, propanol, butanol. Geralmente são menos voláteis que o etanol. Podem ser produzidos durante a fermentação (subprodutos), sendo que a mistura de álcoois superiores na cerveja é chamada de álcool fúsel. São considerados indesejados – *off-flavor* – em altas concentrações na cerveja.

**Álcool zero**: **Cerveja zero álcool**.

**Alcoólico**: Descritor em análise sensorial para a sensação alcoólica/aquecimento na cavidade oral/língua pela presença de alcoóis na cerveja. Os mesmos podem ser decorrentes da elevada quantidade etanol, próprio do estilo, ou pela produção elevada de alcoóis superiores, como o isoamílico (3-metil-1-butanol) durante a fermentação. Quando fora do estilo (*off-flavor*), pode ser decorrente da temperatura elevada de fermentação ou, no caso dos álcoois superiores, pela quantidade excessiva de leveduras, tempo excessivo da levedura no fundo do tanque, entre outros motivos. Deve-se atentar para inoculação correta de leveduras (taxa de inoculação e viabilidade), além do cuidado com o controle da temperatura, assim como verificar se há contaminantes. Ver **Álcool de fúsel**.

**Alcoolpop**: Nome dado para bebidas alcoólicas saborizadas, com baixo teor alcoólico (3-7 % ABV). Podem ser preparadas a partir da combinação de alguma bebida (cerveja, vinhos, destilados) e frutas/sucos de frutos ou xaropes.

**Aldeído**: classe de compostos orgânicos com fórmula geral R-CHO, sendo que o grupo R é uma alquila ou arila. Há alguns *off-flavors* que apresentam grupo aldeído, como o acetaldeído (sabor de maçã verde). Na classificação geral dos carboidratos, os monossacarídios podem apresentar a função cetona ou aldeído em sua estrutura química. Quando apresentam a função aldeído, podem ser chamados de aldoses (p.ex.: glicose).

**Aldeído redutase**: Ver **Álcool desidrogenase**.

**Aldose**: Termo usado para designar os monossacarídeos que apresentam um grupo aldeído (poliidroxialdeído) como um de seus grupos funcionais. São exemplos de aldoses: glicose, galactose, ribose e gliceraldeído. Ver **Aldeído**.

**Ale**: Nome dado para os estilos de cerveja de fermentação de topo/alta fermentação (*top fermentation*), geralmente com temperaturas de fermentação entre 15-24 °C, usando-se, principalmente, a levedura *Saccharomyces cerevisiae* na fermentação. Historicamente, é o tipo de fermentação mais típica e antiga, praticada em diversas regiões do mundo. Acredita-se que a palavra Ale tenha origem na palavra em nórdico antigo para cerveja (atualmente: dinamarquês/norueguês *øl*; sueco *öl*), decorrente da influência Viking sobre a Inglaterra e norte da Europa. Ver **Fermentação de topo**.

*Alehouse*: Residências familiares inglesas (séculos 17 e 18) nas quais as *alewifes* (mulheres cervejeiras) produziam cerveja caseira e podiam vender o excedente contribuindo para a renda familiar. Quando havia cerveja para se comprar, as *alewifes* colocavam folhas verdes nas portas de suas casas. Ver *Alewife*.

**Aleurona**: Trata-se de uma camada de células que se encontra imediatamente abaixo da casca dos grãos de cereais, também conhecido como camada aleurona, revestindo o endosperma. É nela que ocorre a síntese das enzimas que serão usadas na conversão do grão durante a elaboração do mosto.

*Alewife*: Termo histórico se referindo às mulheres que produziam e vendiam cerveja, em suas casas (*alehouse*), na idade média e posteriormente, contribuindo com o sustento familiar. Termo usado na Inglaterra. Ver *Alehouse*.

A

**Alfa-ácidos/α-ácidos**: Compostos presentes nas flores fêmeas de lúpulo, em glândulas de resina, principais responsáveis pelo amargor da cerveja, quando isomerizados durante a fervura do mosto. É composto por uma mistura de humulona (30-70 %), cohumulona (20-55 %), adhumulona (10-15 %), prehumulona (1-10 %), posthumulona (1-5 %), sendo que a cohumulona pode trazer efeitos negativos no amargo da cerveja. Ver **Lúpulo**.

**Alfa-amilase/α-amilase**: Enzima da classe das hidrolases (EC 3.2.1.1) presente nos maltes e que contribuem com a hidrólise do amido na mosturação, formada prioritariamente na etapa de germinação da malteação. São capazes de hidrolisar (romper) as ligações α-1,4 entre as glicoses de cadeias poli-oligossacarídicas, geralmente no meio da cadeia (endoenzima), até próximo às ramificações, gerando dextrinas e maltose. Também chamada de 1,4 α-D-glucano glucanohidrolase. Há três isoenzimas: α-amilase I (PDB: 1HT6); α-amilase II (PDB: 1AMY); e α-amilase III (complexo α-amilase II-BASI/PDB: 1AVA), sendo que cada uma delas apresenta pHs e temperaturas ótimas diferentes. Tem velocidade mais lenta, quando comparada com a velocidade da β-amilase, de toda forma, por realizar a hidrólise das ligações do interior das cadeias que compõem o amido, contribui significativamente para a degradação deste. Isoladamente, a α-amilase tem o potencial de produzir cerca de 20 % dos carboidratos fermentescíveis na mostura. Geralmente se fala apenas em α-amilase na mosturação, neste caso, refere-se a α-amilase II (temperatura ótima 70 °C e pH ótimo entre 5,6 e 5,8. É inativada a partir de 70 °C e desnaturada a partir de 80 °C. Ver **Dextrina**; **Maltose**; **Mosturação**.

**alfa-galactosidase/α-galactosidase**: Ver **Melibiase**.

**Alfa-glicosidase/α-glicosidase**: Enzima da classe das hidrolases (EC: 3.2.1.20; PDB: 3WY1) que atua sobre maltose e maltotriose, presente nos grãos malteados, contribuindo para hidrólise do amido na mosturação. Também chamada de maltase ou α-D-glicosídio glicohidrolase. Hidrolisa (rompe), preferencialmente, as ligações α-1,4 entre as glicoses e, mais lentamente, as ligações de ramificação (α-1,6). Atua principalmente sobre a maltose, liberando duas moléculas de glicose. Além disso, pode hidrolisar, as mesmas ligações, em moléculas maiores (oligossacarídios, dextrinas e amido) nas extremidades não redutoras. Apresenta pH ótimo em torno de 4,6 e temperatura ótima entre 40 e 45 °C.

**Alginato de propileno glicol/alginato de propilenoglicol/PGA**: É um polissacarídico, também chamado de hidroxipropil alginato, codificado como INS 405, pode ser usado como aditivo na cerveja, com função de estabilizar a espuma. Além de estabilizante, pode apresentar outras funções quando usado em outros alimentos/bebidas, como espessante e emulsificante. Normalmente produzido a partir de algas marinhas. Ver **Estabilizantes**.

***All grain***: Termo em inglês usado, principalmente em *softwares* para elaboração de receitas, para designar receitas que contenham somente grãos (sem extrato de malte).

***All late hopping***: Ver ***Extreme Late Hopping***.

***Alpha acid unit***: Ver **AUU**.

***Alt***: Termo alemão para antigo/velho, referindo-se às cervejas que usam o método antigo alemão de se fazer cerveja. Dessa forma, temos uma *Altbier* alemã, uma cerveja Ale, com maturação em baixa temperatura.

**Alta fermentação**: Ver **Fermentação de topo**.

**Amaranto**: Planta do gênero *Amaranthus* spp., sendo as mais comuns A. *caudatus* e A. *hypochondriacus*, família Amaranthaceae, utilizada com alimento por povos antigos, como os Astecas, Incas e Maias. Pode ser usada na mosturação de cervejas, em conjunto com a cevada, contribuindo com os sabores, como nozes, além de outras propriedades. Há cervejas comerciais, como a Baden Baden 5, que utilizam esse grão, além de outros (amaranto, aveia, cevada, quinoa e trigo). Ressalta-se que o grão não contém glúten.

**Amargor**: Uma das percepções do paladar, obtida a partir da interação das papilas gustativas com substâncias químicas, como alguns sais inorgânicos, alguns compostos fenólicos e alguns alcalóides. É uma das características sensoriais da cerveja resultante, principalmente, da isomerização dos $\alpha$-ácidos dos lúpulos.

**Amêndoas**: Descritor em análise sensorial para o odor/aroma ou gosto de amêndoas, nozes e marzipan. Tem-se o benzaldeído (fenilmetanal) como composto de referência, com concentração típica na cerveja entre 1 e 10 $\mu$g/ L e o limiar de detecção de 1 $\mu$g/ L. Pode ser considerado desejado (*on-flavor*), quando oriundo de algum insumo ou processo intencional, suave e complementando os sabores. Pode ser indesejável (off-flavor), quando em maior intensidade e com as possíveis origens, as quais podem ser evitadas: oxidação durante a fermentação secundária e engarrafamento; aquecimento prolongado após fermentação; produção por algumas cepas de leveduras; oxidação de melanoidinas. Pode ser quantificado por Cromatografia gasosa, HPLC.

***American Standard Barrel/ASB***: Ver **Barril padrão americano**.

A

**AMG 300L**: Solução comercial de enzimas, também chamada de amiloglucosidase ou glicoamilase, usada para hidrólise (degradação) do amido/dextrinas para formação/liberação de açúcares fermentescíveis, podendo ser usado na produção de xaropes de glicose. Obtido a partir de uma cepa de *Aspergillus niger* (fungo ascomiceto). Apresenta pH ótimo em torno de 4,0 e temperatura ótima de 75 °C. Tem ação similar às enzimas *Endozym Alphamyl SB1-AEB* e *Termamyl®*. Ver **Endozym Alphamyl SB1-AEB**; **Termamyl®**.

**Amido**: Carboidrato de cadeia longa (polissacarídio), composto por dois tipos de cadeias de glicose: amilose (cadeia linear, não ramificada) e amilopectina (cadeia ramificada). O percentual de amilose e amilopectina nos diferentes amidos vegetais varia. O amido é o principal componente dos cereais usados na produção cervejeira, sendo estes a fonte para produção de açúcares fermentescíveis e não fermentescíveis a partir de sua hidrólise enzimática na mosturação. Pode ser identificado por meio do teste do Iodo. Ver **Amilose**; **Amilopectina**; **Teste do Iodo**.

**Amilase dextrogênica**: Sinônimo de $\alpha$-amilase. Ver **Alfa-amilase/$\alpha$-amilase**.

**Amilase maltogênica**: Sinônimo de $\beta$-amilase. Ver **Beta-amilase/$\beta$-amilase**.

**Amilase**: classe de enzimas que hidrolisam (rompem) as ligações entre as glicoses com ligação $\alpha$-1,4 no amido (amilose e amilopectina). No mosto há, pelos menos, três isoformas de $\alpha$-amilase e três de $\beta$-amilase que trabalham na conversão do amido em açúcares fermentescíveis. Ver **Alfa-amilase/$\alpha$-amilase**; **Beta-amilase/$\beta$-amilase**.

**Amilofosforilase**: Ver **Fosforilase**.

**Amiloglicosidase**: Ver **Glicoamilase**.

**Amilólise**: Ação de degradação das cadeias do amido, por meio de hidrólise (rompimento) de suas ligações, em cadeias menores ou mesmo em maltose e glicose.

**Amilolítica**: Corresponde à capacidade de enzimas específicas degradarem por hidrólise as ligações na cadeia do amido. Ver **Amilólise**.

**Amilopectina-1,6-glicosidase**: Ver **Limite-dextrinase**.

**Amilopectina**: Uma das cadeias de glicose componentes do amido, corresponde a cerca de 80 % da massa deste, também chamada de $\alpha$-glucano. Cadeia ramificada longa, composta por glicoses (homopolissacarídio), as quais se ligam por meio de ligações glicosídicas α-1,4 e, nos pontos de ramificação da cadeia, por ligações glico-sídicas α-1,6. Ver **Amido**.

**Amilose**: Uma das cadeias de glicose componentes do amido, corresponde a cerca de 20 % da massa deste. Cadeia linear longa, na forma helicoidal, composta por glicoses (homopolissacarídio), as quais se ligam por meio de ligações glicosídicas α-1,4. Ver **Amido**.

**Aminoácidos livres**: Corresponde ao total de aminoácidos livres no meio, os quais representam um percentual do total de compostos com nitrogênio amínico livre (FAN – *free amino nitrogen*). Os aminoácidos são importantes biomoléculas e sua concentração no mosto impacta no metabolismo das leveduras e demais microrganismos na fermentação cervejeira e, consequentemente, no perfil sensorial da bebida. Ver **Nitrogênio amínico livre**.

**Aminoácidos**: são moléculas orgânicas que possuem, pelo menos, um grupo funcional amino ($-NH_2$) e um grupo carboxila ($-COOH$), sendo o aminoácido Prolina a exceção por apresentar um grupo imino ($-NH-$) no lugar do amino, neste caso, um iminoácido. Os aminoácidos podem ser polares positivos (básicos), polares negativos (ácidos), polares neutros ou apolares. São os constituintes de oligopeptídios e poli-peptídios (proteínas e a maior parte das enzimas).

**Aminopeptidases**: Enzimas proteolíticas (exopeptidases) que hidrolisam (rompem) as ligações peptídicas no fim da cadeia proteica (polipeptídica), uma exopeptidase, a partir do amino-terminal da cadeia (N-terminal), liberando aminoácidos ou dipeptídios. No malte, apresentam pH ótimo em torno de 5,5-7,3 (há autores que consideram entre 7 e 8) e temperatura ótima em torno de 45 °C. Auxiliam na degradação das proteínas dos grãos, durante a mosturação. Ver **Carboxipeptidase**; **Exopeptidase**; **Hidrolase**; **Parada proteica**.

**Anabolismo**: Corresponde às reações bioquímicas de síntese nos organismos, com uso de energia/ATP, como, por exemplo, síntese de aminoácidos, proteínas, glicogênio etc, realizados pela levedura.

**Anaeróbio**: Organismos que se desenvolvem sem utilização do oxigênio em seu metabolismo, a partir de alguma via fermentativa. Há diversas espécies que crescem somente na ausência ou baixa concentração de oxigênio, outras que toleram o oxigênio no meio, mas não o utilizam e outras que, na presença de oxigênio, podem utilizá-lo em seu metabolismo. O organismo que cresce somente em ambiente com ausência de oxigênio, será considerado anaeróbio estrito/obrigatório. Caso o organismo possa sobreviver e proliferar em ambientes com e sem oxigênio, podendo utilizá-lo, mas com melhor crescimento em ambiente anaeróbico, será considerado um anaeróbio facultativo. Ver **Aeróbio**.

**Análise de perigo e pontos críticos de controle/APPCC**: Corresponde a uma das ferramentas para se garantir a qualidade da bebida, a partir da qual se busca identificar, quantificar e prevenir possíveis riscos para saúde/integridade física, desde a produção inicial até o consumo da bebida. A aplicação do sistema APPCC está incluído no desenvolvimento de boas práticas de fabricação (BPF). Ver **Boas práticas de fabricação**.

**Análise descritiva quantitativa/ADQ**: Método descritivo de análise sensorial para avaliação de todos os atributos sensoriais, como cor, odor/aroma, sabor, corpo, amargor etc., abrangendo todos as características do alimento/bebida, diferente do método perfil de sabor, na qual se avalia apenas odores/aromas e sabores. Utiliza-se um painel treinado para descrição e quantificação de todos atributos sensoriais (10 a 12 provadores qualificados). Ver **Métodos descritivos; Perfil de sabor/flavor**.

**Análise sensorial**: considera-se como a disciplina científica a partir da qual se quantifica e qualifica as características de alimentos, analisando e interpretando as reações destes em nossos sistemas sensoriais (visão, olfato, gosto, tato e audição). A ABNT NBR 5492:2017 traz a definição de diversos conceitos para a área e a ABNT NBR 6658:2019 apresenta orientações gerais para análise sensorial. Pode ocorrer a partir de métodos hedônicos/afetivos, descritivos ou discriminativos. Durante a realização de testes de análise sensorial deve-se ficar atentos aos fatores que influenciam na análise e que podem gerar erros: fisiológicos (adaptação e ampliação); psicológicos (expectativa, habituação, estímulo, lógico, halo); de sequência das amostras (contraste, efeito de grupo, tendência central, temporal). Ver **Erros de análise sensorial; Métodos hedônicos/afetivos; Métodos descritivos; Métodos discriminativos**.

**André Goffeau**: Importante cientista belga (1935-2018), engenheiro agrícola, líder das pesquisas pioneiras para o sequenciamento genômico. Foi líder da equipe que sequenciou o genoma completo da levedura *Saccharomyces cerevisiae*, o primeiro organismo eucarionte sequenciado.

**Anidro**: Usado para indicar uma substância/solução que não apresenta água em sua composição (ou muito pouco). Por exemplo, etanol anidro combustível deve apresentar teor alcoólico mínimo de 99,6 % ABV (v/v) ou 99,3 % ABW (m/m). O álcool anidro é comumente utilizado para adição a gasolina (respeitando os percentuais legais).

**Ânion**: São íons carregados negativamente.

**Anosfrasia**: Sinônimo de Anosmia. Ver **Anosmia**.

**Anosmia**: Termo usado em análise sensorial que indica a perda olfativa temporária ou definitiva. Pode ocorrer decorrente de constipações por doenças no trato respiratório (geralmente temporária) ou por lesão nos nervos olfativos por algum acidente ou degeneração. A COVID-19 é uma das viroses respiratórias que está relacionada com a anosmia. A anosmia afeta diretamente a percepção dos odores/aromas e, indiretamente, a sensação do paladar. Ver **Análise sensorial**.

**Anticongelante**: Compostos químicos capazes de reduzir o ponto de fusão (congelamento) de soluções aquosas, usados em líquidos refrigerantes. Pode-se usar, por exemplo: etanol; propilenoglicol (glicol); etilenoglicol (tóxico – recomendado não usar); dietilenoglicol (muito tóxico – não usar). Esses compostos podem ser misturados na água para circulação em sistemas de refrigeração de tanques de fermentação (lembrando que há outros métodos de refrigeração). Deve-se priorizar os compostos não tóxicos ou de baixa toxicidade, respeitando a legislação vigente. Uma pesquisa entre os associados da ABRACERVA, em 2020, indicou o uso de: etanol (87,45 %); propilenoglicol (6 %); etilenoglicol (1,5 %). Ver **Dietilenoglicol**; **Etilenoglicol**; **Glicol**; **Líquido refrigerante**; **Propilenoglicol**.

**Antiespumante**: Composto químico, natural ou sintético, usado como aditivo ou coadjuvante de tecnologia de fabricação (depende do uso e do composto). Por exemplo, como coadjuvante na fabricação de cerveja, pode ser usado para reduzir a tensão superficial do mosto, evitando a formação de espuma. Pode ser usado em diversas etapas, como na fervura ao fim da mosturação (evitando transbordamentos) ou durante a fermentação (evitando o escape do *Kräusen* e aumentando a capacidade do fermentador). Somente devem ser utilizados antiespumantes autorizados para uso alimentar. O *Fermcap*® S (Dimetilpolisiloxano – INS 900a) é um exemplo comercial de antiespumante. Ver **Aditivo**; **Coadjuvante de tecnologia de fabricação**; *Fermcap*® *S*.

**Antioxidante**: Compostos adicionados à cerveja visando reduzir o processo de oxidação da mesma, aumentando o tempo de prateleira, considerado um aditivo. O INS 316 (Isoascorbato de sódio) é comumente encontrado nos rótulos. Geralmente não são utilizados nas cervejas artesanais. Ver **Aditivos**; **Isoascorbato de sódio**.

**Antisséptico**: Compostos capazes de eliminar ou reduzir significativamente a proliferação de microrganismos na pele ou mucosas. Durante a produção de cerveja, pode-se utilizar, por exemplo, álcool 70 % em gel como antisséptico para as mãos. Ver **Álcool 70%**.

**Antoine Lavoisier**: Químico francês (1743-1794) que revolucionou a química moderna, com diversas contribuições para a ciência. Estabeleceu a lei de conservação de massas em 1785, assim como contribuiu significativamente na sistematização da nomenclatura química. Foi o responsável, em 1789, pela descrição da fermentação etanólica e a indicação de como os açúcares eram convertidos em ácido carbônico e etanol. Posteriormente, em 1815, Joseph Louis Gay-Lussac aprimorou os trabalhos sobre fermentação e estabeleceu a estequiometria da fermentação etanólica.

**Antoni van Leeuwenhoek**: Importante cientista e comerciante dos Países Baixos (1632-1723), cujas inovações no campo da microscopia impulsionaram avanços significativos na biologia e na microbiologia. Seus trabalhos aprimoraram as técnicas de fabricação de microscópios, originariamente desenvolvidas por Zacharias Janssen e, provavelmente, seu pai Hans Janssen. O Microscópio de Leeuwenhoek era formado por uma lente única, com design inovador, com capacidade de aumentar 200x a 300x. Realizou a primeira descrição de células individualizadas e suas observações e melhoramentos no microscópio foram importantes para que outros cientistas posteriores desenvolvessem conhecimentos sobre a microbiologia das leveduras, assim como das bactérias que contaminam a cerveja.

**Anvisa**: Sigla da Agência Nacional de Vigilância Sanitária, vinculada ao Ministério da Saúde, a qual é responsável por regular e controlar todos produtos submetidos à vigilância sanitária, incluindo-se as bebidas. Por exemplo, os aditivos e coadjuvantes de tecnologia de produção são regulamentados por resoluções da Anvisa.

**APP**: Ver **ABW**.

**Aprolúpulo**: Sigla da Associação Brasileira de Produtores de Lúpulo, criada em 2018 em Lages, Santa Catarina, com objetivo de incentivar o cultivo do lúpulo a partir de ações de: cooperação técnica, compartilhamento de boas práticas; estímulo ao comércio; eventos; regularização; entre outras.

**Aproveitamento**: No contexto da produção de cevada (*Hordeum vulgare*), refere-se ao tipo de aproveitamento do grão, podendo ser forrageira (uso na alimentação animal) ou cervejeira (uso na produção de cerveja). Ver **Cevada**.

**APV**: Ver **ABV**.

**Aranhiço-amarelo**: Ver **Ácaro rajado**.

**Aranhiço-vermelho**: Ácaro (*Panonychus ulmi*), também conhecido como ácaro vermelho europeu, é um animal artrópode, da classe Arachnida, ordem Acariforme, considerado uma praga das plantações de lúpulo, similar ao Ácaro rajado (*Tetranychus urticae*). Quando ocorre uma grande infestação nas plantações, pode ocorrer de, em três ou quatro dias, haver a destruição/perda de toda plantação.

**Aroma retronasal**: Ver **Aroma**.

**Aroma**: Sentido complexo – aroma retronasal – gerado pelos compostos voláteis após inserção do alimento/bebida na boca e passagem do ar pelos nervos olfatórios a partir da olfação retronasal. Este é um dos componentes do sabor, sendo sua importância dependente do tipo de alimento/bebida. Ver **Análise sensorial**; **Odor**.

**Arriada**: Termo usado para indicar o resultado da mistura do malte moído com a água cervejeira, a qual se encontra na temperatura para se obter a temperatura alvo inicial da mosturação. Utiliza-se o termo arriar o malte para a ação de realizar a mistura do malte com a água cervejeira.

**Arriar o malte**: Termo utilizado para indicar a ação de se inserir o malte moído sobre a água cervejeira na temperatura para se alcançar a temperatura alvo inicial da mosturação. Utiliza-se o termo arriada para o resultado dessa mistura. Em processos industriais de grande escala, a arriada acontece com a alimentação simultânea de malte moído e água sobre um lastro de água.

**Arrolhador**: Aparelho utilizado para arrolhar as garrafas, ou seja, para inserir as tampinhas metálicas (*twist-off* ou *pry-off*) na etapa de envase. Há diversos modelos, manuais e semi/automatizados.

**Arroz**: Cereal obtido das plantas da família Poaceae, uma gramínea, sendo a espécie *Oryza sativa* a mais comum, utilizado comumente como adjunto cervejeiro, malteado ou não, decorrente de seu alto percentual de amido (70 %) e baixo de proteínas (7-9 %). Pode ser adicionada durante a mosturação para aumentar a quantidade de amido, com alteração insignificante no corpo e sabor, assim como para corrigir altos teores de proteínas. Pode ser utilizado na fabricação de cerveja sem glúten. Seu uso é mais comum em estilos *lagers* e *light lagers*.

**ASBC**: Sigla para *American Society of Brewing Chemist* (Sociedade Americana de Química Cervejeira). A sociedade foi fundada nos EUA, em 1934, buscando trazer melhorias para a indústria cervejeira.

**Ascomicetos**: Usado para designar leveduras (fungos), pertencentes ao filo Ascomycota. Ver **Ascomycota**.

**Ascomycota**: filo de fungos, também chamados de Ascomicetos, no qual se encontram as espécies mais utilizadas na produção de cerveja (*Saccharomyces cerevisiae*, *S. pastorianus* e *Brettanomyces spp.*).

**Ascorbato**: É a forma desprotonada do ácido ascórbico (vitamina C), correspondendo à sua base conjugada. Ver **Ácido ascórbico**.

**Ascósporo**: Estrutura de reprodução das leveduras (fungos da classe Ascomycetes/Ascomiceto). Os ascósporos se formam dentro de uma célula – asco. Cada asco contém até 4 (quatro) ascósporos das leveduras.

*Aspergillus*: Gênero de fungos ascomicetos, filo Ascomycota (Ascomicetos), classe Eurotiomycetes, ordem Eurotiales, família Aspergillaceae. Um dos gêneros mais relacionados com a produção de micotoxinas, destacando-se as espécies: A. *flavus*, produz Aflatoxinas $B_1(AFB_1)$, umas das micotoxinas mais tóxicas, pode contaminar grãos de cereais, milho, frutos secos, oleaginosos, café; A. *clavatus*, produz Patulina, pode contaminar grãos de cereais, milho, pão e frutos secos; A. *nidulans*, produz Esterigmatocistina, pode contaminar grãos de cereais, milho, frutos secos. Tem-se utilizado algumas espécies, destacando A. *niger*, para produção de enzimas de interesse cervejeiro, como a amiloglicosidase (AMG 300L) e a prolil endopeptidase ácida (*Brewer Clarex*®) para degradação de glúten. Ver **Aflatoxina; AMG 300L; Brewer Clarex®; Micotoxina; Ocratoxina**.

**Atenuação aparente**: Refere-se a quantidade (estimada) dos açúcares fermentescíveis utilizados pela levedura. Calculado a partir da gravidade específica original/inicial (OG) e da gravidade específica final (FG), em $g/cm^3$ (g/mL):

$$Atenuação_{aparente}(\%) = \left(\frac{OG-FG}{OG-1}\right) \times 100$$

**Atenuação real**: Refere-se ao percentual de redução do extrato final real obtido na mosturação. A atenuação real (AR) corresponde àquela calculada a partir da gravidade específica final da cerveja após retirada do álcool e $CO_2$ (SGR) e gravidade original em °P ou °B (OG). Utiliza-se nas cervejarias, mais frequentemente, a atenuação aparente (AA): $AR = \frac{OG - SGR}{OG \times 100}$.

**ATP**: Sigla para adenosina trifosfato. Importante molécula para os seres vivos, a qual atua como coenzima em diversas reações metabólicas, vital para o metabolismo dos microrganismos envolvidos na produção cervejeira. O ATP é formado por uma molécula de ribose (açúcar), uma de adenina (base nitrogenada) e três grupos fosfatos. Pode ser hidrolisado, em reações enzimáticas, em ADP (adenosina difosfato) ou AMP (adenosina monofosfato). A hidrólise (quebra) do ATP em ADP + fosfato inorgânico ($HPO_4^{2-}$) gera –31 kj/mol. O ATP pode ser produzido por vias anaeróbias (fermentações) ou aeróbias (cadeia de transporte de elétrons/fosforilação oxidativa e em reações de fosforilação ao nível de substrato).

*Attenuzyme Pro*: Solução comercial de enzimas (glicoamilase e pululanase), obtidas a partir de fungos (*Aspergillus niger*) e bactérias (*Bacillus subtilis*). Pode ser usada em mosturações para auxiliar a sacarificação, aumentando a velocidade desta e gerar na maior degradação do amido, com a consequente maior produção de açúcares fermentescíveis. Dessa forma, possibilita-se uma maior atenuação aparente, resultando em cervejas mais secas e com menor teor de carboidratos. Pode ser indicada na produção de BRUT IPA, cervejas *ultra-lights* e *low carbs*.

**August Karl Johann Valentin Köhler**: Ver **Iluminação de Köhler**.

**Autólise**: Processo que ocorre com a levedura quando a mesma não tem mais substratos para oxidar e produzir energia na forma de ATP, iniciando-se sua autodegradação, levando-a a morte celular e liberação de compostos no meio. Ocorre, geralmente, quando a levedura sedimentada ao fim da fermentação não é retirada dos tanques antes da maturação, principalmente em tanques de maiores volumes.

**Autorefrigerado**: Referem-se aos sistemas capazes de se autorefrigerar, ou seja, apresentam sistema de refrigeração acoplado. Ex. Um fermentador cilíndrico-cônico de inox de parede dupla acoplado com sistema de refrigeração a gás com uso de motor. Ver **Tanque cilíndrico-cônico**.

*Auxiliary bitter compounds*/ABC: Ver **Compostos secundários de amargor**.

**Aveia**: Cereal obtido das plantas da família Poaceae, subfamília Pooideae, tribo Poeae, subtribo Aveninae, uma gramínea. Utilizada como adjunto no processo cervejeiro em alguns estilos, podendo ser malteada ou não. As principais espécies são *Avena sativa* e *Avena byzantina*. Sua adição pode contribuir na retenção de espuma e corpo (exemplo de estilo com uso de aveia: *Oatmeal Stout*).

**Avenalina**: Proteína presente na aveia e malte de aveia, uma glutelina, que em conjunto com a fração de prolaminas (avenina, na aveia) compõem o glúten da aveia. Destaca-se que é a porção das prolaminas as principais responsáveis pela doença celíaca. Ver **Glúten**.

**Avenina**: Proteína presente na aveia, uma prolamina, constituindo uma das frações do glúten, em conjunto com a fração de glutelina (avenalina na aveia). Ver **Glúten**; **Prolaminas**.

**Azeda/o**: Ver **Ácida**.

**Azul de metileno**: Composto químico $(C_{16}H_{18}ClN_3S)$ que pode ser usado como corante de células, também chamado de cloreto de metiltionínio. Ao ser adicionado em meio contendo leveduras, o mesmo penetrará nas paredes das leveduras mortas, deixando-as azuis, viabilizando a contagem de células mortas e vivas. Ressalta-se que brotos podem aparecer azuis, entretanto, estão vivos. Geralmente, utiliza-se a solução 0,25 % de azul de metileno em água destilada. Ver **Contagem de células**; **Viabilidade celular**.

*Bacillus*: Gênero de bactéria Gram-positiva, possível contaminante da cerveja, destaque *B. coagulans* (atual *Weizmannia coagulans*), endósporos resistentes à fervura, podem crescer no mosto entre 55 e 70 °C. Diversas espécies realizam fermentação lática, produzindo ácido lático. Crescimento inibido em meio ácido e com lúpulo. Não geram estragos significativos na cerveja.

**Bacilos**: Termo usado para indicar as bactérias que apresentam forma de bastonetes, como os lactobacilos (ex. *Lactobacillus acidophilus*), *Bacillus* spp., *Weizmannia* spp. Há outras formas de bactérias, como diplobacilo (bacilos agrupados em pares), estreptobacilo (alinhados em linhas), cocos (circular) entre outros. Ver **Cocos**.

**Bactérias**: São organismos unicelulares (microrganismos) de vida livre ou parasitos, procariontes (sem núcleo delimitado por membrana), podendo apresentar distintas formas (cocos, bacilos, espirilos), os quais podem viver isoladamente ou em colônias. Pensando no processo cervejeiro, há diversas bactérias que podem contaminar o mosto ou a cerveja, resultando em diversos *off-flavors* e alterações das características da cerveja. Na produção de alguns estilos de cerveja, pode-se ter espécies de bactérias que atuam intencionalmente de forma consorciada com as leveduras, gerando características sensoriais diferenciadas das cervejas tradicionais. Ver **Bactérias ácido acéticas/BAA; Bactérias acido láticas/BAL**.

**Bactérias ácido acéticas/BAA:** Correspondem às bactérias Gram-negativas aeróbias que realizam fermentação acética, com produção de ácido acético (sabor acético). São cerca de 45 espécies distribuídas em pelo menos 10 gêneros de bactérias, destacando-se as da família Acetobacteraceae. Destacam-se os gêneros *Acetobacter*, *Gluconobacter* e *Gluconoacetobacter*. Algumas das espécies mais comuns no meio cervejeiro são *Acetobacter aceti* e *Gluconobacter oxydans*. Podem aparecer na produção cervejeira como contaminantes ou, em alguns estilos, como desejável. Ver **Acetobacter; Gluconobacter; Fermentação acética**.

**Bactérias ácido láticas/BAL:** Correspondem às bactérias Gram-positivas (cocos ou bastonetes) que geralmente não formam esporos (algumas podem formar esporos) e realizam fermentação lática, tolerantes a ambientes ácidos e pertencentes a ordem Lactobacillales. Destacando-se nesse grupo a família Lactobacillaceae, em especial, as espécies do gênero *Lactobacillus*. Além deste gênero, pode-se citar no contexto cervejeiro: *Lactiplantibacillus*, *Lentilactobacillus*, *Levilactobacillus* e *Pediococcus*. Ver **Lactobacillaceae; Lactobacillus;** *Pediococcus damnosus.*

**Bacteriostático**: Substâncias capazes de inibir ou parar a proliferação bacteriana. O lúpulo, por exemplo, tem potencial bacteriostático na cerveja.

**Bagaço de malte**: Corresponde aos resíduos de malte ao término da brassagem, composto, principalmente, da casca do malte, restos de proteínas, resíduo de gérmen (embrião) da germinação durante malteação e minerais etc. Este material apresenta grande retenção de água, podendo chegar a pesar entre 1 kg a 1,3 kg por quilograma inicial de malte inserido na mosturação. Pode ser usado para diversas finalidades, como: alimentação animal (*in natura*); produção de rações; compostagem; adição na produção de pães, bolos (massas em geral), barras de cereais etc.

**Balling/°B**: Antiga escala para medir concentração de carboidratos em solução a partir de um sacarômetro, desenvolvido em 1843 pelo alemão Karl Josef Napoleon Balling (Carl Joseph Napoleon Balling), professor e pesquisador no Instituto Politécnico de Praga. Em seus estudos, Balling verificou que a densidade do mosto aumentava na mesma proporção que a sacarose aumentava a densidade da água. A graduação do sacarômetro de Balling se dá em g/100 (porcentagem), dessa forma, 1 °B equivale a 1 g de carboidratos em 100 g de mosto. É a escala precursora das escalas de Brix e Plato, variando basicamente em função da temperatura de avaliação. Ver **Briz; Plato**.

**Banana**: Pode ser utilizado no contexto cervejeiro, em análise sensorial, para o odor/aroma de banana na bebida. A sensação é gerada a partir do acetato de isoamila produzido durante a fermentação pelas leveduras. Esta percepção sensorial é mais comum em cervejas, como dos estilos Hefeweizen ou Weissbier. Ver **Acetato de isoamila**.

**Band-Aid**: Ver **Medicinal**.

**Banho ultrassônico**: Equipamento laboratorial usado na limpeza de peças/utensílios, desgaseificação de líquidos além de outras finalidades. Apresenta um tanque, onde se insere água, um gerador e um transdutor para emissão das ondas ultrassônicas na água. Insere-se o objeto no banho ou o béquer com o líquido (ou em outra vidraria apropriada). Pode ser usado para remoção de gás carbônico da cerveja, previamente a análise de cor, atenuação aparente etc. Ver **Ultrassom**.

**Bantu**: Referindo-se à cerveja de Bantu. Sinônimo de Cerveja de Kafir. Ver **Kafir**.

**bar (unidade):** Unidade de pressão, sendo que um bar corresponde a 100 kPa. Não faz parte do Sistema Internacional de Unidades. Pode ser usada em diversos manômetros para controle da pressão de tanques pressurizados, saída de gás de chopeiras etc. Há outras unidades de pressão, como o Pascal (Pa), usado no Sistema Internacional de Unidades (SI) e o PSI. Conversões: 1 bar ≈ 14.504 psi; 1 bar = 100.000 P. Ver **Manômetro; Pascal; psi.**

***Barley wine/Barleywine:*** Estilo de cerveja típico da Inglaterra (*English Barleywine*), com sabores intensos, bem maltada e alto corpo, com sabor agradável frutado ou lupulado. Apresenta teor alcoólico entre 8,0 e 12 % (ABV). Pode passar por processo de maturação/condicionamento em barris de madeira, similarmente ao que se faz com vinho, resultando em sabores como de vinho do porto. Nota-se que também há o estilo *American Barleywine*, podendo ser levemente mais clara e bem mais amarga que o estilo inglês (Americana 50 a 100 IBU; Inglesa: 35 a 70 IBU).

**Barra magnética:** Consiste em uma pequena barra cilíndrica magnética, de tamanho variável, revestida com material resistente e quimicamente inerte (ex. nylon). Também chamada de "peixinho". Usada para agitação de soluções em agitador magnético. Insere-se a solução em uma vidraria de fundo chato (ex. béquer ou erlenmeyer) e a barra é imersa nesta. Atente-se em adequar o tamanho da barra ao volume de solução. Usada em agitação de soluções de sais ou em propagação de leveduras. Ver **Agitador magnético.**

**Barrica:** Termo genérico para vários tipos de barricas de madeira (tonéis) de uso horizontal, protuberante na parte central, sendo os mais comuns: barrica de cognac (300 L) e a barrica de bordeaux (225 L). Ver **Tonel.**

**Barril cervejeiro britânico:** Barril cilíndrico em madeira, protuberante na parte central, de uso horizontal, constituído por varas de madeira (aduelas), mantidas unidas por meio de aros metálicos. Apresentam 36 galões imperiais (cerca de 163,7 L), equivalente a 288 *pint* ingleses. Usado comumente como padrão na indústria cervejeira inglesa. Podem ser usados no armazenamento e/ou maturação de cervejas. Ver ***Pint*; Tonel.**

**Barril padrão americano:** Barril cilíndrico em madeira, protuberante na parte central, de uso horizontal, constituído por varas de madeira (aduelas), mantidas unidas por meio de aros metálicos. Apresentam entre 180 e 200 L (50-53 galões) e representam o tipo de barril mais comumente utilizado. Podem ser usados no armazenamento e/ou maturação de cervejas. Ver **Tonel.**

**Barril:** Termo genérico, usado popularmente, para tonéis de madeira, protuberante na parte central, de uso horizontal, os quais podem ser constituídos por distintas madeiras (carvalhos, cerejeiras etc.), com diversos volumes e produzidos por diversas técnicas de tanoaria. O barril no padrão americano é um dos mais utilizados. São exemplos de barris: barril padrão americano (180-200 L); barril cervejeiro britânico (164 L); barril padrão francês (220 L). Podem ser usados no armazenamento e/ou maturação de cervejas. Ver **Barril cervejeiro britânico**; **Barril padrão americano**; **Tanoaria**; **Tonel**.

**Base:** São compostos químicos com tendência de receber prótons ($H^+$) (teoria de Brönsted-Lowry). Bases fortes se dissociam por completo em soluções aquosas, enquanto as fracas, parcialmente. Pode-se utilizar bases, com grau alimentício, para se realizar a correção do pH (alcalinização/ subir o pH).

**Basiônimo:** Corresponde ao nome científico original dado a uma espécie (descrição original), o qual foi usado para se basear um novo nome de espécie. Por exemplo, *Mycoderma cerevisiae* é basiônimo de *Saccharomyces cerevisiae*.

**Batch sparge:** Termo em inglês para lavagem por batelada. Etapa de lavagem do mosto, visando retirar o máximo possível de açúcares restantes dos grãos, na qual todo mosto é esgotado da tina/panela e logo após introduz-se nova água para recirculação, para melhorar a extração dos açúcares, e posterior retirada do mosto. Pode ser uma alternativa ao método de lavagem contínua ou mesmo ser feito em conjunto com a lavagem contínua, neste caso, denominada lavagem mista.

**Batelada:** No contexto cervejeiro, sinônimo de lote. Ver **Lote**.

**Bauerstern:** Ver **Zoigl**.

**Baumé:** Escala usada no hidrômetro de Baumé para medir a densidade de líquidos, como exemplo, para estimar o conteúdo de etanol em uma solução. Desenvolvido em 1768 por Antoine Baumé (1728-1804), tendo sido usado mais comumente na produção de vinhos e licores.

**Baunilha:** Descritor em análise sensorial para o odor/aroma ou gosto de baunilha, o qual pode ser oriundo de algum adjunto cervejeiro, do processo de fermentação ou maturação por leveduras. Pode também ser resultado do contato com madeiras (barris, lascas de madeiras etc.). Tem como referência a Vanilina (4-Hidroxi-3-metoxibenzaldeido), sendo a concentração típica na cerveja entre 10-80 µg/ L e o limiar de detecção de 40 µg/ L. Derivado da quebra da parede celular das células da cevada e também a partir de outros fenóis produzidos por leveduras selvagens ou cepas específicas. Sua análise pode se dar por cromatografia gasosa.

**Bazuca/*Bazooka***: Filtro alongado, telado metálico (inox), que se conecta na parte interior do registro ao fundo da panela, visando filtrar o mosto, evitando que partículas e malte passem pela bomba e melhorando a circulação. Usado principalmente por cervejeiros caseiros, associado ou não ao fundo falso, na panela de mosturação.

**Bazuka *dry hopping***: Câmara cilíndrica de inox pressurizável e acoplável ao fermentador de inox. Usada para inserção de lúpulo no tanque (técnica de lupulagem *dry hopping*) sem alterar as condições de pressão ou permitir entrada de ar atmosférico. Geralmente apresenta manômetro e conexões para entrada de $CO_2$ e saída de ar atmosférico. Ver ***Dry hopping***.

**Bebabilidade**: Ver ***Drinkability***.

**Beber pesado episódico/BPE**: A Organização Mundial de Saúde (OMS) considera o "Beber pesado episódico" como o consumo pontual de pelo menos 60 g de etanol puro, o que seria equivalente a 4-5 doses de bebida (14 g), por exemplo: 4 latas (350 ml) de cerveja com 5,5 % de etanol. Em inglês se utilizam os termos *heavy episodic drinking* e *binge drinking*. Ver **Dose.**

**Bebida alcoólica**: Qualquer tipo de bebida que apresenta álcool etílico/etanol em sua composição, oriundo de processos fermentativos ou da destilação de produtos de fermentação. Focando na cerveja, no Brasil (IN nº 65, 10/dez./2019), considera-se na cerveja aquela que apresenta 2,0 % em volume (2,0 % v/v) ou mais de etanol. Cervejas com etanol superior a 0,5 % e abaixo de 2 % é considerada "cerveja com teor alcoólico reduzido" ou "cerveja com baixo teor alcoólico". Cerveja com teor alcoólico igual ou menor que 0,5 % são consideradas "cerveja sem álcool" ou "cerveja desalcoolizada". Cerveja com teor alcoólico de até 0,05 % (v/v) são consideradas zero álcool (0,0 %). Geralmente, bebidas fermentadas apresentam até 16 % de etanol em sua composição, enquanto as destiladas podem apresentar muito mais.

*Beer*: Termo em inglês para cerveja. Sua utilização passou a ser predominante quando da introdução do lúpulo como insumo na produção da cerveja. Antes dessa inovação, a bebida era comumente chamada de Ale. Acredita-se que a palavra se originou do latim *biberis* (português: beber) e, a partir deste, os termos: *beer* (inglês); *birra* (italiano), *bière* (francês), *bier* (alemão).

***Beer stone***: Ver **Pedra cervejeira.**

***Beer Judge Certification Program*/BJCP**: Organização sem fins lucrativos, criada em 1985 nos EUA para estabelecer metodologias de avaliação e julgamento de cervejas em competições. Responsável pela criação de um importante guia de estilos de cerveja, tendo como atualização mais recente a edição de 2021. Nesta última edição, o estilo Brasileiro *Catharina Sour* foi incluído de forma permanente no guia com código X4 no grupo designado de "estilo local". Ver ***Catharina sour***.

***BeerAdvocate***: Sistema on-line de avaliação e ranqueamento (www.beeradvocate.com) de cervejas, bares e lojas de cervejas, criado em 1996 pelos irmãos Todd e Jason Alström, sendo um dos mais acessados em todo mundo. O site oferece também artigos e fóruns cervejeiros.

***BeerSmith***: Aplicativo multiplataforma (Android, IOS, Windows e Linux) para o desenvolvimento de receitas, cálculos cervejeiros, controle de estoque entre outras funções relacionadas à produção.

***Belgian lace/Brussels lace***: Termo que designa as marcas/traços de espuma que ficam aderidas nas bordas internas do copo/taça, à medida que a cerveja é consumida. Em português utiliza-se o termo renda. Pode ser um indicador da estabilidade da espuma, assim como da limpeza do copo/caneca/taça.

**Benzaldeído**: Ver **Amêndoas**.

**Beta-ácidos/β-ácidos**: Componente resinoso do lúpulo (resina mole), de baixa solubilidade na água e pouca contribuição para o amargor da cerveja. São compostos por: lupulona (30-55 %), colupulona (20-55 %), adlupulona (5-10 %) e postlupulona (quantidades não identificadas).

**Beta-amilase/β-amilase**: Enzima da classe das hidrolases (EC 3.2.1.2; PDB: 2XFR), uma das amilases presentes nos maltes que hidrolisam (rompem) as ligações entre as glicoses com ligação $\alpha$-1,4 no fim de cadeias (exoenzima) de poli/oligo-sacarídios, gerando maltoses no mosto. Também chamada de amilase maltogênica e 1,4 $\alpha$-D-glucano maltohidrolase. Praticamente não é produzida durante a etapa de germinação na malteação, entretanto, sofre modificações que aumentam sua termoestabilidade e afinidade pelo amido. Apresenta-se em, pelo menos, três isoformas, com nomenclatura relacionada com sua termoestabilidade (Sd1, intermediária; Sd2L, baixa; Sd2H alta). Considerada uma das importantes enzimas para degradação do amido, contribuindo para maior fermentabilidade do mosto, entretanto, reduzindo o corpo da bebida. Destaca-se que somente a β-amilase seria capaz de produzir cerca de 70% dos carboidratos fermentescíveis na mostura e, em conjunto com a limite-dextrinase, pode alcançar 80 %. Apresenta temperatura ótima em torno de 60 °C (entre 60 e 65 °C) e pH ótimo entre 5,4 e 5,6. Desnatura-se acima de 68 °C. Ver **Hidrolase**; **Poder diastático**.

**Beta-glicosidase/β-glicosidase**: Enzima da classe das hidrolases (EC: EC 3.2.1.21; PDB: 1IEW) – exoenzima – que atua sobre o fim das cadeias de celobiose, lamina-ribiose ou outra cadeia de beta-glucanos. Catalisa a reação de hidrólise das ligações β-1,4 no fim da cadeia (porção não redutora), liberando glicoses. Apresenta maior atividade em torno de 45 °C e pH entre 4,5 e 5,5. Atua em conjunto a β-glucanases na parada do β-glucano, sendo importante em mosturas com alto teor de β-glucano, como de maltes pouco modificados ou alguns cereais não malteados. Também chamada de β-D-glicosídio glicohidrolase. Ver **Beta-glucano/β-glucano**; **Grau de modificação**; **β-glucanases**; **Parada β-glucano**.

**Beta-glucanase/β-glucanase**: Refere-se às enzimas presentes no grão de malte, as quais têm como substrato o β-glucano, hidrolisando este durante a mosturação. As duas principais enzimas são: endo-β-(1,3)-glucanase (EC: 3.2.1.39), com temperatura ótima na mostura em torno de 60 °C; endo-β-(1,4)-glucanase (EC: 3.2.1.6), temperatura ótima na mostura entre 40 e 45 °C. Atuam em conjunto a β-glicosidase na parada do β-glucano. A temperatura ideal geral, para ação conjunta, está em torno 45 °C e pH $\approx$ 4,6 (entre 4,5 e 5,5). De modo geral, sua atuação não é necessária em maltes modificados, podendo ser importante em mosturas com cereais não malteados e/ou com alto teor de β-glucanos. Ver **Beta-glucano/β-glucanos**; **Grau de modificação**; **Parada β-glucano**.

**Beta-glucano/β-glucano**: Um dos principais constituintes da parede celular do endosperma dos grãos de cevada (cerca de 75 %). Carboidrato formado por monômeros de glicose em cadeias (polissacarídio) com ligações na configuração beta (β-1,3 e β-1,4), e pode ser encontrado em outros cereais além da cevada, como por exemplo, a aveia. Seu excesso prejudica a mosturação, principalmente a clarificação. Pode ser reduzido por ação da beta-glucanase.

***BIAB/Brew in a Bag***: Termo em inglês que designa o método de produção da cerveja em um saco. Neste, utiliza-se apenas uma panela, com os grãos moídos (*grist*) em um saco de voal (tela de malha fina), durante a mosturação (*mash-in*). Após inativação das enzimas (*mash-out*), retira-se ou suspende-se o saco, podendo ou não passar água quente (76-78 °C) para lavar os grãos e posteriormente ferver o mosto.

**Bicarbonato de sódio**: Composto químico ($NaHCO_3$), também chamado de hidrogenocarbonato de sódio, encontrado comercialmente na forma cristalina (código INS 500ii). Tem massa molar de 84,007 g/mol ($Na^+ \approx 27$ %; $HCO_3^- \approx 73$ %). Com baixo risco de manipulação, pode ser usado com ponderação para aumentar o pH do mosto, pois seu excesso pode aumentar muito a concentração de sódio ($Na^+$) e originar o *off-flavor* salgado. Dissolve-se facilmente na água e mostura. Recomenda-se que a concentração de sódio fique entre 0 e 100 ppm (aceitável entre 100 e 150 ppm) e que a concentração de bicarbonato fique entre 0 e 50 ppm para cervejas claras, entre 50 e 150 ppm para cervejas avermelhadas e entre 150 e 250 ppm para cervejas escuras.

***Bier vom fass***: Termo em alemão para designar a cerveja servida sob pressão do barril (cerveja do barril).

***Bier***: Palavra em alemão para cerveja. Ver ***Beer***.

***Bière d'Abbaye***: Termo em francês para cerveja da abadia. Ver **Cerveja da abadia**.

***Bière***: Palavra em francês para cerveja.

***Biergarten***: Termo em alemão (jardim da cerveja) que indica um local típico da Alemanha, onde se encontram mesas coletivas ao ar livre (ambiente externo/jardim), para consumo de cerveja, principalmente, além de outras bebidas, onde também podem ser servidas comidas. O mais famoso é o *Hirschgarten*, fundado em 1791 em Munich, com capacidade para 8000 pessoas.

***Bierstern***: Ver ***Zoigl***.

***Biersteuergesetz/BStG***: Lei alemã criada em 1952 para regulamentar a produção cervejeira. Atualizou a lei de pureza da cerveja alemã (*Reinheitsgebot*), incluindo a levedura como insumo básico, além da possibilidade de outros ingredientes de sabor na cerveja. Ver **Reinheitsgebot**.

**Biocatalisador**: Ver **Enzima**.

***Biofine***: Agente floculante, composto por colágeno extraído e purificado de peixes, contribuindo para clarificação da cerveja durante seu processo de maturação, auxiliando na floculação de leveduras e diversos compostos, podendo reduzir o tempo de maturação. Não deve ser usado em cervejas veganas. Ver **Clarificante**.

***Biofine clear***: Agente floculante, com ação similar ao *Biofine*, entretanto, sem componentes de origem animal, a base de sílica em água ($SiO_2$). Ver ***Biofine***; **Clarificante**.

**BJCP**: Ver *Beer Judge Certification Program*.

*Blow-by/Blowby*: Ver *Blow-off/blowoff*.

*Blow-off/blowoff*: Sistema para saída dos gases da fermentação, no qual insere-se um tubo no topo do fermentador e a outra imersa em algum líquido, dessa forma se possibilita a saída de $CO_2$ e de parte do *Kräusen* (espuma da fermentação).

**Boas práticas de fabricação/BPF:** Refere-se ao conjunto de práticas realizadas na produção para garantir qualidade, assim como a segurança e eficiência do produto. Incluem-se manutenções de equipamentos, controle dos insumos, capacitação dos funcionários, documentação, registro e controle de todo processo, ações para higiene/sanitização, assim como para sustentabilidade ambiental. As cervejarias deverão manter as BPFs, assim como os procedimentos operacionais padrão (POPs), de acordo com as indicações da ANVISA e do MAPA. Ver **Procedimento Operacional Padrão/POP.**

**Bolor**: Ver **Mofo.**

**Bombona:** Recipiente, geralmente de polietileno atóxico, de formato cilíndrico ou retangular, fundo chato, tampa de vedação superior, com dimensões variadas (ex.: 30 L; 60 L; 200 L). Pode ser utilizado, por cervejeiros caseiros, para fermentação e maturação da cerveja, com possibilidade de instalação de torneiras e saídas para *airlock* ou *blowoff*.

**Boteco/Botequim:** Nome popular dado aos bares em muitas das regiões do Brasil. Originalmente botica (Portugal) e bodega (Espanha), o boteco se caracteriza, geralmente, como um local descontraído, decoração simples/rústica, onde também podem ser servidos diversos acompanhamentos típicos de cada local (ex. bolinhos fritos, coxinha, fígado com jiló).

*Bottle hopping*: Técnica de lupulagem que consiste na adição de lúpulo se dá durante a inserção do priming no engarrafamento da cerveja. Pode-se ferver o lúpulo em sacos, junto com o *priming* que será utilizado (sacarose ou mosto, por exemplo).

**BPF:** Ver **Boas práticas de fabricação.**

**Brassagem: 1.** É como chama-se a fase quente do processo produtivo. Formada pelo conjunto de etapas da produção de cerveja que se inicia com a moagem dos cereais, indo para a mosturação (*mash-in*), inativação das enzimas (*mash-out*), recirculação, clarificação, fervura, terminando no resfriamento e envio do mosto para fermentação.

**2.** Conceito alternativo: Alguns textos tratam a brassagem como sinônimo de mosturação. **3.** Pode ainda denominar a sala onde ocorrem as etapas quentes do processo.

*Brasserie*: Palavra em francês para cervejaria (uma das possíveis traduções, também se utiliza a palavra para restaurantes pequenos/descontraídos).

*Brauerei*: Palavra em alemão para cervejaria.

**Bretanomice**: Ver *Brettanomyces*.

**Bretas**: Ver *Brettanomyces*.

*Brettanomyces*: Gênero de leveduras (fungos), ascomicetos unicelulares, da família Pichiaceae, na forma anamórfica – não formadora de esporos (reproduz-se assexuadamente), sendo o gênero Dekkera correspondente a forma teleomórfica. Foi descoberta e classificada em 1904 por N. Hjelte Claussen na cervejaria Carlsberg (Dinamarca) e seu nome deriva do grego para fungo britânico. A Comissão Internacional de Nomenclatura propôs o uso unificado do nome *Brettanomyces* para o gênero. De acordo com o NCBI *taxonomy*, há seis espécies: B. *acidodurans*, B. *anomalus*, B. *bruxellensis*, B. *custersianus*, B. *naardenensis*, B. *nanus*. Algumas destas espécies podem ser encontradas como cepas comerciais, como B. *anomalus*, B. *bruxellensis*, B. *naardenensis* e B. *nanus*. Destaca-se em seu metabolismo a atividade da enzima β-glicosidase, o que resulta na maior produção de compostos voláteis que influenciarão nos sensorial da bebida. Pode ser encontrada como contaminante ou usada intencionalmente na fermentação de alguns tipos de cerveja, como as *Brett Beer*, *Flanders Red Ale* e Lambics. No geral, originam as percepções denominadas *funk* (por exemplo, que remetem a celeiro, curral, couro e terrosos). Podem ser usadas em processos de aceleração da maturação em alguns estilos. Destacam-se a espécie B. *bruxellensis* (origina aroma terroso e final cítrico, sabores *funk*) e B. *anomalus* (sabores *funk* mais sutis). Informações do *Species Fungorum* indicam B. *lambicus* como sinônimo de B. *bruxelensis*. Ver **Dekkera; Pichiaceae**.

*Brew*: Palavra em inglês usada para indicar a produção de cerveja e demais bebidas obtidas por infusão, como chá e café (uma das traduções possíveis).

*Brewer Clarex*®: Nome comercial para uma enzima prolina específica (prolil endopeptidase ácida) que pode ser utilizada durante a fermentação, melhorando o brilho e a estabilização da cerveja, reduzindo a necessidade de um resfriamento intenso. Produzida a partir de uma cepa de *Aspergillus niger* modificada geneticamente. Como esta enzima também atua degradando o glúten, pode ser utilizada na fabricação de cervejas sem glúten ou com baixos teores (menor que 10 ppm). Ver *Aspergillus*; **Glúten**; **Prolil endopeptidase ácida**.

***Brewers Association/BA***: Associação de cervejeiros estadunidenses, com cerca de 4,685 cervejarias norte-americanas associadas e mais de 46.000 pessoas associadas. Criada em 2005, a partir da fusão das organizações *American Homebrewers Association* (AHA) e *Brewers' Association of America*. Responsável pelo guia de estilos da BA.

***Brewery***: Palavra em inglês para cervejaria.

***Brewing liquor***: Termo em inglês para *Liquor* cervejeiro. Ver ***Liquor* cervejeiro**.

***Brewpub***: Local (bar) no qual se vende cerveja (bar-cervejaria) produzida localmente (produção própria).

***Brewstand***: Estante, geralmente metálica, na qual pode-se montar a cozinha cervejeira para pequenas produções. Pode-se fazer com um único nível, dois ou três níveis e, em cada um deles, instala-se um fogareiro (queimadores) para cada panela. O número de níveis depende do esquema da montagem da cozinha.

**Brilho**: Característica visual da cerveja, referindo-se à sua limpidez e clareza, podendo ser usada como parâmetro no controle de qualidade de alguns estilos de cerveja. É o oposto de turvação.

***British brewery barrel***: Ver **Barril cervejeiro britânico**.

**Brix/°Bx**: Escala quantitativa de concentração, usada para inferir a quantidade de açúcares presentes em uma solução. Um grau Brix (1° Bx) equivale a 1 grama de açúcar por 100 g de solução, ou seja, solução 1 %(massa/massa). Obtém-se o Brix pelo índice de refração da luz, usando-se um refratômetro de luz, tendo como parâmetro zero a água destilada. Criada por Adolf Ferdinand Wenceslaus Brix (1798-1870) a partir da escala original desenvolvida por Karl Joseph N. Balling. Pode-se ainda obter o valor em Brix a partir da medição direta da densidade da solução. Usa-se o Brix para calcular a gravidade específica e outras conversões. SG = (Brix / (258.6 – ((Brix / 258,2) × 227,1))) + 1. Ver ***Balling***.

**Brotamento**: Também chamado de cissiparidade. Método de reprodução assexuada, o qual ocorre comumente nas leveduras, como as de cerveja. Ao iniciar a divisão, um pequeno broto é formado na célula da levedura, que cresce até se separar completamente da célula "mãe", ficando uma pequena cicatriz. Atente-se que os brotos pequenos também podem ser corados pelo azul de metileno, como as células mortas, entretanto, estão vivas. Ver **Leveduras**.

**BRS Brau**: Cultivar de cevada de duas fileiras, desenvolvido pela Embrapa (Empresa Brasileira de Pesquisa Agropecuária), lançado em 2009, com porte anão (média 76 cm), rendimento médio de 6 t/ha. Apresenta grãos de classe 1, atendendo aos requisitos para malteação com fins cervejeiros. Seu plantio é indicado nos estados do Rio Grande do Sul, Santa Catarina e Paraná.

**BRS Cauê**: Cultivar de cevada de duas fileiras, desenvolvido pela Embrapa (Empresa Brasileira de Pesquisa Agropecuária), lançado em 2008, com porte anão (média 75 cm), rendimento superior a 5 t/ha. Apresenta grãos de classe 1, atendendo aos requisitos para malteação com fins cervejeiros. Seu plantio é indicado nos estados do Rio Grande do Sul, Santa Catarina e Paraná.

**BRS Itanema**: Cultivar de cevada de duas fileiras, desenvolvido pela Embrapa (Empresa Brasileira de Pesquisa Agropecuária), lançado em 2013, com porte médio (média 90 cm), rendimento de até 7 t/ha. Apresenta grãos de classe 1, atendendo aos requisitos para malteação com fins cervejeiros. Adaptada para regiões irrigadas do estado de São Paulo (altitude de 600 m), com bom desempenho também nos estados de Goiás, Minas Gerais e Distrito Federal.

**BRS Kalibre**: Cultivar de cevada de duas fileiras, desenvolvido pela Embrapa (Empresa Brasileira de Pesquisa Agropecuária), lançado em 2017, com porte médio (média 90 cm), rendimento de até 7 t/ha. Apresenta grãos de classe 1, atendendo aos requisitos para malteação com fins cervejeiros. Adaptada para cultivo irrigado no estado de São Paulo. Seus grãos são graúdos e de casca fina.

**BRS Manduri**: Cultivar de cevada de duas fileiras, desenvolvido pela Embrapa (Empresa Brasileira de Pesquisa Agropecuária) em parceria com outras instituições, resultado do cruzamento de BRS 195 com MN 698. Lançada em 2011, com porte anão (não ultrapassa 80 cm), rendimento médio de 6,5 t/ha. Apresenta resistência moderada a mancha reticular, susceptibilidade moderada ao oídio. Apresenta grãos de classe 1 (superior a 80 %), atendendo aos requisitos para malteação com fins cervejeiros. Seu plantio é indicado nos estados de São Paulo (irrigado), Minas Gerais, Goiás e Distrito Federal, com plantio indicado na primeira quinzena de maio.

**BRS Quaranta**: Cultivar de cevada de duas fileiras, desenvolvido pela Embrapa (Empresa Brasileira de Pesquisa Agropecuária), lançado em 2015, com porte baixo (média 78 cm), rendimento superior a 6 t/ha. Apresenta grãos de classe 1, atendendo aos requisitos para malteação com fins cervejeiros. Seu plantio é indicado para regiões com altitude maior que 700 m, com plantio, preferencialmente, em junho, nos estados do Rio Grande do Sul, Santa Catarina e Paraná. Destacando-se por sua resistência às pragas (oídio) e resistência moderada à mancha reticular.

**BRS Sampa**: Cultivar de cevada de duas fileiras, desenvolvido pela Embrapa (Empresa Brasileira de Pesquisa Agropecuária), resultado do cruzamento de BRS 195 com BRS Borema. Lançada em 2008, com porte anão (média 77 cm), rendimento médio de 6,5 t/ha. Apresenta grãos de classe 1, atendendo aos requisitos para malteação com fins cervejeiros. Seu plantio é indicado nos estados de São Paulo e Goiás, com plantio indicado na primeira semana de maio.

**BU:GU**: Também chamada de razão BU:GU. Refere-se a relação entre as unidades de amargor (BU: *Bitterness unit*) e a gravidade original da cerveja em unidades de gravidade (GU: *Gravity unit*), proposta por Ray Daniels. Usado para indicar a percepção do amargor da cerveja. A razão varia entre 0,2 e 1, sendo que 0,2 indica cervejas mais maltadas, 1 indica cervejas mais lupuladas e 0,5 indica cervejas equilibradas. Destaca-se que cada estilo de cerveja apresenta uma relação BU:GU indicada para que a mesma fique equilibrada. É possível fazer o ajuste do BU:GU a partir da proposta de Ryan Shwayder, usando-se o cálculo do índice de amargor relativo, para maior precisão da relação. Ver **Índice de amargor relativo**; **Unidades de Gravidade/GU**.

**Buquê/*Bouquet***: Usado para indicar a percepção sensorial resultante do conjunto dos aromas da cerveja.

**Burtonização**: Alteração do perfil físico-químico da água cervejeira para se equivaler ao perfil da água da cidade de *Burton upon Trent* (Reino Unido), famosa por seus altos teores de sulfatos e dureza elevada. Ver **Água de Burton**.

**Butanoato de etila**: Composto orgânico ($C_6H_{12}O_2$), também chamado de Butirato de etila, um éster que remete ao aroma de abacaxi. Em excesso é considerado indesejado nas cervejas (*off-flavor*). Presente, tipicamente, entre 0,05-0,25 mg/L, com limiar de detecção de 0,4 mg/L. Este éster é produzido pelas próprias leveduras, durante a fermentação, sendo a produção potencializada pela presença de ácido butírico no mosto em fermentação. Ver **Ácido butírico**; **Fermentação butírica**.

**Butanol**: Substância orgânica ($C_4H_9OH$), também chamado de álcool butírico. Composto por uma cadeia linear com quatro carbonos e um grupo –OH (hidroxila) em uma das extremidades. Pode ser gerado a partir da fermentação butírica, como a realizada pelo *Clostridium butyricum*. Ver **Fermentação butírica**.

**Butirato**: É a forma desprotonada do ácido butírico ($pK_a$ = 4,82), correspondendo à sua base conjugada. Ver **Ácido butírico**.

**Butírico**: Ver **Ácido butírico**.

**Cacosmia**: Termo usado em análise sensorial para indicar a percepção persistente de alguns odores desagradáveis, o que afetará a avaliação dos odores da cerveja. Ver **Análise sensorial**.

**Cálculo da massa de sal**: Corresponde ao cálculo realizado para se quantificar a massa necessária de um sal para se atingir as concentrações desejadas. De forma simplificada: Massa necessária = massa desejada/ fração da massa do sal (em cálculos reais, deve-se considerar a pureza do sal). Por exemplo, caso precise aumentar em 15 ppm a concentração de cálcio em 100 L de mostura usando-se $CaSO_4 \cdot 2H_2O$. (sulfato de cálcio hidratado). Tem-se que a massa de $Ca^{2+}$ corresponde a 23 % do sal, assim, 1 g de sal conterá 0,23 g de $Ca^{2+}$. Para aumentar 15 ppm (mg/L), serão necessários 1500 mg (ou equivalente a 1,5 g) de cálcio (15 mg/L*100 L). Dessa forma, a massa de sal necessária será 1,5 g/0,23, ou seja, 6,52 g do sal.

**Caloria/cal**: Unidade física de medida de energia utilizada, comumente, como kcal – quilocaloria (1 kcal = 1000 cal). Não faz parte do sistema internacional de unidades, sendo o Joule a unidade oficial para esta grandeza. Um litro de cerveja tem cerca de 420 kcal, dependendo da cerveja (1 cal = 4,1868 J).

**Cama de malte**: Camada formada com os restos dos grãos moídos ao fundo da panela/tina de mosturação. Após a lavagem (há casos que não ocorre), deve-se remover essa camada (quando em sistema de um único recipiente) ou transferir o mosto para outra panela/tina para prosseguir com o processo. A cama de malte funciona como um filtro natural durante a fase de circulação/clarificação e lavagem do malte.

**Camada aleurona**: Ver **Aleuroma**.

**Câmara de Neubauer**: Instrumento utilizado na contagem de microrganismos, como as leveduras, em microscopia de luz. Pode ser usada para se quantificar a viabilidade de leveduras coradas com azul de metileno. Consiste em uma lâmina grossa, geralmente de vidro, com uma câmara com volume conhecido e uma retícula (grade) ao fundo, usada para separação dos setores durante a contagem das células. Ver **Azul de metileno; Viabilidade**.

**CAMRA**: Sigla para *Campaign for Real Ale*, uma organização independente, criada em 1971, que surge da iniciativa de um movimento conservador que prega a manutenção das tradições nos pubs, clubes, cervejas e outros produtos regionais ameaçados pelas práticas comerciais dos grandes grupos cervejeiros. Também atua na avaliação e promoção da qualidade da cerveja. Atualmente (2022) conta com mais de 190.000 membros no Reino Unido.

**Cande**: Ver *Candy sugar*.

**Candida**: Ver **Hipoclorito de sódio**.

*Candy sugar*: Carboidrato simples, usado como um aditivo na produção cervejeira, com intuito de aumentar teor alcoólico e ampliar sabores (como caramelo, frutado), sem alterar o corpo da bebida, podendo ser encontrado em diferentes intensidades de cor. Também chamado de açúcar-candi ou cande. Trata-se do açúcar invertido cristalizado, o qual pode ser obtido a partir do processamento do açúcar de cana, beterraba ou outro. Típico das cervejas belgas. Ver **Açúcar invertido**.

*Candy syrup*: Adjunto cervejeiro similar ao Candy sugar, entretanto, o mesmo se encontra líquido, como um xarope. Ver **Candy sugar**.

**Canhão**: Ver *Hop cannon*.

*Cannon*: Ver *Hop cannon*.

**Capacidade tampão**: Refere-se a capacidade dos tampões em manter o pH do meio, expresso em mEq/pH·L ou mEq/pH·kg. A capacidade da solução tampão (ácido fraco e sua base conjugada) em manter o pH do meio está relacionada com sua concentração e com o valor do pK do ácido fraco. De forma geral, a maior capacidade de atuação do tampão se situa no pH ± 1 sobre o valor de pK do ácido fraco. Ver pK; Solução tampão.

**Caprato**: É a forma desprotonada do ácido caprílico ($pK_a$ = 4,89), correspondendo à sua base conjugada. Ver **Ácido caprílico**.

**Caprílico**: Ver **Ácido Caprílico**.

**Caproato**: É a forma desprotonada do ácido capróico ($pK_a$ = 4,88), correspondendo à sua base conjugada. Ver **Ácido capróico**.

**Caproato de etila**: Ver **Hexanoato de etila**.

*Caramalt*: Ver **Malte especial**.

**Caramelização**: Simplificadamente, indica a formação de caramelos. Reações químicas que ocorrem em temperaturas acima de 110 °C (frutose – 110 °C, glicose – 160 °C, maltose 180 °C) modificando os açúcares, principalmente sacarose, formando novos compostos que resultam em aromas (principalmente por furanos e acetato de etila), além do escurecimento (depende de quanto caramelizou). Como exemplo de uso dessa reação, tem-se a produção de *candy syrup* e *candy sugar* (adjuntos cervejeiros). Não confundir com a reação de Maillard, a qual ocorre com o aquecimento dos açúcares na presença de aminoácidos. Ver ***Candy sugar***; ***Candy syrup***; **Reação de Maillard**.

**Carboidratos**: São compostos orgânicos, também chamados de hidratos de carbono, poli-hidroxicetonas (aldoses), poli-hidroxialdeídos (cetoses) ou compostos que originam estes quando hidrolisados (rompidos). Podem ser encontrados como monômeros (monossacarídios) ou unidos em cadeias pequenas-médias (oligossacarídios) ou grandes (polissacarídios). Como exemplos: glicose e frutose são monossacarídios; sacarose (glicose + frutose), maltose (glicose + glicose) e maltotriose (glicose + glicose + glicose) são oligossacarídios; amido, celulose e glicogênio são polissacarídios.

**Carbonatação**: Processo para aumento da concentração de dióxido de carbono/gás carbônico ($CO_2$) dissolvido na cerveja (comumente referido como volumes de $CO_2$), ou seja, gaseificar a cerveja. Pode ser feito com injeção de $CO_2$ (carbonatação forçada) em barris ou tanques pressurizados. O $CO_2$ também pode ser gerado na própria garrafa, pelas leveduras, fazendo-se necessário a adição do *priming* (alguma fonte de açúcar fermentescível, como sacarose, mel, rapadura etc.) na cerveja antes de ser engarrafada. Destaca-se que o nível de carbonatação influencia na percepção sensorial da cerveja, devendo o mesmo estar adequado ao estilo. Ver **Volume de $CO_2$**.

**Carbonato de cálcio**: Composto químico – sal ($CaCO_3$), usado para aumentar o pH da mostura, contribuindo também com o aumento da dureza total (código INS 170i). Também chamado de giz ou *chalk*. Tem massa molar de 100,087 g/mol ($Ca^{2+} \approx 40$ %; $CO_3^{2-} \approx 60$ %). Como sua solubilidade em água fria não é boa, quando utilizado, recomenda-se sua adição na mostura quente. Na concentração adequada pode contribuir na filtração e lavagem do mosto. Além disso, a interação do cálcio com a $\alpha$-amilase melhora sua termoestabilidade. O uso do $CaCO_3$ contribui para aumentar a dureza total da água. Com relação ao cálcio, de modo geral, recomenda-se cerca de 50 ppm para cervejas claras e entre 50 e 150 ppm para cervejas escuras.

**Carbonatos:** São compostos químicos que apresentam o ânion carbonato ($CO_3^{2-}$) em sua composição, como os sais inorgânicos carbonato de cálcio ($CaCO_3$) e bicarbonato de sódio ($NaHCO_3$), assim como o ácido carbônico ($H_2CO_3$).

**Carboxipeptidases:** Enzimas proteolíticas (exopeptidases) que hidrolisam (rompem) as ligações peptídicas no fim da cadeia proteica/polipeptídica, uma exopeptidase, a partir do carboxi-terminal da cadeia (C-terminal), liberando aminoácidos ou dipeptídios. No malte, apresentam pH ótimo em torno de 4,8 a 5,7 e temperatura ótima em torno de 50 °C. São importantes na degradação das proteínas dos grãos, durante a mosturação. Ver **Exopeptidase; Hidrolase; Parada proteica**.

*Carboy:* Garrafão largo de plástico, vidro ou barro usado na fermentação.

**Cardamomo verde:** Considerado uma especiaria, sendo encontrada como pequenas vagens, da família da *Elettaria*, de onde se retiram as pequenas sementes que podem ser aproveitadas como adjunto em cervejas, como nos estilos belgas (ex. *Witibier*).

**Cariofileno:** Um dos óleos essenciais presentes no lúpulo, geralmente em menor quantidade (5-15 %), sendo (quimicamente) um sesquiterpeno. Na sua forma oxidada (óxido de cariofileno), com o humuleno, contribui com os aromas da cerveja, destacando os herbais, florais e picante. Apresenta maior resistência a volatilização durante a fervura (evaporação em torno de 129 °C).

**Cariopse:** Termo botânico para designar o fruto cujo pericarpo está fixo em toda sua extensão à semente, comumente encontrada nas gramíneas. O endosperma da cariopse é a principal fonte de amido na mosturação. Os grãos de cevada, trigo, aveia, arroz, sorgo, centeio (família Poaceae) são exemplos de cariopses. Ver **Poaceae**.

**Carl von Linde:** Importante cientista (físico) alemão (1842-1934), que trabalhou no desenvolvimento de sistemas de resfriamento que foram primordiais para os avanços da produção cervejeira. O primeiro sistema de resfriamento funcionava com éter metílico (1871), sendo que em 1894, desenvolveu um novo sistema de resfriamento a ar (técnica de Linde) para Guinness, baseando-se nos trabalhos de James Prescott Joule e William Thomson. Essa invenção revolucionou a fabricação de cerveja, além de abrir as portas para a produção das cervejas Lager.

**Carragenas:** Também conhecidas como carrageninas (INS 407), são polissacarídios lineares sulfatados, sendo que podem ser encontradas como três tipos (kappa, iota e lambda). Geralmente é extraída de algas marinhas vermelhas, como dos gêneros *Eucheuma* e *Chondrus*. Pode ser usado na produção de cerveja como coadjuvante de tecnologia de fabricação, atuando como agente clarificante, como por exemplo o *Whirlfloc* (tem como base a carragena). Ver **Clarificante/s.**

**Carvão ativado/carvão ativo**: Material de carbono com grande porosidade, o que resulta na alta capacidade de adsorver diversos compostos em meio líquido ou gasoso. Usado comumente em filtros de água para remover impurezas desta. O cloro presente nas águas tratadas, indesejado na água cervejeira, pode ser removido por meio de filtros com carvão ativado. Ver **Água cervejeira.**

**Cascas e grãos**: Descritor em análise sensorial para o odor/aroma ou gosto de cascas e grãos de malte, geralmente um *off-flavor*. Tem-se como referência o composto 2-metilpropanal (isobutiraldeído), sendo o limiar de detecção do mesmo de 10 μg/ L e a concentração típica na cerveja entre 1 e 20 μg/ L. Pode ter origem das cascas dos grãos, seja pelo excesso de lavagem ou por estarem muito esmagadas/trituradas. Ver **Isobutiraldeído.**

**Catabolismo**: Corresponde às reações bioquímicas de degradação nos organismos como, por exemplo, as reações de degradação de glicose para produção de ATP ou mesmo a degradação do glicogênio pelas leveduras.

**Catalisador**: Substância capaz de aumentar a velocidade de uma reação química sem ser consumido por esta. Quando o catalisador é uma enzima (geralmente proteínas), diz-se que este é um biocatalizador. Ver **Catálise enzimática.**

**Catálise enzimática**: Ação desempenhada por enzimas, na sua grande maioria cadeias polipeptídicas (proteínas com ação catalítica), que aumentam a velocidade da reação pela redução da energia de ativação de uma reação bioquímica (reduz a quantidade de energia necessária para se atingir o estado de transição). Grande parte das reações bioquímicas durante a malteação, mosturação, fermentação e maturação ocorrem por meio de catálise enzimática. Ver **Enzimas.**

*Catharina sour*: Primeiro estilo de cerveja brasileira a ingressar no guia BJCP, em 2018, como um estilo local (X4). Trata-se de uma cerveja clara (2-7 SRM/ 2,9-13,8 EBC), ácida, levemente azeda, feita com adição de frutas (além dos maltes), com teor alcoólico entre 4 e 5,5 % e amargor muito leve (2-8 IBU).

**Cátions**: São íons carregados positivamente, como por exemplo $Ca^{2+}$, $Mg^{2+}$, $Na^+$ e desempenham papéis cruciais em reações químicas e bioquímicas. Ver **Íons.**

***Catty***: Descritor em análise sensorial para o odor/aroma ou gosto de urina de gato, plantas de tomate, ou maracujá (fora do padrão), geralmente considerado um *off--flavor*. Tem-se como referência o composto p-metano-8-tiol-3-ona, sendo o limiar de detecção de 15 ng/L. Pode ser oriundo do lúpulo ou ser formado durante o envelhecimento da cerveja (processo de oxidação). Deve-se atentar também para a estocagem dos insumos, evitando migração para estes de compostos de pinturas (paredes e pisos) que podem ser precursores do odor/aroma.

**Cauim**: Palavra originada do tupi *kaûî*, referindo-se a bebida alcoólica fermentada de mandioca cozida e posteriormente mascada. Incluíam-se também milho, caju e outras frutas mascadas. Podem-se encontrar outras formas de escrita: *cauy, caüy, caguy, cauhi, cauin* e *kauin*.

**Cavalo**: Termo usado em análise sensorial como descritor do odor/aroma que remete a cavalo, o qual pode ser resultante da fermentação por leveduras do gênero *Brettanomyces*. Ver **Brettanomyces**; **Lambic**.

**Caxeri/caixiri/caysúma**: Ver **Kaschiri**.

**Cebola**: Descritor em análise sensorial para o odor/aroma ou gosto de cebola. Tem-se como referência o composto trissulfeto de trimetil, com concentração típica na cerveja entre 0,05 e 0,3 µg/L, com limiar de detecção de 0,1 µg/L. Característico em algumas cervejas claras (baixa concentração) e um *off-flavor* em altas concentrações. Pode ser originado durante a fervura, pela autólise das leveduras após fermentação ou presente em alguns lúpulos. Pode ser eliminado na própria fervura ou durante a fermentação (arrastado pelo $CO_2$).

**Celíaco**: Ver **Doença celíaca**.

**Célsius/°C**: unidade de temperatura (escala termométrica), desenvolvida pelo astrônomo sueco Ander Celsius (1742), usada na maior parte do mundo. Nesta escala, no nível do mar, a água entra em ebulição em 100 °C e se congela em 0 °C: $°C = \dfrac{(°F - 32)}{1,8}$ ou $°F = (°C \times 1,8) + 32$.

**Celulase**: Enzima da classe das hidrolases (EC 3.2.1.2), também chamada de β-1,4-glucanase, uma endoenzima que hidrolisa (rompe) as ligações β-1,4, entre as glicoses, presentes na cadeia de celulose (exemplo de estrutura – PDB: 1JS4). Pode ser produzida por alguns fungos, bactérias e protozoários. Pode-se utilizar celulases para degradar os resíduos de celulose, como os advindos do bagaço da cana-de-açúcar, gerando substratos fermentescíveis para produção de etanol de segunda geração. Ver **Celulose**.

**Celulose**: Longa cadeia de carboidratos (homopolissacarídio), $(C_6H_{10}O_5)n$, composta por glicoses ligadas por ligação glicosídica β-1,4, com função estrutural, componente de parede vegetal. A celulose não é degradada pelas leveduras, entretanto, há técnicas biotecnológicas para hidrolisar as ligações β-1,4 para liberação de glicoses e posterior fermentação etanólica, gerando o chamado de etanol de segunda geração ou etanol celulósico. Ver Celulase.

**Centeio**: Cereal obtido das plantas da família Poaceae, uma gramínea, espécie *Secale cereale*. Pode ser utilizada como adjunto cervejeiro (malteada ou não). Quando malteado, pode trazer aromas típicos do centeio, leve adocicado do malte, com notas de pão e mel, além da contribuição com a cor (avermelhada) e cremosidade da bebida. Ver **Poaceae**.

**Cepas:** Dentro da biologia, referem-se aos grupos de seres vivos, dentro de uma mesma espécie, que apresentam características genéticas, morfológicas e fisiológicas semelhantes. É geralmente utilizado para microrganismos, usando-se também o termo estirpe. Focando nas cepas de leveduras de cerveja, pode-se classificar estas por suas características. Para cepas Ales: limpas/neutras; frutadas; híbridas; excêntricas. Para Lager: secas (*dry*)/*crisp;* cheias (*full*)/maltadas.

**Cepas Ale**: São cepas de leveduras de alta fermentação (Ale), as quais fermentam, geralmente, entre 15 e 24 °C. Apresentam alta suspensão de leveduras durante a fermentação, gerando um *Kräusen* bem visível. As diversas cepas podem apresentar distintas características sensoriais, podendo ser organizadas em cinco grupos: neutras; frutadas; híbridas; fenólicas; excêntricas. Ver **Cepas**; **Cepas excêntricas**; **Cepas fenólicas**; **Cepas frutadas**; **Cepas híbridas**; **Cepas neutras**.

**Cepas *Brettanomyces***: São cepas de leveduras do gênero *Brettanomyces*, geralmente usadas em cervejas Lambic ou em fermentações consorciadas, fermentando entre 18 e 23 °C, geralmente. As principais espécies utilizadas são *B. lambicus*, *B. bruxellensis* e *B. anomalus*. Crescem lentamente e vivem por um longo tempo. Podem levar 5 meses para alcançar o pico de crescimento e desenvolver um bom perfil de sabores, sendo que, com cepas e condições específicas, pode-se atingir com 5 semanas. Ver ***Brettanomyces***; **Cepas**.

**Cepas cheias/full/maltadas**: São cepas de leveduras Lager (baixa fermentação) que apresentam como resultado um perfil mais cheio/arredondado e maltado. Frequentemente produzem mais compostos sulfurados e ligeiramente frutados. Podem ser usadas em estilos como Munich Helles ou Munich Dunkel, além de outros estilos de Lagers. Ver **Cepas**; **Cepas Lager**.

**Cepas excêntricas**: São cepas de leveduras Ale que produzem sabores distintos/incomuns, como: terroso, *barnyard* (odor de cavalo, couro molhado), suor, cabine telefônica e azedo. São mais utilizados nos estilos Belgas, em especial, nas cervejas Lambics (incluem-se francesas). Algumas cepas exibem comportamentos incomuns, como altíssima resistência em mostos de alta densidade (superiores a 20 °P). Geralmente, apresentam alta atenuação e baixa floculação, podendo produzir diversos compostos fenólicos. Ver **Ale**; **Cepas**; **Cepas Ale**.

**Cepas fenólicas**: São cepas de leveduras Ale com alta produção de fenóis e ésteres, resultando nos odores/aromas de cravo (fenólico) e banana (éster). Tradicionalmente utilizadas em cervejas dos estilos Ale de trigo belga (*Witbier*) e de trigo alemã (*Weizen*). Geralmente, apresentam alta atenuação e baixa floculação. Raramente produz altos níveis de diacetil, com pouca produção de sulfurados. Ver **Ale**; **Cepas**; **Cepas Ale**.

**Cepas frutadas**: São cepas de leveduras Ale com maior produção de ésteres, resultando em uma grande variedade de odores/aromas frutados, pode resultar também em odores/aromas sutis de mel e pinus. Tradicionalmente usada em Ales inglesas, entretanto, há um aumento no uso nos EUA. Trabalha em temperaturas próximas das cepas neutras, sendo pouco menos versátil que as cepas neutras. Flocula rapidamente, geralmente, finalizando o processo de fermentação antes que os neutros. Formam grandes aglomeradas de leveduras na floculação, resultando em uma cerveja límpida. Ver **Ale**; **Cepas**; **Cepas Ale**.

**Cepas híbridas**: São cepas de leveduras Ale que fermentam em temperaturas mais baixas, resultando em um perfil aromático similar as Lagers (*Lagerlike*). Tradicionalmente usadas em cervejas nos estilos Altbier e Kölsch. Fermentam mais lentamente que as cepas frutadas, com floculação média, permanecendo em suspensão por tempo, suficiente para atenuar e condicionar/ maturar a cerveja. Pode produzir traços de compostos sulfurados (menos que as cepas Lagers). Ver **Ale**; **Cepas**; **Cepas Ale**; *Lagerlike*.

**Cepas Lagers**: São cepas de leveduras de baixa fermentação (Lager), as quais geralmente podem metabolizar melibiose, fermentando, comumente, entre 8 e 12 °C, com

C

menor quantidade de ésteres. Geralmente, geram pouca suspensão durante a fermentação (menos *Kräusen*), entretanto, ficam em suspensão por maior tempo, com baixa ou média floculação. Comumente produzem maiores quantidades de compostos sulfurados e têm maior dificuldade em reduzir o diacetil. Podem ser classificadas como cheias/full/maltadas ou secas/crisp/dry. Ver **Cepas**; **Cepas cheias/full/maltadas**; **Cepas secas/crisp/dry**.

**Cepas limpas/neutras/clean**: São cepas de leveduras Ale que apresentam baixa produção de ésteres, ou seja, pouco ou nenhum odor/aroma frutado, apresentando perfil *Lagerlike* (tipo Lager), produzindo baixa quantidade de álcoois superiores. Geralmente, fermentam lentamente, com floculação mediana. Em condições de estresse (alta ou muito baixa temperatura, alta pressão, falta de nutriente) podem produzir compostos sulfurados. Esse tipo de cepa é bem popular nos EUA. Ver **Ale**; **Cepas**; **Cepas Ale**; *Lagerlike*.

**Cepas secas/crisp/dry**: São cepas de leveduras Lager (baixa fermentação) que apresentam como resultado um perfil mais seco, refrescante e límpida. Geralmente usado nas German Lagers. Ver **Cepas**; **Cepas Lager**; *Kräusen*; **Lager**.

**Cereal**: Termo genérico para designar as plantas gramíneas que originam frutos farináceos comestíveis. Frequentemente usado como sinônimo de grãos de cereais, sendo estes os frutos, os quais se apresentam como cariopses. São grãos ricos em amido, como: arroz, aveia, cevada, centeio, espelta, trigo, milheto, sorgo etc. Ver **Cariopse**; **Poaceae**.

**Ceres**: Deusa da mitologia romana (equivalente à deusa grega Deméter ou Demetra) das plantas que brotam (particularmente dos grãos/cereais) e do amor maternal/fertilidade.

**Cerevisia**: Palavra originada do gaulês *cervisia* e latinizada para *cerevisia*, usada para designar uma bebida fermentada de cereais pelos gauleses.

**Cerveja**: Bebida fermentada a partir de grãos de malte, sendo que, no Brasil (decreto nº 6.871, de 4/06/2009), podem ser chamadas de cerveja as bebidas com percentual de malte de cevada igual ou maior que 55 %. Caso tenha 100 % de malte de cevada, será considerada cerveja puro malte. Caso tenha menos que 55 % e mais que 20 % de malte de cevada será chamada de cerveja de (nome do cereal predominante). Ver **Cerveja puro malte**.

**Cerveja cigana**: Refere-se a cerveja que foi produzida em uma cervejaria cigana, ou seja, usando-se de outra cervejaria com sistema produtivo ativo e legalizado para desenvolver suas cervejas.

**Cerveja com teor alcoólico reduzido**: No Brasil (IN nº 65, 10/12/2019), consideram-se cervejas com teor de álcool reduzidas aquelas que apresentam valores maiores que 0,5 % em volume de etanol (ABV – v/v) e menores ou igual a 2,0 % v/v. Ver **ABV**.

**Cerveja convidada**: Termo usado para indicar a venda de uma cerveja, como convidada, em um bar/pub de uma cervejaria. As cervejas convidadas são mais comuns em bares de cervejas artesanais de microcervejarias. Equivalente ao termo em inglês *Guest ale*.

**Cerveja da abadia**: Termo usado tradicionalmente para indicar as cervejas de fermentação de topo produzidas nos monastérios ou sob licença destes, originalmente designadas como *Bières d'Abbaye* (francês) ou *Abdijbier* (holandês) ou *Abbey beer* (inglês). Na Bélgica, as cervejas feitas nos monastérios Trapistas passaram a ser denominadas Trapistas (1962). Ver **Trapista**.

**Cerveja de fermentação múltipla**: Considera-se na instrução normativa (IN) nº 65, de 10 de dez. 2019, a cerveja que passou por mais de uma fermentação, independente do local (garrafa e/ou tanque). Esta cerveja poderá usar no rótulo o termo "cerveja de múltipla fermentação". Como não se especifica na IN qual tipo de nova fermentação ou o momento que esta deve ocorrer, compreende-se que esta pode ser por fermentação mista, consorciada e, até mesmo, pela refermentação pela própria levedura. Ver **Fermentação consorciada; Fermentação mista**.

**Cerveja de quefir**: Cerveja fermentada a partir de grãos de quefir, a qual pode ter efeitos probióticos. A cervejaria Senhorita, no sul de Minas Gerais, registrou no MAPA (Ministério da Agricultura, Pecuária e Abastecimento) a primeira cerveja de Quefir no Brasil, no estilo *Specialty beer*. Ver **Quefir**.

**Cerveja desalcoolizada**: Ver **Cerveja sem álcool**.

**Cerveja em barril**: Consiste na cerveja mantida em barril, especialmente de inox (pode ser de madeira), a qual é resfriada e servida a partir deste, usando, por exemplo, chopeiras com serpentinas (para resfriamento) e torneiras (para servir). Em inglês, usam-se os termos: *draft* (EUA); *draught beer* (Reino Unido); *keg beer* (cerveja do barril), *tap beer* (cerveja da torneira) ou *cask beer* (cerveja no casco/barril).

**Cerveja em garrafa/engarrafada**: Consiste na cerveja mantida em garrafas, geralmente de vidro âmbar, com tampinha metálica de rosca (*twist-off*), para abridor (*pry--off*) ou com tampa abre fácil.

**Cerveja encorpada**: ver **Corpo/Corpo da cerveja**.

**Cerveja glúten reduzido**: Termo usado para indicar a cerveja que tenha redução na concentração de glúten, abaixo de 200 ppm, entretanto, acima de 20 ppm, dessa forma, não é considerada cerveja sem glúten (*gluten free*) de acordo com o *CODEX Alimentarius*. Destaca-se que os limites para se considerar uma cerveja com glúten reduzido podem variar por país. Ver ***Brewer clarex®***; **Glúten**.

**Cerveja pesada**: Termo usado para indicar uma cerveja de alta gravidade específica inicial/original. Em inglês, utilizam-se os termos *heavy beer* ou *high-gravity beer*. Geralmente apresentam alto teor alcoólico (ABV).

**Cerveja puro malte**: No Brasil, considera-se uma cerveja puro malte aquela produzida exclusivamente com cevada malteada (IN nº 65, 10/12/2019). Bebidas com percentual de malte de cevada igual ou maior que 55 % e menor que 100 % serão consideradas cervejas.

**Cerveja sem álcool**: No Brasil (IN nº 65, 10/12/2019), consideram-se cervejas sem álcool ou desalcoolizada aquelas que apresentam valores menores ou igual a 0,5 % em volume de etanol (v/v – ABV). Para serem consideradas álcool zero, devem ter menos de 0,05 % Ver **ABV**; **Cerveja zero álcool**.

**Cerveja sem glúten**: Termo usado para indicar a cerveja que tenha menos de 20 ppm de glúten (*gluten free*), de acordo com o *CODEX Alimentarius*. Esta pode ser produzida a partir de cereais sem glúten, por técnica utilizando enzima para degradação do glúten ou por técnica que envolve o encapsulamento do glúten. A enzima *Brewer clarex®*, uma endoenzima (prolil endopeptidase ácida), por exemplo, pode ser usada na fase de fermentação para degradar grande parte do glúten. Destaca-se que os limites para se considerar uma cerveja sem glúten podem variar por país. Ver ***Brewer clarex®***; **Glúten**.

**Cerveja verde**: termo utilizado para indicar a cerveja no final da fermentação e que ainda não foi maturada. Apresenta-se contendo pouco dióxido de carbono ($CO_2$) dissolvido, ainda é turva e seu sabor e aroma são inferiores aos da cerveja maturada e pronta para o consumo.

**Cerveja zero álcool**: De acordo com a IN nº 65, 10/12/2019, dentre as cervejas classificadas sem álcool, pode-se rotular como cerveja zero álcool ou 0,0 % ou zero % álcool aquelas que tenham até 0,05 % (v/v) de etanol residual. Caso o percentual esteja acima de 0,05 % (v/v) e menor ou igual a 0,5 % (v/v) de etanol será designada como cerveja sem álcool, devendo o consumidor ser alertado no rótulo do percentual de álcool. Ver **ABV**.

**Cervejaria cigana**: Refere-se a cervejaria que não possui a sua própria estrutura física de produção de cerveja, terceirizando a planta fabril de outra cervejaria para a produção de sua cerveja. O termo foi usado inicialmente por Mikkel Borg Bjergsø, cervejeiro dinamarquês, proprietário da cervejaria Mikkeller. Podem também ser chamadas de *cuckoo*, em referência ao nome da ave, uma vez que usam o ninho de outras aves para chocar seus próprios, assim como de *phantom* (fantasma).

**Cervejeiro(a)**: Refere-se a todo indivíduo envolvido diretamente na produção cervejeira, seja de modo profissional ou amador. O cervejeiro amador frequentemente gerencia a maior parte da produção em pequena escala, enquanto o profissional, especialmente no contexto de produções de larga escala, pode se especializar em etapas específicas, embora em microcervejarias, o papel seja mais versátil e possa assumir toda a produção. O cervejeiro é responsável, em última instância, pela qualidade da cerveja produzida. Por sua formação e/ou experiência profissional, o cervejeiro pode ser chamado de mestre cervejeiro. Ver **Mestre(a) cervejeiro(a)**.

*Cerveza*: Palavra em espanhol para cerveja.

*Cervoise*: Termo em francês, tradicionalmente usado para cerveja produzida a partir de malte de cevada ou trigo, sem adição lúpulo. A partir da introdução do lúpulo na cerveja e a difusão de seu uso, a bebida passou a ser chamada de *bière*.

**Cetona**: Composto orgânico que apresenta como grupo funcional a carbonila ($C = O$) ligada entre dois carbonos de sua estrutura, com a fórmula geral: $R—C(=O)—R'$. Na classificação geral dos carboidratos, os monossacarídios podem apresentar a função cetona ou aldeído em sua estrutura química. Quando apresentam a função cetona, podem ser chamados de cetoses (p.ex.: frutose).

**Cetose**: Termo usado para designar os monossacarídeos que apresentam um grupo cetona (poliidroxicetona) como um de seus grupos funcionais. São exemplos de cetonas: frutose, ribulose e dihidroxiacetona. Ver **Cetona**.

**Cevada:** Planta gramínea da família Poaceae, tribo Triticeae, espécie *Hordeum vulgare*, considerada principal cereal da cerveja, geralmente sendo malteada para uso. Apresenta grande quantidade de carboidratos, principalmente amidos, que podem ser convertidos em alimentos para as leveduras pelas próprias enzimas presentes no grão malteado, durante a mosturação (fase de sacarificação). Podem ser classificadas quanto ao aproveitamento (forrageira ou cervejeira), quanto à época de semeadura (verão ou inverno) e quanto ao posicionamento dos grãos na espiga (duas ou seis fileiras). No caso da cevada de duas fileiras, pode ser de haste ereta ou curva. Ver **Açúcares fermentescíveis; Poaceae.**

**Cevada de duas fileiras:** Refere-se ao número de fileiras de cariopses (frutos) da cevada, também chamada de cevada dística. Por sua simetria, facilita-se a malteação, uma vez que absorve água de forma previsível, uniformizando a germinação e secagem. Além disso, apresenta menos casca, maior teor de amido, menor teor de proteínas e enzimas (geralmente, menor poder diastático), quando comparada à cevada de 6 fileiras, auxiliando na redução da turbidez da bebida. Geralmente, tem-se melhores semeaduras ao fim da primavera (cevada de verão). As cevadas de duas fileiras representam as mais utilizadas no contexto cervejeiro. Ver **Cevada; Cevada de seis fileiras; Cevada de verão; Poder diastático.**

**Cevada de inverno:** Corresponde às cevadas que foram semeadas no período de inverno (em setembro na Europa). Dessa forma, pode-se encontrar maltes trazendo essa denominação – Exemplo: malte de cevada de duas fileiras de inverno.

**Cevada de seis fileiras:** Refere-se ao número de fileiras de cariopses (frutos) da cevada, também chamada de cevada hexástica. Apresenta mais casca, menor teor de amido e maior de proteínas e enzimas quando comparada à cevada de duas fileiras, dessa forma, acaba resultando em menor fermentabilidade e maior turbidez. Apresenta, geralmente, maior poder diastático, podendo ter seu uso indicado em receitas com adjuntos sem ou de baixo poder diastático, como milho e arroz.

**Cevada de verão:** Corresponde às cevadas que foram semeadas no período de primavera ou início de verão, sendo que, no caso da Europa, entre os meses de março e abril. Dessa forma, pode-se encontrar maltes trazendo essa denominação – Exemplo: malte de cevada de duas fileiras de verão.

**Cevada dística:** Ver **Cevada de duas fileiras.**

**Cevada hexástica:** Ver **Cevada de seis fileiras.**

**Cheiro**: Sinônimo de odor. Ver **Odor**.

*Chicha de Jora*: Ver *Jora*.

*Chicha*: Bebida fermentada de milho, desenvolvida pelos povos andinos, com destaque aos Incas, na região atual do Peru, além de outros povos próximos. Originalmente, mastigava-se o milho (para ação das enzimas da saliva – amilase salivar), posteriormente, fervia-se e colocava o líquido em jarros para fermentação. A palavra *Chicha* se originou, provavelmente, da palavra *Chical* (saliva ou cuspe). Há também a *Chicha de Jora*. Ver *Jora*.

*Chill haze*: Turbidez causada no visual da cerveja pela reação de compostos fenólicos com algumas proteínas. É a principal mudança física que pode ocorrer na cerveja em relação à sua estabilidade coloidal. Surge quando a cerveja é resfriada, podendo ou não desaparecer com a restauração à temperatura ambiente ou à medida que a cerveja esquenta no copo. *Chill haze* temporário desaparece ao aquecer; *Chill haze* permanente permanece mesmo após a cerveja retornar à temperatura ambiente. Ver *Haze*.

*Chiller* **de contrafluxo**: Equipamento utilizado para resfriamento do mosto após a fervura. Consiste em dois tubos formando uma serpentina, um dentro do outro (tubo metálico dentro do tubo plástico). No tubo interno se circula o mosto quente e, na área entre os dois tubos, circula-se a água, preferencialmente gelada, gerando a troca de calor entre o mosto e a água. Exige maiores cuidados na limpeza da serpentina interna, antes e após seu uso, para evitar possíveis contaminações.

*Chiller* **de imersão**: Equipamento utilizado para resfriamento do mosto após a fervura. Consiste em uma serpentina feita com tubo metálico (inox, cobre ou alumínio), a qual é inserida dentro da panela, fazendo-se circular água pela serpentina (gelada, se possível), resultando na troca de calor entre mosto e água. É um equipamento barato, fácil de montar e limpar. Pode não ser muito prático/eficiente em grandes volumes, quando se faz necessário o uso de *chiller* de placas.

*Chiller* **de placas/trocador de calor**: Equipamento utilizado para resfriamento do mosto após a fervura. Consistem em várias placas sobrepostas, formando câmaras alternadas para passagem da água e do mosto quente (separadamente) em contrafluxo. Ao passar pelas superfícies sobrepostas, há troca de calor entre o mosto e a água (preferencialmente gelada), sendo que quanto maior o número e tamanho das placas, maior a área de contato e, consequentemente, mais rápido o mosto será resfriado. Exige muito cuidado na limpeza e sanitização, antes e após o uso, para evitar contaminantes.

**Chip de carvalho**: São lascas de madeira de carvalho que podem ser introduzidas em alguma das etapas da produção da cerveja, principalmente na maturação. Podem ser encontrados não tostados ou tostados, em diferentes intensidades, agregando os sabores da madeira escolhida (exemplo: carvalho) à cerveja.

**Chip de madeira**: São lascas ou aparas, tostadas ou não, feitas a partir de diversas madeiras (carvalhos, cerejeiras etc.) para inserção em alguma das etapas da produção cervejeira. Tipicamente são inseridas durante a maturação, trazendo as características de madeira utilizada à bebida, principalmente oriundos de furanos e aldeídos presentes nos chips. Apresenta-se como uma alternativa de baixo custo ao uso dos tonéis de madeira. Ver **Chip de carvalho**.

**Chopp/Chope**: Termo usado no Brasil para designar a cerveja extraída sob pressão do barril, servida em torneira. Legalmente, estabelece-se na IN nº 65 (10/12/2019) que o termo chopp ou chope pode ser usado somente para a cerveja não pasteurizada, dessa forma, pode-se haver chope em barril, *growler* ou até mesmo garrafa de vidro. Em outros países não há essa distinção de nome pelo fato de estar ou não pasteurizada e sim pelos diferentes métodos de extração/entrega da cerveja (ver ***Draught beer/draft beer; Bier vom fass***). Acredita-se que a palavra tem origem na unidade de medida alemã *Schoppen*, usada por cervejeiros alemães nas primeiras fábricas de cerveja no Brasil. Ver ***Schoppen***.

***Christmas beer***: Ver ***Weihnachtsbier***.

**Chulé**: Ver **Isovalérico**.

**Ciclo de vida do lúpulo**: Correspondem às fases de desenvolvimento do lúpulo, o qual apresenta uma fase de dormência. Fase de dormência: inicia-se após senescência da planta; finaliza com o início da brotação. Fase vegetativa: brotação; desenvolvimento foliar; crescimento dos ramos; formação dos ramos laterais; formação das inflorescências; florescimento; desenvolvimento dos cones; maturação dos cones; senescência. Ver **Lúpulo**.

**Cinética enzimática**: Consiste no estudo das reações mediadas por catalisadores biológicos (enzimas), focando principalmente na velocidade das reações.

**CIP**: Sigla em inglês para *clean in place* (limpeza no local). Refere-se ao sistema de limpeza, usado comumente nas cervejarias, o qual consistem em equipamentos (bombas, aspersores etc.) que permitem aspergir e circular/recircular soluções de limpeza em tubulações, tanques/tinas etc., sanitizando-os completamente, sem necessidade de abertura/desmontagem.

**Cissiparidade**: Ver **Brotamento**.

**Citrato**: É a forma desprotonada do ácido cítrico (triprótico: $pk_{a1}$ = 3,15; $pk_{a2}$ = 4,77; $pk_{a3}$ = 6,40), correspondendo à sua base conjugada. Ver **Ácido cítrico**.

**Cítrico**: Ver **Ácido cítrico**.

**Citrinina**: Micotoxina gerada por fungos, como *Penicillium citrinum* e *P. viridicatum*, os quais podem contaminar trigo, cevada, milho e arroz, apresentando efeitos nefrotóxicos e carcinogênicos.

**cl**: Símbolo da unidade de volume centilitro (centésima parte do litro). 1 L = 100 cl.

**Clarificação**: Processo para clarificar o mosto durante a etapa quente da brassagem, geralmente se faz após o *mash-out* (inativação das enzimas) drenando o mosto pelo fundo do recipiente (panela/caldeirão/tina) e retornando-o para a superfície do mesmo recipiente, forçando assim a passagem do líquido pela camada de grãos assentados sob um fundo falso/*bazooka* que funciona como um filtro, retendo as partículas, reduzindo a turbidez do mosto.

**Clarificante/s**: Compostos/materiais usados para clarificar a cerveja (coadjuvantes de tecnologia para fabricação), geralmente agindo como agentes floculantes, podendo ser utilizados em diferentes etapas do processo, desde a mosturação, até a maturação. São exemplos: *clearmax* MF, pastilha de *Whirlfloc* (mosturação), musgo Irlandês (mosturação), gelatina (maturação), *isinglass* (maturação), *Biofine* (maturação) e *Polyclar* (maturação). Ver **Clarificação**.

**Clavagem**: Ver **Esporão do centeio**.

**Clearmax MS:** Coadjuvante de produção com ação composta por diversos ácidos tânicos naturais. Age como estabilizante sensorial e coloidal, atuando principalmente sobre proteínas de alto peso molecular. Inibe enzimas lipoxigenases (LOX) presente no mosto, reduzindo a ação destas sobre os lipídios no malte e, consequentemente, reduzindo a formação de 2-nonenal, o qual contribui para o envelhecimento da cerveja. Também atua na redução de aldeídos e no aumento do poder antioxidante. Pode ser usado na mosturação (foco na LOX), nos 10-15 minutos finais da fervura (melhora formação do *trüb*) ou na maturação (melhora estabilidade). Usar dosagem recomendada pelo fabricante para cada tipo de inserção. Ver **Lipoxigenase**.

**Cloreto de cálcio**: Composto químico ($CaCl_2$), usado na forma de sal para aumentar o teor de cálcio em águas com baixa concentração de cloretos (INS 509). Geralmente se apresenta comercialmente como cloreto de cálcio dihidratado ($CaCl_2 \cdot 2H_2O$) Contribuirá com o aumento da dureza da água, mas geralmente não tem um efeito significativo no aumento do pH. Além disso, o cloreto pode acentuar o sabor do malte (adequado para estilos mais maltados). Com relação ao cálcio, de modo geral, recomenda-se cerca de 50 ppm para cervejas claras e entre 50 e 150 ppm para cervejas escuras. Para os íons cloreto ($Cl^-$), recomenda-se entre 0 e 100 ppm, sendo aceitável até 250 ppm (concentrações acima de 300 ppm influenciarão na atividade das leveduras).

**Cloreto de magnésio hidratado**: Composto químico ($MgCl_2{}^*H_2O$), usado na forma de sal para aumentar as concentrações de magnésio e cloreto (INS 511) na água cervejeira. No mosto cervejeiro, a interação do magnésio com outros compostos contribui um pouco com a redução do pH. A forma hexahidratada tem massa molar de 203,30 g/mol ($Mg^{2+}$=12 %; $Cl^{1-}$=35 %). Seu excesso pode gerar o *off-flavor* azedo, sensação de adstringência, além de alterar demasiadamente o pH do mosto. O magnésio é muito importante para a atividade das leveduras, recomendando-se pelo menos 5 ppm na mostura, entretanto, as mosturas geralmente apresentam muito mais que essa concentração pois os ingredientes contribuem com cerca de 70 ppm deste íon. Destaca-se também que concentrações elevadas (acima de 125 ppm) podem resultar nos efeitos laxante e diurético. O cloreto poderá contribuir com a percepção de dulçor do malte, estabilidade e clareza da bebida, mas em excesso (acima de 250 ppm) resultará no *off-flavor* salgado e também poderá prejudicar as leveduras (acima de 300 ppm). No geral, recomenda-se entre 5 e 40 ppm de magnésio e, para o cloreto, entre 0 e 100 ppm (máximo de 250 ppm).

**Cloreto de sódio**: Substância química (NaCl), com alta solubilidade, comumente chamado sal de cozinha ou apenas sal. Tem massa molar de 58,443 g/mol ($Na^+ \approx$ 39 %; $Cl^- \approx$ 61 %). Pode ser usado na correção dos sais da água cervejeira, sendo que o sódio ($Na^+$), em pequenas concentrações, pode realçar os sabores, entretanto, em maiores concentrações resulta no sabor salgado. O cloreto pode auxiliar destacando o dulçor do malte e aumentar o corpo da cerveja, mas seu excesso (acima de 300 ppm) prejudicará as leveduras. Para os íons cloreto, recomenda-se entre 0 e 100 ppm, sendo aceitável até 250 ppm. Com relação ao sódio, recomenda-se entre 0 e 100 ppm, sendo aceitável entre 100 e 150 ppm.

**Cloretos**: Correspondem aos compostos iônicos que apresentam em sua fórmula química o ânion cloreto ($Cl^-$). O composto mais comum é o cloreto de sódio (NaCl), presente nas águas e responsável pelo gosto salgado. Há outros compostos importantes como: cloreto de cálcio ($CaCl_2$), cloreto de potássio (KCl) e o cloreto de magnésio ($MgCl_2$), usados na água cervejeira.

**Clorexidina**: Ver **Gluconato de clorexidina**.

**Cloro: 1.** Elemento químico (Cl), do grupo dos halogênios. Está presente em diversos sais, como o cloreto de sódio (NaCl), cloreto de cálcio ($CaCl_2$), cloreto de potássio (KCl). **2.** Popularmente, usa-se o termo "cloro" para designar a solução de aquosa de hipoclorito de sódio (NaClO), usado como desinfetante de ambientes, águas, alimentos etc.

**Cloro residual combinado**: Corresponde ao cloro ativo que interage com alguma molécula, sem gerar um processo oxidativo. O ideal é não haver cloro combinado nas águas potáveis, pois este pode ser prejudicial à saúde. Outro importante parâmetro da qualidade da água é o cloro residual livre. Ver **Cloro residual livre**.

**Cloro residual livre**: Corresponde ao total do cloro ativo livre, o qual tem maior poder desinfetante, sendo a soma de: $Cl_2$ + HOCl + $OCl^-$. No Brasil (Portaria 1469/2000, art. 13º), as águas devem apresentar logo após o tratamento o mínimo de 0,5 mg/L, garantindo-se a manutenção de 0,2 mg/L na entrega desta (qualquer ponto), sendo recomendado o máximo de 2,0 mg/L. Para o preparo das águas cervejeiras, faz-se importante a remoção do cloro residual livre, evitando-se gostos desagradáveis na cerveja, neste caso o *taint* medicinal/esparadrapo. Ver **Clorofenol**; **Medicinal**; *Taint*.

**Cloro residual total**: Corresponde a soma do total de cloro residual livre com o cloro residual combinado. Ver **Cloro residual combinado**; **Cloro residual livre**.

**Clorofenol**: Composto (2,6-diclorofenol) gerado a partir de produtos de limpeza à base de cloro que tenham contato inadequado com água cervejeira e que durante o processo de mostura reage com compostos presentes no mosto. Resulta no aroma de esparadrapo ("cheiro de hospital") ou cravo leve, sendo considerado um defeito causado por contaminação externa (*Taint*). O limiar de detecção é 5 µg/L. Ver *Taint*.

**Clorofluorcarbonetos/CFC**: Ver **Gás refrigerante**.

**Co-cultura/cocultura**: Corresponde ao cultivo simultâneo em meio sólido de dois ou mais microrganismos. Quando em meio líquido denomina-se fermentação mista. Ver **Fermentação mista**.

**Co-fermentação**: Ver **Fermentação mista**.

**$CO_2$:** Ver **Dióxido de carbono/$CO_2$**.

**Coadjuvante/Coadjuvante de tecnologia de fabricação:** São substâncias utilizadas para fins específicos durante o processamento e que não permanecem ativas após o envase do produto, sendo eliminadas ao fim da produção, admitindo-se traços destes ou de seus derivados. Na Resolução-RDC n° 64, de 29/11/2011 se estabelece quais são os coadjuvantes permitidos, indicando-se que o uso destes deve ser feito nas menores concentrações possíveis que possibilitem o resultado esperado. São considerados coadjuvantes, por exemplo, agentes de clarificação e materiais filtrantes. Coadjuvantes de tecnologia não devem ter função ativa no produto acabado.

**Cocos:** Termo usado para indicar as bactérias que apresentam a forma arredondada, como as bactérias dos gêneros *Eonococcus*, *Lactococcus*, *Pediococcus*, *Micrococcus* e *Megasphaera*. Há outras formas de bactérias, como bacilos (forma de bastonetes), diplobacilo (bacilos agrupados em pares), estreptobacilo (alinhados em linhas), estafilococos (cocos agrupados como um cacho de uva) entre outros. Ver **Bacilos**.

**Código de Hamurabi:** Um dos primeiros conjuntos de códigos/leis, do antigo império babilônico (século XVIII a.C.), criado pelo rei Hamurábi. Apresenta 282 cláusulas em escrita cuneiforme acádica sobre um monólito. Em uma das leis, apresentava-se que o cervejeiro deveria morrer afogado em sua própria cerveja, caso a mesma fosse intragável. Além disso, determinava o pagamento da cerveja com grãos cereais e não dinheiro.

**Coentro:** Considerado uma especiaria, podendo ser encontrado como folha ou sementes, da espécie *Coriandrum sativum*. Usam-se as sementes como ingrediente/adjunto na cerveja, principalmente nas cervejas de trigo belgas (*Witbiers*).

**Cofator:** Correspondem à íons metálicos ou moléculas complexas não proteicas (complexidade variável) que podem estar presentes nas enzimas e são primordiais para o funcionamento das que necessitam. O zinco ($Zn^{2+}$), por exemplo, é cofator da álcool desidrogenase nas leveduras cervejeiras, o Magnésio ($Mg^{2+}$) da piruvato quinase e dessa forma ocorre com muitas outras enzimas. Isso ajuda a compreender por que diversos compostos são vitais para a ação das enzimas na mosturação, fermentação e maturação.

**Cohumulona/Co-humulona:** Segundo tipo de $\alpha$-ácido de maior abundância no lúpulo, com 20-55 % (dependendo do caso, terceiro), um dos principais responsáveis pelo amargor da cerveja, quando isomerizado durante a fervura do mosto. Lúpulos com alto teor de co-humulona são associados com amargor desagradável, mas há controvérsias sobre seu uso e efeito no *Harsh*. Pequenas quantidades desse composto resultam na melhor formação de espuma. Ver **alfa-ácidos/α-ácidos**; **Razão humulona/cohumuloma**.

**Colarinho**: Ver **Espuma**.

**Cold break**: Nome dado ao material precipitado no fundo da tina de fervura (*trüb* frio), formado principalmente por proteínas e taninos (polifenóis), que coagula a baixas temperaturas e restos de lúpulo, geralmente durante ou após o resfriamento. A etapa de *whirlpool*, previamente ao resfriamento, otimiza a formação do *trüb* frio, assim como o uso de algum coadjuvante de tecnologia de fabricação para clarificação, como o Musgo irlandês (*Irish moss*) ou *Whirlfloc*. Formam-se pequenas partículas (menores que 1 μm) que precipitam no fundo da tina de fervura e também no fermentador. A formação do *cold break* depende de baixa temperatura, sendo maior sua formação no início do resfriamento. Ver **Musgo irlandês**; **Trub/*Trüb***; ***Whirlfloc***.

**Cold crash**: Ação de baixar a temperatura do fermentador rapidamente, em uma única etapa, visando melhorar e clarificar a cerveja na fase fria. A fermentação deve ter ocorrido completamente antes de se fazer o *cold crash*. Comumente se baixa até 2-3 °C, mantendo-se nessa temperatura por um a dois dias, podendo ser mais, dependendo do estilo da cerveja. Idealmente, a temperatura de resfriamento deve ser menor que a temperatura de consumo, para evitar formação de *Chill haze*. Ver ***Chill haze***.

**Coliformes**: Grupo de bactérias que indicam poluição da água (gêneros *Escherichia*, *Citrobacter*, *Enterobacter* e *Klebsiella*). A água cervejeira não deve apresentar coliformes ou quaisquer outros contaminantes.

**Collapsed foam**: Termo usado para indicar o momento que o Kräusen colapsou da superfície do tanque, decorrente, praticamente, da baixa ou ausência de fermentação, não havendo formação de $CO_2$ significativa, restando um filme escuro no topo do fermentador. Ocorre entre a fase estacionária e de declínio/morte. Ver ***Kräusen***.

**Coloidal**: Ver **Colóide**.

**Colóide**: Também chamado de sistema coloidal, corresponde ao estado físico da matéria no qual pequenas partículas, entre 1 e 1000 nanômetros, se mantêm suspensas em um líquido, podendo resultar no aumento da viscosidade. A cerveja é um bom exemplo de sistema coloidal, apresentam diversas partículas que se mantêm suspensas na bebida, resultando, por exemplo, na sensação de corpo da bebida.

**Coloração de Gram**: Método para coloração de lâminas para microscopia óptica, desenvolvido em 1884 por Hans Christian Joachim Gram, com objetivo de destacar, visualmente, as bactérias com distintas características nas estruturas de sua parede celular. Simplificadamente, envolve quatro etapas: 1. Coloração com cristal violeta; 2. Aplicação de iodo-lugol (mordente); 3. Descoloração com solução etanol/acetona; 4. Contra-coloração com Safranina (vermelha). Nas bactérias Gram-positivas (+), o cristal violeta é retido nas paredes da célula bacteriana, corando as células em azul violeta. Nas bactérias Gram-negativas (-), o cristal violeta não é retido, corando-se as células em vermelho. Ver **Gram-negativa**; **Gram-positiva**.

**Colupulona/Co-lupulona**: Um dos β-ácidos presentes no lúpulo (20-55 %), na fração da resina mole. Contribuem muito pouco para a sensação de amargor. Ver **Beta-ácidos/β-ácidos**.

**Comparação pareada**: Ver **Teste de diferença direcional**.

**Complementaridade**: Termo utilizado na harmonização de cervejas, indicando um dos modos de se harmonizar a cerveja com a comida (complementaridade, contraste e corte), partindo do princípio de se equilibrar os elementos da bebida e do alimento, de tal forma que o complemento se resulta melhor que as partes isoladas. Por exemplo, por aromas semelhantes. Ver **Contraste**; **Corte**.

**Compostos secundários de amargor**: Correspondem aos compostos não iso-α-ácidos da cerveja que contribuem para o amargor da bebida, como α-ácidos não iso-merizados; derivados de α-ácidos (como humulinonas), derivados de β-ácidos (como huluponas), compostos polifenólicos de amargos entre outros.

**Compostos tensoativos**: Ver **Surfactantes**.

**Comprimento de onda**: Termo usado na física para indicar a distância entre dois pontos (duas cristas ou dois vales) de uma onda. É usualmente representado pela letra grega *Lambda* ($\lambda$). Na região do visível da radiação eletromagnética cada faixa de cor apresenta comprimentos de onda diferentes, por exemplo, as tonalidades de vermelho se encontram entre 625 e 740 nm (nanômetro). Por exemplo: na quantificação da cor cerveja em SRM espectrofotometria, utiliza-se a leitura da luz no $\lambda = 430$ nm. Ver **SRM**.

**Concentração**: Em química, expressa a quantidade de um soluto em uma determinada quantidade de solução/solvente. As concentrações podem ser expressas em relações de massa/massa (m/m), volume/volume (v/v) ou massa/volume (m/v).

Geralmente o termo se refere a concentração comum/concentração em massa, ou seja, a quantidade de massa em determinado volume de solução (ex. g/mL, kg/m$^3$). Caso deseje-se alterar a concentração de uma solução, pode-se diluir a mesma. Ver **Diluição de soluções**.

**Condicionamento:** Termo genérico para a fase posterior a fermentação primária, em inglês *aging*, na qual a cerveja terá seu perfil sensorial aprimorado, incluindo carbonatação, odores, gostos, aromas e demais percepções que compõem o sabor da cerveja. Geralmente ocorre após a maturação da cerveja (em inglês, *maturing*), mas pode-se mesclar com a fase de maturação. O condicionamento pode ocorrer em garrafa, barril de madeira etc. Não confundir com envelhecimento (em inglês, *staling*), pois nesse caso, refere-se à perda de características desejadas ao longo do tempo, enquanto no condicionamento, há melhoria do perfil sensorial. Ver **Envelhecimento; Maturação.**

**Condicionamento acelerado**: Consiste em conjuntos de técnicas que buscam mimetizar o condicionamento em tonéis de madeira ou outro material, entretanto, em menor tempo e com menor custo. Dependendo das técnicas utilizadas, os resultados podem ser muito satisfatórios. Incluem-se o uso de chips/aparas/arruelas de madeira (como de carvalho), micro-oxigenação, uso de outros microrganismos de metabolismo lático, acético e etanólicos (outras espécies de *Saccharomyces*) na fermentação secundária etc.

**Condicionamento aditivo**: Grupo de processos que ocorrem durante o condicionamento em barril, a partir dos quais ocorrem extrações de compostos da madeira que são adicionados à bebida, como taninos, pigmentos e compostos voláteis, alterando a coloração e o perfil sensorial. Além deste, há os processos subtrativos, químicos e biológicos no condicionamento em barril. Ver **Condicionamento em barril**.

**Condicionamento biológico**: Grupo de processos biológicos que ocorrem durante o condicionamento em barril, decorrentes da proliferação intencional de microrganismos, como de algumas cepas dos gêneros *Brettanomyces*, *Lactobacillus*, *Acetobacter* e outras espécies de *Saccharomyces*. A partir de suas vias metabólicas, alteram a composição da bebida, seja por liberação ou por incorporação/transformação de compostos, alterando o perfil sensorial da bebida. Além deste, há os processos aditivos, subtrativos e químicos no condicionamento em barril. Ver **Condicionamento em barril**.

**Condicionamento em barril**: Consiste na maturação/segunda fermentação da cerveja em tonéis de madeira (como alguns tipos de barris e barricas), a partir da qual se tem mudanças nas propriedades químicas e sensoriais da bebida a partir de processos

C

aditivos, subtrativos, químicos e biológicos. Pode-se utilizar o barril novo ou reutilizado de outra bebida, como os usados para condicionamento de vinhos/vinhos do Porto, Cognacs, Bourbon, Brandy etc. O ambiente propiciado pelo tonel, principalmente se reutilizado, propicia profundas mudanças sensoriais na bebida por fenômenos de maturação biológica (microrganismos presentes), além da micro-oxigenação e dos compostos presentes da madeira e resíduos da bebida anterior. Como exemplo, há cervejas Lambic que se beneficiam desse tipo de maturação, agregando atividade microbiológica exógena, como de *Brettanomyces* spp. Diversos estilos vem usando esse tipo de maturação, em uma crescente tendência como diferencial para a bebida. Ver **Condicionamento aditivo**; **Condicionamento biológico**; **Condicionamento Químico**; **Condicionamento Subtrativo**; **Tanoaria**; **Tonel**.

**Condicionamento em garrafa**: Consiste na maturação (segunda fermentação) da cerveja em garrafas. Nesse processo, adiciona-se alguma fonte de açúcar fermentescível (*priming*) na cerveja não pasteurizada, sendo consumidos e gerando gás carbônico na própria garrafa. Esta técnica foi muito utilizada antes do método de carbonatação forçada e ainda é muito utilizada por cervejeiros caseiros para gaseificar a cerveja. A carbonatação natural da cerveja resultará em sensações sensoriais diferenciadas e que, se bem-feita, pode valorizar a cerveja. Ver *Priming*.

**Condicionamento químico**: Grupo de reações químicas que ocorrem durante o condicionamento em barril, como oxidação, condensação e esterificação. Essas reações modificam o perfil químico da bebida, alterando o perfil sensorial da bebida. Além deste, há os processos aditivos, subtrativos e biológicos no condicionamento em barril. Ver **Condicionamento em barril**.

**Condicionamento subtrativo**: Grupo de processos que ocorrem durante o condicionamento em barril, a partir dos quais ocorrem reduções de compostos da bebida pela perda por evaporação ou sorção pela madeira, alterando o perfil sensorial da bebida. Além deste, há os processos aditivos, químicos e biológicos no condicionamento em barril. Ver **Condicionamento em barril**.

**Condimentado**: Ver **Eugenol**.

**Cone/cone floral/cone do lúpulo**: Ver **Estróbilo**.

**Conector *ball-lock***: Tipo de conexão de engate rápido usado em diversos sistemas para saídas de gases e líquidos (ex. para conectar mangueiras em *postmix*, *keg* e *growler*). Para utilizá-lo, é preciso que haja um terminal no padrão *ball-lock*, de dimensão adequada ao conector, no recipiente que será conectado. Este padrão se difere do *pin--lock*, sendo incompatíveis. Ver Terminal *ball-lock*.

**Conector *pin-lock***: Tipo de conexão de engate rápido usado em diversos sistemas para saídas de gases e líquidos (ex. para conectar mangueiras em *postmix*, *keg* e *growler*). Para utilizá-lo, é preciso que haja um terminal no padrão *pin-lock*, de dimensão adequada ao conector, no recipiente que será conectado. Este padrão se difere do *ball-lock*, sendo incompatíveis. Ver **Terminal *pin-lock***.

**Conservadores**: A partir do decreto nº 6871 de 04/06/2009, no artigo 43, parágrafo VI, proíbe-se a conservação química da cerveja. O INS 221 (sulfito de sódio) pode desempenhar mais de uma função em vários alimentos, inclusive como conservador, entretanto, desempenha função antioxidante na dosagem permitida em cerveja. Ver **Antioxidante; Sulfito de sódio**.

**Conservantes**: Ver **Conservadores**.

**Constante de dissociação ácida**: Esta constante indica a tendência que um ácido (HA) tem em liberar/perder prótons ($H^+$), formando sua base conjugada ($A^-$). Comumente é indicado como $K_a$ ou mesmo por $K_{eq}$ (constante de equilíbrio). Também chamada de constante de ionização ácida. Quanto mais forte o ácido, maior seu $K_a$. Ver **p$K_a$**.

**Constante de ionização ácida**: Ver **Constante de dissociação ácida**.

**Constante de equilíbrio/$K_{eq}$**: É um valor que relaciona a concentração das espécies reagentes e do produto desta reação no momento que ocorre o equilíbrio químico. Uma constante de equilíbrio alta indica que a reação química está mais deslocada na formação dos produtos. Ao se referir pela $K_{eq}$ em reações de ionização, comumente se apresenta esta como constante de dissociação ácida ($K_a$). Ver **Constante de dissociação ácida**.

**Consumo abusivo**: Ver **Beber pesado episódico/BPE**.

**Contagem de células/de leveduras**: Refere-se ao procedimento de contagem de células de leveduras vivas e mortas para cálculo do total de leveduras viáveis e viabilidade celular (relação entre vivas e mortas). Um dos métodos de contagem se dá pela contagem das células coradas em câmaras de Neubauer por microscopia ótica. Procedimento: homogeneizar a amostra; retirar 1 mL do fermento e inserir em um balão de 10 mL; inserir 7 mL de água destilada; inserir 1 mL de azul de metileno 0,25 % e completar o balão com água destilada; retirar uma alíquota para inserção na câmara de Neubauer; executar a contagem em microscópio de luz (400-600 x). Ver **Azul de metileno; Câmara de Neubauer; Microscópio de luz/óptico; Viabilidade celular**.

*Contract brewing*: Termo em inglês usado para indicar as cervejarias que realizam contratos com outras cervejarias para produção de sua cerveja. Pode ser realizado por cervejarias ciganas, assim como cervejarias que apresentam sua própria planta fabril, mas desejam realizar coproduções/ cervejas em colaboração com outras cervejarias. Ver **Cervejaria cigana.**

**Contrapressão**: Refere-se ao ato de gerar pressão ao sentido oposto de outro sistema de pressão. No meio cervejeiro, pode-se usar este efeito no enchimento de garrafas e outros recipientes a partir da aplicação de pressão, por meio de cilindros de gás carbônico ($CO_2$), no recipiente que se encontra a cerveja carbonatada (barril ou tanque pressurizável). Com esse efeito, a cerveja do barril/tanque fluirá deste para o recipiente. Nesse sistema é possível realizar a purga do ar atmosférico do recipiente utilizando-se válvulas de controle do $CO_2$ do cilindro. Deve-se atentar aos procedimentos adequados de segurança ao realizar esta técnica, pelo risco de rompimento do barril/tanque ou do recipiente utilizado.

**Contraste**: Termo usado para designar um dos três princípios da harmonização de bebidas com alimentos (complementaridade, contraste e corte). Consiste em combinar sabores e odores/aromas contrastantes para se aprimorar a experiência gustativa. Ver **Complementaridade; Corte**.

**Conversão**: No meio cervejeiro, refere-se a conversão do amido em carboidratos fermentescíveis, como glicose, maltose e maltotriose.

**COP**: Sigla em inglês para *clean out of place* (limpeza fora do local). Refere-se ao sistema de limpeza que pode ser usado em cervejarias ou outras indústrias de bebidas e alimentos, principalmente quando não é possível o sistema CIP (*clean in place* – limpeza no local). O COP também pode estar associado a algum sistema CIP ou manual de limpeza, para peças de equipamentos que o sistema CIP não tem acesso. Geralmente há necessidade de desmontagem do equipamento/peça. Ver **CIP**.

**Corpo/Corpo da cerveja**: Indicativo qualitativo para a sensação de peso na boca, sendo que texturas mais viscosas/cremosas resultam na sensação de maior peso. A sensação de corpo é resultado de uma complexa interação sensorial, entre os quais destacam-se os sensores de tato presentes na boca. Relaciona-se com a proporção de açúcares não fermentescíveis, proteínas e outros compostos. Cervejas com baixo corpo apresentam poucos açúcares residuais não fermentescíveis (ARNF), são mais "aguadas". Cervejas com médio corpo apresentam um pouco de ARNF e de alto corpo apresentam maior quantidade de ARNF.

**Corte**: Termo usado para designar um dos três princípios da harmonização de bebidas com alimentos (complementaridade, contraste e corte). Ocorre quando um dos elementos (da cerveja ou alimento) é cortado um pelo outro. Consiste em combinar cervejas com alguma/s característica/s, como teor de álcool, carbonatação ou amargor, que possibilite/m o corte entre as porções ingeridas (ex. carnes de porco com cervejas mais alcoólicas/carbonatadas; comida indiana com cervejas mais lupuladas).

**Couro**: Ver **Sela**.

**Cozinha bibloco**: Esquema de montagem de cozinhas cervejeiras consistindo de dois blocos/tinas, sendo uma para mostura/fervura/*whirlpool* e outra para clarificação.

**Cozinha cervejeira**: Consiste no espaço da produção no qual estão presentes os equipamentos para a fase quente (por ex.: mosturação, fervura e *whirlpool*). O esquema da cozinha dependerá da estrutura e volume de produção, podendo ser monobloco, bibloco, tribloco ou quadribloco.

**Cozinha monobloco**: Esquema de montagem de cozinhas cervejeiras consistindo de apenas um bloco/tina para todo processo da fase quente de produção cervejeira. Comumente utilizado por cervejeiros caseiros, seja como *single vessel* ou como BIAB. Ver **BIAB**; *Single vessel*.

**Cozinha quadribloco**: Esquema de montagem de cozinhas cervejeiras, consistindo de quatro blocos/tinas. Podem ser configuradas de várias maneiras, como, por exemplo: tina de mosturação; tina de clarificação; tina de fervura; e *whirlpool*. Este esquema de cozinha possibilita um maior número de brassagens por dia.

**Cozinha tribloco**: Esquema de montagem de cozinhas cervejeiras, consistindo de três blocos/tinas. Podem ser configuradas de várias maneiras, como, por exemplo: tina de mosturação; tina de clarificação; tina de fervura e *whirlpool*. As cozinhas tribloco possibilitam maior número de brassagens por dia.

**Cozinha unibloco/uni-bloco**: Ver **Cozinha monobloco**.

*Craft beer*: Cerveja vendida ao público por microcervejarias, *brewpubs* ou cervejarias regionais. Tipicamente são cervejas puro malte, podendo variar com os estilos.

C

**Crescimento de microrganismos**: Ver **Fases de crescimento**.

**Crescimento malthusiano**: Corresponde ao crescimento exponencial da população de organismos vivos. No contexto cervejeiro, refere-se à proliferação de microrganismos, em condições ideais, correspondendo a fase Log, como verificada na proliferação de leveduras e bactérias. Ver: **Fase Log; Proliferação**.

**Crescimento populacional**: Ver **Fases de crescimento**.

**Criptosmia**: Termo usado em análise sensorial que indica a obstrução das vias aéreas nasais, o que impactará na percepção dos odores. Ver **Análise sensorial**.

**Cromatografia gasosa acoplada à espectrometria de massa/CG-EM**: Técnica laboratorial química de alta precisão para caracterização de compostos em amostras. Pode ser usada para identificação e quantificação de compostos voláteis presentes na cerveja, criando-se um perfil químico da bebida. Ver **Impressão digital volátil**.

**Cromatografia líquida de alta eficiência**: Técnica laboratorial química para caracterização química de compostos em amostras a partir de um conjunto de colunas cromatográficas. Pode ser usada para identificação e quantificação de diversos compostos na bebida e insumos da produção. Comumente utiliza-se o nome em inglês para indicar essa técnica (HPLC: *High-performance liquid chromatography*). A partir dessa técnica é possível quantificar a concentração de etanol na bebida com alta precisão. Utiliza-se também para se quantificar diversos *off-flavors* e *on-flavor* na cerveja.

*Cryo hops:* São lúpulos disponibilizados em pó ou pellets, obtidos a partir de técnicas de criogenia para extração dos óleos essenciais, visando potencializar os odores/aromas e gostos.

**Cultivar/cultivares**: São plantas que tiveram alguma modificação gerada pelo homem, introduzindo ou alterando alguma característica desejada, sendo distintos de outros cultivares. Geralmente, um cultivar, como o de cevada, apresenta maior homogeneidade e estabilidade, além da característica desenvolvida, como resistência a condições climáticas distintas. Há diversos cultivares de cevada, sendo a Embrapa (Empresa Brasileira de Pesquisa Agropecuária) uma das responsáveis pelo desenvolvimento de vários cultivares adaptados para plantio no Brasil.

**Cultivares de cevada**: Referem-se às plantas/cultivares de cevada que tiveram alguma característica alterada ou introduzida. Diversos institutos e órgãos de pesquisa trabalham na criação de novas variedades de cevadas, sendo que, por exemplo, a Embrapa

(Empresa Brasileira de Pesquisa Agropecuária) desenvolveu vários cultivares adaptados para o plantio no Brasil, como BRS Brau, BRS Cauê, BRS Itanema, BRS Kalibre, BRS Manduri, e BRS Sampa. Ver **Cultivar**.

**Cultura mista:** Ver **Co-cultura**.

**Curva de crescimento:** Ver **Fases de crescimento**.

*Damson-hop aphid*: Ver **Pulgão do lúpulo**.

**DAP**: Sigla em inglês para *diammonium phosphate* (fosfato diamônico). Ver **Fosfato diamônico**.

**DBO**: Sigla para demanda bioquímica de oxigênio, sendo usado como medida do consumo de oxigênio (mg de $O_2$/L) por microrganismos aeróbios para oxidar a matéria orgânica biodegradável disponível. Pode ser calculada a partir da diferença da concentração de $O_2$ dissolvido entre o início e o fim da incubação da amostra (geralmente 5 dias em 20 °C). A DBO é usada como parâmetro na classificação da qualidade da água de rios, assim como em estações de tratamento de esgoto. Tendo em vista a demora da análise e a indicação somente da fração orgânica biodegradável, utiliza-se também a DQO (demanda química de oxigênio). Ver **Aeróbico**; **DQO**.

**DDH**: Sigla em inglês para *double dry hopping* (duplo *dry hopping*). Fundamenta-se na técnica de lupulagem *dry hopping*, na qual se adiciona lúpulo seco (geralmente em *pellets*) ao tanque de fermentação. Encontram-se distintas definições do termo: **1.** Técnica de *dry hopping* usando o dobro da massa de lúpulo usual para o estilo. **2.** Técnica de dry hopping realizada em dois momentos diferentes (ex.: na fermentação primária e na maturação; no início da maturação e ao fim da maturação). Dessa forma, quando presente no rótulo, informa ao consumidor que, possivelmente, trata-se de uma cerveja com aromas e sabores mais intensos. Uma cerveja na qual se fez o DDH será *Double Dry Hopped*. Ver **Dry hopping**.

**Decantação**: Método usado na separação de misturas heterogêneas, simples e rápido, com compostos de diferentes densidades. Como exemplo, na produção cervejeira, após o *whirlpool* (redemoinho ao fim da fervura), espera-se um pequeno tempo para as partículas pesadas irem ao fundo da panela e formarem o *trüb*. Ver **Trub/*Trüb***; *Whirlpool*.

**Decloração da água:** Ação de remover o cloro residual livre na água, oriundo de seu tratamento para consumo urbano, uma vez que o cloro ativo livre não deve estar presente na água cervejeira, pois pode resultar em sabores desagradáveis. Ver **Clorofenol; Cloro residual livre**.

**Decocção**: Técnica de mosturação na qual uma parte do mosto (contendo uma porção do malte) é removido, fervido a parte e retorna para o mesmo recipiente, elevando assim a temperatura da mostura para o próximo patamar de temperatura desejado. Em uma tripla decocção se realizam três ciclos de retirada e fervura neste método. Recomenda-se, geralmente, até três ciclos de decocção. Em inglês *decoction mash*. Ver **Infusão; Rampas de temperatura**.

*Decoction mash*: Ver **Decocção**.

*Debaryomyces hansenii*: Espécie de levedura da ordem Saccharomycetales, família Debaryomycetaceae (basinomio: *Saccharomyces hansenii*, sin. Het. *Saccharomyces hansenii* e *Torulaspora hansenii*). Uma levedura não-*Saccharomyces* alternativa para produção cervejeira. Pode ser encontrada em lambics belgas e demonstra um baixo poder fermentativo. Naturalmente, são encontradas em ambientes com pouca água e possui uma alta osmotolerância e halofilia, ou seja, toleram maiores concentrações de açúcar e sal. Pode ser encontrada comercialmente (ex.: WLP692).

**Degradação do amido**: O amido presente nos grãos dos cereais (malteados ou não) e de outros adjuntos precisa ser degradado, resultando em açúcares fermentescíveis (usados pela levedura) e não fermentescíveis (remanescente na bebida e que compõem o corpo e sabor da bebida). Após hidratação do amido, sinteticamente, ocorrem três etapas: gelatinização (ação da temperatura e enzimas), liquefação (ação enzimática) e sacarificação (ação enzimática). A degradação do amido pode ser acompanhada a partir do teste do iodo, o qual indicará o quanto a estrutura do amido foi degradada. Ver **Gelatinização; Liquefação; Teste do iodo**.

**Deionização**: Processo químico no qual se retiram todos os íons (positivos/cátions e negativos/ânions) da água, oriundos dos sais, produzindo-se a água deionizada. Tem aplicações laboratoriais, industriais etc. Pode-se produzir água deionizada pelo uso de colunas com resinas carregadas ou mesmo pela combinação da osmose reversa com uso das colunas de resinas carregadas com cargas positivas e negativas. Ver **Água deionizada**.

*Dekkera*: Ver *Brettanomyces*.

*Dekkera bruxellensis*: Corresponde a forma teleomórfica (formadora de esporos) da levedura *Brettanomyces* spp., ou seja, pode se reproduzir sexuadamente. A Comissão Internacional de Nomenclatura propôs o uso unificado do nome *Brettanomyces* para o gênero para uniformizar a taxonomia. Considerado sinônimo heterotípico de *Brettanomyces bruxellensis*. Ver **Brettanomyces; Pichiaceae.**

**Demanda bioquímica de oxigênio:** Ver **DBO**.

**Demanda química de oxigênio:** Ver **DQO**.

**DME**: Sigla em inglês para *Dry Malt Extract*. Ver **Extrato de malte seco**.

**Deméter/Demetra**: Deusa na mitologia grega (Δήμητρα) da colheita, agricultura, fertilidade da terra, filha de Cronos e Reia. As lendas indicam que Demetra realizou diversas viagens com Dionísio e ensinou os homens a cultivar a terra, incluindo grãos como de trigo e cevada, que eram a base para a produção de pão e cerveja. Na mitologia romana, Demetra é conhecida como Ceres. Ver **Ceres**.

**Densidade**: Grandeza a partir da qual se expressa a massa de um determinado material por volume. Na produção cervejeira, a medida do mosto pré fermentado é indicada como densidade inicial e, após fermentar, densidade final. Comumente se utilizam as unidades $kg/m^3$, $g/cm^3$ e $g/mL$. Ver **Gravidade específica/GE**.

**Densidade específica**: Ver **Gravidade específica**.

**Densidade final**: No contexto cervejeiro se refere a gravidade específica final do mosto cervejeiro (pós-fermentação), que pode ser expressa em $g/cm^3$ ($g/mL$) ou $kg/m^3$. Ver **Gravidade final/FG**.

**Densidade inicial**: No contexto cervejeiro se refere a gravidade específica inicial do mosto cervejeiro (pré-fermentação), que pode ser expressa em $g/cm^3$ ($g/mL$) ou $kg/m^3$. Ver **Gravidade original/GO**.

**Densidade potencial da brassagem**: Corresponde a densidade máxima possível de ser alcançada, calculada a partir da densidade potencial de cada malte. Ver **Densidade potencial do malte**.

**Densidade potencial do malte**: Corresponde a densidade possível de ser obtida a partir de 1 libra ($\approx 0,45$ kg) de grãos de malte em um galão americano de água ($\approx 3,78$ L). Dessa forma, é possível calcular a densidade potencial da brassagem se utilizando os valores de densidade potencial de cada malte (informado pelos fabricantes).

**Densidade potencial**: Ver **Extrato potencial**.

**Densímetro**: Instrumento laboratorial, correspondendo a um tubo de vidro com massa calibrada para indicar a densidade de um líquido. Para este contexto, é calibrado com a densidade da água, geralmente na temperatura de 20 °C. Comumente, usa-se a escala em gravidade específica ($g/cm^3$, $kg/m^3$ ou $g/mL$). Por exemplo, um densímetro cervejeiro em gravidade específica poderá indicar a densidade inicial da cerveja em 1045 ($kg/m^3$) ou 1,045 ($g/cm^3$, $g/mL$). Ver **Densidade**; **Gravidade específica/GE**.

**Dermatite herpetiforme**: Também conhecida como doença de *Duhring-Brocq*, na qual o indivíduo acometido apresenta lesões na pele (pruriginosas), com coceira intensa e dor local (sensação de queimadura). É considerada uma doença autoimune, tendo o glúten como elemento desencadeador dos sintomas. Outra doença que está relacionada com a ingestão do glúten é a doença celíaca. Ver **Doença celíaca**; **Glúten**.

**Descanso ácido**: Ver **Parada ferúlica**.

**Descanso da produção de maltose**: Ver **Parada da produção de maltose**.

**Descanso de diacetil**: Fase que ocorre no final da fermentação primária, também chamada de guarda quente, com função de conversão e subsequente remoção do diacetil. Para tal, após a conclusão da fermentação dos carboidratos, permite-se que a temperatura do fermentador seja mantida mais alta que a da fermentação (entre cerca de 18 e 22 °C) por um período de cerca de 2 a 3 dias. Em muitos casos se utiliza aumentar 3 °C a partir da temperatura de fermentação.

**Descanso de sacarificação**: Ver **Parada de sacarificação**.

**Descanso proteico**: Ver **Parada proteica**.

**Descarbonatar: 1.** Quimicamente se refere ao ato de retirar os íons de carbonato de uma solução, geralmente água. Esse processo pode ser usado para ajustar a composição iônica da água cervejeira. **2.** No contexto cervejeiro, pode-se utilizar o termo descarbonatar para indicar a retirada do $CO_2$ (dióxido de carbono) da bebida, sendo o termo desgaseificação mais técnico e preciso.

**Desgaseificação**: Ato de retirar o gás de uma solução. Utiliza-se a desgaseificação da cerveja como técnica preliminar para mensuração da cor e da atenuação aparente ou real. Pode-se realizar agitação mecânica (menos eficiente), filtração em filtro de papel ou um ultrassom. Em muitos casos, o termo descarbonatar é usado no contexto cervejeiro como sinônimo. Ver **Ultrassom**.

**Desinfecção**: Método realizado para eliminar a maior parte dos microrganismos presentes nos equipamentos e utensílios utilizados na produção, sendo importante para a boa qualidade da cerveja, evitando que a maior parte dos contaminantes sobrevivam. Ver **Desinfetante**.

**Desinfetante**: São produtos que possuem princípio ativo em concentração e tipo capaz de eliminar a maior parte dos microrganismos patogênicos existentes na superfície de contato (uso externo em superfícies não vivas). Podem haver bactérias que são resistentes a certos desinfetantes, assim como formas esporuladas de bactérias, que muitas vezes resistem ao processo de desinfecção, sendo necessária a esterilização. O hipoclorito de sódio é um desinfetante de uso comum, usado comumente em pisos. Ver **Desinfecção; Hipoclorito de sódio. Sanitização; Sanitizante**.

**Desmineralização**: Processo químico no qual se retiram alguns ou todos os sais da água, produzindo-se água desmineralizada, a qual tem utilidades industriais e laboratoriais, em processos que os íons presentes na água poderiam prejudicar o processo ou equipamento. Caso todos os minerais sejam removidos, esta poderá ser considerada deionizada. Esta água pode não ser segura para o consumo humano direto, devido a retirada dos sais. Há cervejarias que usam osmose reversa para desmineralizar a água (filtrada) e, posteriormente, adicionar sais do perfil desejado, mantendo o padrão da água cervejeira. Ver **Água desmineralizada**.

**Desoxinivalenol/DON**: Micotoxina da classe dos tricotecenos produzida, principalmente, por fungos do gênero *Fusarium*, os quais podem contaminar grãos de cereais. Sua ingestão pode causar irritações na pele, alterações neurológicas, hemorragia, aplasia medular e imunossupressão. No Brasil, determina-se na resolução nº 7 de 18/02/2011 que o limite máximo tolerado de DON em grãos de cevada e trigo é de 1000 µg/kg e na cevada malteada de 750 µg/kg. Fique atento às novas legislações. Ver **Nivalenol; Micotoxina; Tricoteceno**.

**Detector de Espuma na Cerveja/DEC**: Equipamento utilizado na linha de serviço de cerveja servida sob pressão em torneiras, geralmente em aço inoxidável. O equipamento é colocado no sistema entre o barril e a torneira. À medida que o barril fica vazio, a espuma passa pelo detector, fazendo com que o fluxo para torneira seja interrompido, mantendo a linha (tubulação) desde o DEC à torneira cheia de bebida até a troca do barril, evitando desperdício. Comumente se encontra o equipamento com o termo em inglês *"Foam on beer detector/FOB"* ou como detector FOB.

**Detergentes ácidos**: Compostos usados na lavagem/limpeza dos equipamentos e espaços, auxiliando na remoção das sujidades, com alto poder de limpeza, entretanto, deve-se avaliar no produto os locais de aplicação, evitando-se manchar o piso ou equipamento (ex. muitos pisos cerâmicos e alguns tipos de pedra ficarão manchados). Deve-se atentar à adequação do detergente ao tipo de material que será aplicado. Podem ser componentes: ácido fosfórico ou ácido orgânico, tensoativo não-iônico, inibidor de corrosão. São comumente utilizados para remoção de depósitos inorgânicos, como a pedra cervejeira.

**Detergentes alcalinos**: Compostos usados na lavagem/limpeza dos equipamentos e espaços, auxiliando na dispersão das sujidades, emulsificação das gorduras etc, sendo indicados para locais com maior presença de gorduras e graxas. Deve-se atentar à adequação do detergente ao tipo de material que será aplicado. Podem ser componentes: soda cáustica, carbonato de sódio, metassilicato de sódio, fosfato trissódico, polifosfatos e tensoativos aniônicos.

**Detergentes neutros**: Compostos usados na lavagem/ limpeza dos equipamentos/ espaços, auxiliando na remoção das sujidades leves, dificilmente manchando as superfícies em contato (quando na concentração e tempo adequados de uso). Deve-se atentar à adequação do detergente ao tipo de material que será aplicado. Podem ser componentes: trifosfato de sódio, pirofosfato de sódio, sulfonato de alquil e aril, tensoativo anfotérico.

**Dextrina**: Classe de oligossacarídio (carboidrato) sem tamanho definido, composto por cadeias de glicoses ($\alpha$-1,4), geralmente entre 4 e 20 unidades de glicose. As dextrinas fazem parte da composição do mosto e da cerveja uma vez que a maioria das cepas de leveduras cervejeiras geralmente não são capazes de utilizá-las (com exceção da *Saccharomyces cerevisiae* var. *diastaticus*). Mostos com teores mais elevados de dextrinas produzem cervejas com maior dulçor residual e mais corpo perceptível como sensação de boca. Ver **Carboidrato**.

**Dextrinização**: Processo enzimático ou físico-químico de hidrólise do amido solúvel, com a formação de moléculas de dextrina. A partir da ação da enzima $\alpha$-amilase é possível ter a dextrinização do amido. Também é possível realizar a dextrinização a partir de tratamento térmico. Ver **Dextrina**; **Alfa-amilase/$\alpha$-amilase**.

*Diacetil rest*: Termos em inglês para descanso de diacetil, também chamado de guarda quente. Ver **Descanso de diacetil**.

D                                                                                                99

**Diacetil**: É um dos compostos carbonílicos presentes na cerveja, sendo o mais importante deles, quando se considera as contribuições para o sabor da cerveja. Além do diacetil (2,3-butanodiona), ocorre também a 2,3-pentanodiona. Ambos compostos são formados durante a fermentação, podem ser também denominados de dicetonas vicinais (VDK) sendo que o diacetil tem odor/aroma similar a manteiga. Ao fim da fermentação, pode-se realizar o descanso de diacetil, elevando-se a temperatura de fermentação para a sua conversão e subsequente remoção pelas leveduras. Em excesso, pode ser considerado um *off-flavor* em muitos estilos. Sua detecção ocorre, geralmente, a partir de 0,10 mg/L. Ver **Descanso de diacetil**.

**Diacetoxiscirpenol/DAS**: Micotoxina produzida por fungos do gênero *Fusarium*, provavelmente como contaminante de grãos, um dos importantes tricotecenos. Apresenta ação inibitória sobre a síntese de proteínas pelas células, sendo tóxica aos seres humanos. Ver **Micotoxina; Tricoteceno**.

**Diastase/diástase**: Conjunto de enzimas responsáveis pela degradação (hidrólise) enzimática do amido em açúcares (glicose, maltose, maltotriose).

**Diatomáceas**: Grupo de espécies de microalgas (fitoplâncton) de vida oceânica (filo Bacillariophyta, classe Bacillariophyceae), geralmente unicelular, com possíveis colônias. Suas paredes celulares, chamadas de frústulas, apresentam sílica como importante componente estrutural. O acúmulo de diatomáceas no fundo do mar, por milhares de anos, gerou a rocha sedimentar diatomito (terra diatomácea), a qual tem diversas aplicações, inclusive como elemento filtrante em filtros para cerveja. Ver **Filtração Diatomácea; Filtro de Diatomácea; Terra diatomácea/Terra de diatomácea**.

**Diatomito**: Ver **Terra diatomácea/Terra de diatomácea**.

**Dicetonas/Dicetonas vicinais**: classe de compostos cetônicos e voláteis, percebidos em baixas concentrações na cerveja. A terminologia dicetona vicinal é devida a estes compostos terem os grupos carbonilas de forma adjacente (vizinhos ou vicinal). Podem ser produzidas pelo metabolismo fermentativo das leveduras ou de bactérias do gênero *Peddiococcus* (contaminante). O diacetil (2,3-butanodiona), uma dicetona vicinal, tem aroma de manteiga. Além deste, a 2,3-pentanodiona representa outra dicetona importante, apresentando o mesmo descritor de sabor do diacetil, porém com limiar de detecção mais alto (0,9 ppm). Ver **Diacetil**.

**Dietilenoglicol/DEG**: Composto químico, um álcool com fórmula $C_4H_8O(OH)_2$, solúvel em água, também chamado de etileno diglicol, glicol etil éter, glicol éter,

2,2'-oxidietanol ou 2,2'-hidroxietil éter. Apresenta ponto de fusão baixo (-10,45 °C). Não se recomenda seu uso como anticongelante no líquido usado para o resfriamento da mostura (*chillers* de placas) ou em tanques refrigerados de cervejarias. Por sua toxicidade, há uma tendência para que este seja proibido no processo cervejeiro, sendo que, no Distrito Federal já há lei para tal. É um composto tóxico, não podendo ser ingerido, sendo letal para humanos (0,5-2 g/kg corpóreo) e não indicado para uso no processo cervejeiro. O Distrito Federal proibiu seu uso nesse contexto, havendo uma tendência para proibição futura em todo país. Mantenha-se atualizado sobre as instruções normativas e leis vigentes. Seu manuseio exige o uso de EPIs. Ver **Anticongelante**; **Etilenoglicol**; **Propilenoglicol**; **Glicol**.

**Difusor**: Ver **Pedra difusora**.

**Digluconato de clorexidina**: Ver **Gluconato de clorexidina**.

**Diluição**: Ação de diluir algo adicionando um solvente, comumente água, usado para diminuir a concentração de compostos como detergentes, ácidos, bases, sais etc. Para se fazer a diluição, deve-se calcular o volume que deve ser inserido de solvente para se alcançar a concentração desejada. Ver **Concentração**.

**Diluição de soluções**: Consiste na redução da concentração de determinada solução, a partir da adição de solvente (ex.: a partir de uma solução de hipoclorito de sódio 20 %, preparar uma nova solução com 3 %). Trata-se de um cálculo simples e útil para o dia a dia do cervejeiro. Para tanto: CV = C'V', sendo C: concentração inicial; V: Volume inicial; C': concentração final; V': volume final (com três das variáveis, calcula-se a quarta, sendo importante usar as mesmas unidades de concentração e volume). Ver **Concentração**.

**Dimetilpolisiloxano**: Ver *Fermcap® S*.

**Dimetilsulfeto/Dimetilsulfureto/DMS**: Composto organossulfuroso ($C_2H_6S$), originado a partir de precursores presente no próprio malte, como o SMM (S-metil-metionina), o DMSO (dimetilsulfóxido), assim como por bactérias contaminantes durante a fermentação, gerando sabor de milho verde na cerveja. Aparece nas cervejas, geralmente, entre 0,01 e 0,15 mg/L, com limiar sensorial de 0,025 mg/L. O SMM está presente, em maiores quantidades, nos maltes claros. A fervura intensa favorece a eliminação do DMS do mosto. Sequencialmente, deve-se resfriar rapidamente o mosto para não haver nova conversão de SMM em DMS.

**Dioica:** Designação dada aos organismos que os sexos masculino e feminino se apresentam em indivíduos distintos. O lúpulo é uma planta dioica, que apresenta plantas distintas com flores masculinas e femininas (cones florais/estróbilos). Utilizam-se as flores femininas na produção cervejeira. Ver **Lúpulo**.

**Dióxido de carbono/$CO_2$:** Um gás, também chamado de anidrido carbônico ou, mais popularmente, gás carbônico. Formado por uma molécula de carbono ligada a duas de oxigênio ($CO_2$). Esse é o gás formado durante a fermentação, principalmente etanólica, que resulta nas bolhas da cerveja. A carbonatação completa da cerveja pode ocorrer de modo forçado ou pela adição de *priming*. Ver ***Priming***.

**Dióxido de cloro:** Composto químico ($ClO_2$) que pode ser usado como desinfetante. É um forte oxidante (possui cerca de 2,5 vezes o poder oxidante do cloro), porém como a sua ação não envolve o átomo de cloro é menos prejudicial, não é corrosivo, é menos tóxico que o gás cloro – $Cl_2$ (quando se usa o gás em nível de uso normal em solução). Pode ser usado desde a desinfecção da água cervejeira até para lavagem do reaproveitamento das leveduras, sendo eficiente independentemente do pH do meio, além disso, não propicia geração de cloraminas e clorofenóis que seriam *off-flavors* na cerveja. Para eliminação de biofilmes, indica-se cerca de 50 mg/l (ppm) de $ClO_2$. Ver **Lavagem**.

**Dipeptidases:** Enzimas proteolíticas (exopeptidases) que hidrolisam (rompem) as ligações peptídicas de dipeptídios, liberando aminoácidos livres. No malte, apresentam pH ótimo em torno de 8,2-8,8 e temperatura ótima em torno de 45 °C. Ver **Exoprotease**; **Hidrolase**; **Parada proteica**.

**Dispersão coloidal:** Ver **Colóide**.

**Dissacarídio:** Carboidrato formado pela ligação glicosídica de dois monossacarídios. Destacam-se na produção cervejeira a sacarose (glicose + frutose) e a maltose (glicose + glicose), ambas fermentescíveis. Em alguns tipos de cervejas, pode-se adicionar a lactose (galactose + glicose).

**DIY:** Sigla em inglês para *do-it-yourself*, ou seja, faça você mesmo. Comumente, diversos equipamentos de cervejeiros caseiros são construídos pelos próprios cervejeiros, por isso, referem-se a estes como *DIY*.

**dL:** Símbolo da unidade de volume decilitro (décima parte do litro). 1 L = 10 dL.

**DMS:** Ver **Dimetilsulfeto/Dimetilsulfureto/DMS**.

**Doce**: Um dos gostos básicos, obtido a partir da interação das papilas gustativas com substâncias químicas como açúcares, poliálcoois (como sorbitol, manitol e xilitol) e edulcorantes sintéticos (como sacarina e aspartame). Na cerveja, origina-se, principalmente, dos açúcares residuais da mosturação. Ressalta-se que o uso de edulcorantes sintéticos na cerveja é proibido pela legislação brasileira.

**Doença celíaca**: Consiste em uma doença autoimune que afeta humanos relacionada, na qual se gera um processo inflamatório na parede do intestino delgado, decorrente da presença do glúten, atrofiando as microvilosidades intestinais, afetando seriamente a absorção dos nutrientes. O indivíduo pode apresentar anemia, cólicas, diarreia, desconforto no abdômen, perda de peso etc. A maior parte das cervejas apresentam glúten em sua composição, naturalmente, advindos de alguns cereais como cevada e trigo. O glúten é formado por duas frações de proteínas (prolaminas e glutelinas), sendo que a doença está relacionada, principalmente, com a porção de prolamina do glúten. Desencadeando a doença, destacam-se as prolaminas do trigo (gliadina), da cevada (hordeína) e do centeio (secalina). A concentração de glúten pode ser muito reduzida na cerveja (menos de 10 ppm) por meio do uso de enzimas (proteases prolina específica), como a *Brewer Clarex®*, assim como pela substituição dos ingredientes por outros sem glúten. Além disso, há novas técnicas em desenvolvimento, como o encapsulamento do glúten. Ver **Brewer Clarex®**; **Glúten**; **Prolil endopeptidase ácida**.

**Doença da Sarcina**: Termo usado para indicar a deterioração da cerveja pela contaminação por algumas cepas de bactérias do gênero *Pediococcus* (antigamente conhecidas como sarcinas) durante a fermentação ou maturação, principalmente P. *damnosus*. Esse tipo de contaminação é mais frequente em cervejas Lagers (temperaturas de fermentação mais baixas). Provocam redução do pH, aumento da turbidez, e *off-flavors* (amanteigado – mistura de diacetil com odor normal da cerveja). Ver **Diacetil**; **Homofermentativa**; *Pediococcus*; **Sanitização**; **Turbidez**.

**Dorna**: **1**. Um dos nomes para o recipiente utilizado para fermentação. Também conhecidos como fermentadores ou biorreatores. **2**. Termo genérico para tonéis de madeira de uso vertical, os quais podem ser constituídos por distintas madeiras (carvalhos, cerejeiras etc.), com diversos volumes e produzidos por diversas técnicas de tanoaria. Ver **Tanoaria**.

**Dose:** No contexto de bebidas alcoólicas, corresponde a quantidade de álcool (etanol) puro em um volume. A Organização Mundial de Saúde (OMS) estabelece como uma dose o valor de 10 g de etanol, sendo que no Brasil não há lei que padronize a dose de bebida alcoólica. Para efeito de rotulagem, a ANVISA estabelece que uma porção equivale a 10 g de etanol (IN nº 70, 8/out/20). Dependendo do país, a quantidade de etanol em uma dose varia, por exemplo: EUA – 14 g; França – 10 g; Japão – 20 g; México – 13 g. O Centro de Informações sobre Saúde e Álcool (CISA) considera a dose como 14 g de etanol, levando em consideração os teores alcoólicos mais frequentes no Brasil, dessa forma, uma dose-padrão corresponderia a: uma lata (350 ml) de cerveja 5 % ABV (350 ml); uma taça (150 ml) de vinho 12 % ABV; um copo (45 ml) de destilado 40 % ABV. Ver **ABV.**

***Double dry hopping:*** Ver **DDH**.

***Dough-in:*** Termo em inglês usado para indicar a etapa de inserção e mistura dos grãos moídos (*grist*) na água para produção do mosto, na etapa de mosturação, durante a fase quente. Também chamado de *mash-in*.

***Downy Mildew:*** Ver **Míldio.**

**DQO:** Sigla para demanda química de oxigênio, sendo usado como medida do consumo de oxigênio (mg de $O_2/L$) para oxidar a matéria orgânica disponível na água. A DQO é obtida por meios químicos, diferentemente da demanda bioquímica de oxigênio (DBO), a qual ocorre por ensaio microbiológico. A DQO é um importante parâmetro para indicar a qualidade das águas. Ver **Aeróbico; DBO**.

***Draught beer:*** Termo usado para cerveja que é servida a partir de torneiras sob pressão (similar ao que chamamos de chopp). O termo *Draft* é mais comum nos EUA e *Draugth* no Reino Unido, Irlanda, Austrália e Nova Zelândia.

***Draft beer:*** Ver ***Draught beer***.

***Drinkability:*** Termo ou critério que indica a bebabilidade da cerveja, ou seja, o quão fácil e agradável é beber esta, sem que se torne facilmente enjoativa ou mesmo cause alguma sensação desagradável. Pode indicar quão propenso você estaria a bebê-la. Este é um importante elemento na avaliação sensorial em métodos afetivos/hedônicos.

***Dry hopping:*** Técnica de lupulagem na qual se adiciona lúpulo ao tanque de fermentação ou maturação, geralmente em *pellets* ou cones (*wet dry hopping*), usualmente entre 1,4 e 2,8 g/L. Pode ser adicionado em diferentes momentos (fim da fermentação, meio da maturação etc.) e em diferentes temperaturas, originando resultados diferentes. Originou-se na Inglaterra, mas é comumente usada nos EUA. Ver **Lupulagem**.

**Duas fileiras**: Ver **Cevada de duas fileiras**.

*Dubbel/Double*: Termo geralmente associado ao estilo de cerveja belga, significando "dobro" em holandês. É considerada um dos estilos trapista de cerveja. Ver **Trapista**.

*Dunkel*: Termo em alemão para escuro, usado para designar diversos estilos de cerveja escura, como *Dunkles bock*, *Munich Dunkel* e *Dunkles Weisbier*.

*Dunkles*: ver *Dunkel*.

*Duplo dry hopping*: Ver **DDH**.

**Dureza total da água**: Quantidade total de sais minerais dissolvidos na água, considerando-se principalmente os sais de cálcio ($Ca^{2+}$) e magnésio ($Mg^{2+}$). Considera-se a soma da dureza temporária e dureza permanente. De acordo com a faixa de dureza total, a água poderá ser considerada mole (0 a 50 ppm), moderadamente dura (51 a 150 ppm), dura (151 a 300 ppm) ou muito dura (> 300 ppm). A dureza da água impactará no sabor (águas mais duras acentuam o amargor e mais moles o dulçor do malte) e na eficiência da mosturação (cálcio interage com amilases, melhorando sua atuação). De modo geral, recomenda-se uma dureza de 50 ppm para cervejas claras e 150 ppm para cervejas escuras. Destaca-se que diferentes estilos podem demandar diferentes quantidades de sais na água, assim como variações na dureza total.

***EBC/European Brewery Convention***: É uma organização (Convenção de Cervejeiros da Europa) que representa os interesses técnicos e científicos da produção de cerveja europeia. Comumente, usa-se o termo EBC para escala de cor, usada para designar a cor do malte e da cerveja. De modo geral, as cervejas com menos de 20 EBC são claras e com 20 ou mais EBC são escuras. O SRM é outra unidade de cor que pode ser calculada a partir do EBC ($Cor_{SRM} = Cor_{EBC} / 1,97$). Ver **Lovibond**; **SRM**.

**Ebulição**: Refere-se à transformação física quando uma substância passa do estado líquido para o estado gasoso. A altitude e a composição da água afetarão a temperatura que a mesma iniciará a fervura. Ao nível do mar, a água pura entra em ebulição em 100 °C (pressão 1 atm ou 760 mmHg). Quanto maior a altitude, menor o ponto de ebulição da água. Ex.: Em Brasília a água ferve em torno de 98,3 °C; no pico do monte Everest, ferve em torno de 71 °C. No caso da produção cervejeira, refere-se à fervura do mosto, o qual tem a água como seu maior percentual de composição, desta forma, atinge a ebulição em temperaturas muito próximas.

**Ebuliômetro**: Instrumento laboratorial utilizado para mensurar a quantidade de etanol em bebidas alcoólicas, a partir da ebulição da mesma (determinação em °GL).

**EC**: Também denominado por número *EC*. Corresponde à sigla em inglês para *Enzyme Commission Numbers* o qual foi estabelecido pela *Nomenclature Committee of the International Union of Biochemistry and Molecular Biology* (*NC-IUBMB*). É um sistema para nomenclatura das enzimas, sendo o primeiro número o indicador da classe da reação, sendo elas: EC 1 (oxirredutases); EC 2 (transferases); EC 3 (hidrolases); EC 4 (liases); EC 5 (isomerases); EC 6 (ligases); EC 7 (translocases). Por exemplo, as enzimas responsáveis por hidrolisar (romper) as cadeias de proteínas e de carboidratos são da classe hidrolase (EC 3). Em diversas enzimas apresentadas neste glossário, indicaremos o número EC das mesmas, para que possam consultar mais sobre estas em sites como https://enzyme.expasy.org.

**Eduard Buchner:** Foi um químico alemão (1860-1917), o qual comprovou em 1897 a fermentação etanólica a partir do extrato de leveduras (zimase). Recebeu prêmio Nobel de Química decorrente de suas descobertas em 1907.

**EDTA:** Sigla para *ethylenediaminetetraacetic acid* (ácido etilenodiamino tetra-acético). Composto químico orgânico usado como agente quelante, por exemplo, pode se ligar ao cálcio e magnésio. Pode ser usado em soluções de limpeza para auxiliar na remoção dos depósitos de pedra cervejeira. Ver **Pedra cervejeira.**

**Edulcorantes artificiais:** São edulcorantes produzidos de maneira sintética, que não ocorrem regularmente na natureza. De acordo com a legislação brasileira (IN nº 65, de 10/12/2019), a utilização de edulcorantes na cerveja é proibida.

**Edulcorantes:** Também conhecidos como adoçantes, são substâncias que proporcionam o gosto doce, como a sacarose, sendo classificados como naturais ou artificiais. Determina-se na IN nº 65, de 10/12/2019 que o uso de edulcorantes é proibido. Ressalta-se que é permitido o uso de açúcares aptos para o consumo humano, de acordo com a IN supracitada. Ver **Doce**.

**Efeito Crabtree:** Efeito metabólico que ocorre quando há altas concentrações de glicose e, mesmo com altas concentrações de oxigênio gasoso ($O_2$), a fermentação (via anaeróbia) predomina sobre as vias aeróbias (vias mitocondriais), por isso é chamado de efeito Pasteur negativo, ou repressão da respiração. Pode ocorrer também em condições de limitação de nutriente. Nas condições deste efeito, o NADH gerado durante a glicólise será oxidado por vias fermentativas e não aeróbias. Na prática cervejeira, as leveduras produzirão etanol em condições aeróbias. Ver **Efeito Custer**; **Efeito Pasteur**.

**Efeito Custer:** Corresponde a inibição transitória das vias fermentativas em condições anaeróbias, na ausência de oxigênio gasoso ($O_2$), sendo este efeito interrompido quando adicionadas pequenas concentrações de $O_2$. O efeito custer é uma das características comuns de diversas cepas de espécies do gênero de leveduras *Brettanomyces* (utilizam-se deste efeito para complementar a fermentação), as quais têm maior produção de etanol quando da presença de oxigênio. Ver ***Brettanomyces***.

**Efeito Kluyver:** Efeito metabólico que ocorre em algumas leveduras, as quais utilizam preferencialmente dissacarídios ou oligossacarídios em condições aeróbicas. Entre as espécies que apresentam esse efeito se destacam as cepas de leveduras *Kluyveromyces lactis* (basiômino *Torulaspora lactis*).

**Efeito Pasteur negativo:** Ver **Efeito Crabtree**.

**Efeito Pasteur:** Define-se como o efeito das concentrações de oxigênio gasoso ($O_2$) sobre a glicólise e, consequentemente, quando a concentração de glicose é de até 5 mM. Quando há alta concentração de $O_2$, tem-se a redução da velocidade da glicólise e das vias fermentativas e maior atividade das vias aeróbias. Alternativamente, quando há baixa concentração de $O_2$, estimula-se a glicólise e os processos fermentativos para a oxidação do NADH. Na prática cervejeira, na presença de $O_2$, as leveduras do gênero Saccharomyces spp. tendem a proliferar e na ausência a fermentar. Esse efeito foi descrito pela primeira vez em 1857 por Louis Pasteur. Ver **Efeito Crabtree**; **Efeito Custer**; **Louis Pasteur**.

**Eficiência da brassagem**: Corresponde ao percentual de extração dos compostos dos grãos durante a brassagem completa. A eficiência dependerá da moagem dos grãos, assim como do equipamento e técnicas (ex. tipo de lavagem) utilizadas. Por exemplo, quanto mais grossa a moagem, menor a extração, mas melhor a circulação do mosto; quanto mais fina a moagem, maior a extração, mas pior a circulação do mosto. No conceito de eficiência europeia (ingleses e alemães), tem-se como referência de máxima extração aquela obtida a partir de uma moagem fina coada em papel-filtro. No conceito americano, tem-se como referência máxima o valor relativo ao máximo que se consegue extrair dos grãos nas condições ideais. Por exemplo, uma brassagem com 78 % de eficiência máxima no conceito europeu, terá 100 % de eficiência no conceito americano.

**Emil Christian Hansen**: Cientista dinamarquês (1842-1909), foi diretor do laboratório de micologia da cervejaria Carlsberg e responsável, em 1883, pelo primeiro isolamento de uma cultura pura de levedura Lager, a qual denominou de *Saccharomyces carlsbergensis*. Posteriormente, determinou-se *S. carlsbergensis* como sinônimo de *S. uvarum* e, atualmente, considera-se sinônimo de *S. pastorianus*, a qual foi descrita pelo alemão Max Reess, em 1870.

**Encorpada**: Em análise sensorial, refere-se a sensação na boca resultante do maior/alto corpo (cerveja encorpada), com maior concentração de carboidratos residuais e maior dulçor, assim como outros compostos que contribuem para o corpo, como proteínas. Ver **Corpo**.

**Endopeptidase**: Enzimas proteolíticas (cerca de 42) que hidrolisam (rompem) as ligações peptídicas de uma cadeia proteica (polipeptídica) em ligações de aminoácidos não terminais (interior da cadeia). Dessa forma, não formam aminoácidos livres. No malte, apresentam pH ótimo em torno de 3,9 e 5,5 e temperatura ótima entre 45 e 50 °C. São importantes na degradação das proteínas dos grãos, durante a mosturação, uma vez que o conjunto destas enzimas correspondem a cerca de 90 % da ação das proteases. Ver **Parada proteica**.

**Endosperma**: Tecido vegetal encontrado em sementes de muitas angiospermas (algumas gimnospermas também), no qual se encontram biomoléculas (ex. carboidratos, proteínas e lipídios) que servirão de nutrição para a planta ao germinar.

*Endozym AGP 120*: Solução comercial de enzimas (amiloglicosidase, α-amilase, pululanase e dextrinases) de origem fúngica e bacteriana, para sacarificação completa do amido durante a mosturação. Pode ser usado para aumento da concentração de açúcares fermentescíveis e para maior produção de etanol. Indicada para a produção de Brut IPA e *ultra-lights*. Não é derivada de Organismos Geneticamente Modificados (OGM).

*Endozym Alphamyl SB1-AEB*: Solução comercial de enzimas α-amilase bacterianas (*Bacillus licheniformis*) que pode ser usada na mosturação, auxiliando na sacarificação, aumentando a velocidade desta. Seu uso é recomendado para mosturas com insumos não malteados ou de baixo poder diastático ou para aumento da velocidade da sacarificação. Apresenta melhor atividade entre o pH 4,5 e 5,8 e 80 e 90 °C. Apresenta efeito similar a Termamyl®. Ver **Poder Diastático**; **Termamyl®**.

*Endozym Glucacel UHT – AEB*: Solução comercial de enzimas (ß-glucanases termorresistentes, pentonases, celulases, xilanases e arabanases), usada durante a fase de germinação da cevada (malteação), visando reduzir a viscosidade do mosto, melhorando a etapa de clarificação/recirculação, aumentando a estabilidade da cerveja (produto final). Não é derivada de Organismos Geneticamente Modificados (OGM).

**Energia de ativação**: Corresponde a energia necessária para se atingir o estado de transição em uma reação enzimática, ou seja, para que a reação ocorra. As enzimas, como as presentes no malte e nas leveduras, atuam reduzindo a energia de ativação das reações que catalisam, dessa forma, aumentando a velocidade da reação. Ver **Enzimas**.

*Enterobacter*: Gênero de bactérias Gram-negativas (-), bacilos, como que podem contaminar o mosto cervejeiro durante a inoculação de leveduras, apresentando comportamento similar à Obesumbacterium. Geralmente são intolerantes ao etanol, sobrevivendo melhor em fermentações de Ales, podendo produzir altos níveis de diacetil, além de odor fecal. Sobrevive até pH 4,4 e 2 % m/v etanol. Ver **Bacilos**; *Enterobacter agglomerans*; **Gram-negativa**; *Obesumbacterium*; **Odor fecal/fezes**.

*Enterobacter agglomerans*: Bactéria (bacilos) da família Enterobacteriaceae, Gram-negativa (-), atualmente denominada como *Pantoea agglomerans*, possível contaminante da cerveja no momento da inoculação das leveduras. A contaminação do mosto com essa bactéria pode resultar: menor atenuação aparente do mosto; cerveja com pH alto; odores fétidos/fecais; outros *off-flavors* fora do padrão. Ver **Bacilos**; **Coliforme**; **Enterobacter**; **Gram-negativa**.

**Enterobactérias**: Ver *Enterobacter*.

**Envelhecimento:** Corresponde ao conjunto de processos físicos, químicos e biológicos que levam ao envelhecimento da cerveja durante o passar do tempo (em inglês, *staling*). O principal fator relacionado ao envelhecimento é a oxidação da cerveja, sendo acelerado em temperaturas maiores e exposição a luz, e retardado em temperaturas baixas. Tais processos geram alterações na cerveja, transformando negativamente seu perfil sensorial, como perda de amargor, odores etc., além do surgimento de *off-flavors*, fazendo com que a cerveja mude seu perfil com relação ao estilo original. Não se deve confundir este termo com maturação (inglês: *maturation*) e condicionamento (inglês: *aging*) da cerveja, nos quais se buscam controlar algumas das variáveis para que os processos físicos, químicos e biológicos alterem a cerveja, melhorando seu perfil sensorial.

**Enzimas amilolíticas:** Correspondem às enzimas com capacidade de hidrolisar ("quebrar") as moléculas de amido. Destacam-se as enzimas β-amilase, α-amilase e limite-dextrinase. Ver **Amilolítica**; **Sacarificação**.

**Enzimas proteolíticas:** Enzimas capazes de degradar a estrutura de proteínas em oligopeptídios e aminoácidos livres. No malte de cevada, por exemplo, usado na produção cervejeira, há diversas endo e exopeptidases.

**Enzimas:** Moléculas predominantemente polipeptídicas – proteínas – (cadeias poliméricas de aminoácidos) com função catalítica (biocatalisadores), que aumentam a velocidade de reações específicas, ao reduzir a energia de ativação necessária. As enzimas podem ser classificadas em sete grandes grupos: EC 1 (oxirredutases); EC 2 (transferases); EC 3 (hidrolases); EC 4 (liases); EC 5 (isomerases); EC 6 (ligases); EC 7 (translocases). No processo cervejeiro há diversas enzimas de grande importância, com destaque para as hidrolases, desde a fase da mosturação, até a fermentação, maturação e, em alguns casos, engarrafamento. Ver **Energia de ativação**.

**EPC:** Sigla para equipamento de proteção coletiva. São equipamentos/dispositivos que garantem a segurança da coletividade em um ambiente contra riscos biológicos, químicos e/ou físicos. Incluem-se sistemas de exaustores de gases, capelas, corrimões etc. Ver **EPI**.

**EPI**: Sigla para equipamento de proteção individual. Consistem em vestuários/dispositivos, como jaleco, luva, touca, máscaras, capacete, calçados etc., que garantem a proteção do indivíduo, quando em alguma ação que existe risco físico, químico e/ou biológico. Caso o dispositivo proteja mais de uma pessoa, será um equipamento de proteção coletiva (EPC). Ver **EPC**.

**Época de semeadura**: No contexto do plantio da cevada, refere-se ao período de semeadura, podendo ser no final da primavera/início do verão (cevada de verão) ou no inverno (cevada de inverno). Ver **Cevada de inverno**; **Cevada de verão**.

*Epsom salt*: Ver **Sulfato de magnésio**.

**Equação de Henderson-Hasselbach**: Refere-se à equação usada para calcular o pH de soluções tampões: $pH = pK_a + Log ([A^-]/[AH])$, sendo $pK_a$ a constante de dissociação do ácido, $[A^-]$ a concentração da base conjugada e $[AH]$ a concentração da forma protonada (ácido). Ver **$pK_a$**; **pH**.

**Erros de análise sensorial**: Diversos fatores influenciam na análise sensorial, sendo possível a geração de erros a partir desses. Dessa forma, compreender os fatores e tipos de erros é importante para se evitar, monitorar e controlar estes. Podem ser organizados em erros por: fatores fisiológicos (adaptação e ampliação); fatores psicológicos (expectativa, habituação, estímulo, lógico, halo); sequência das amostras (contraste, efeito de grupo, tendência central, temporal).

**Escala de pH**: Ver **pH**.

**Escala hedônica**: Considerada uma das escalas mais utilizadas em testes de preferência. Foi desenvolvida em 1955 por Jones, Peryam e Thurstone, usada para identificar a preferência de consumidores (adultos), a partir de uma escala de 9 pontos: Desgostei muitíssimo; Desgostei muito; Desgostei regularmente; Desgostei ligeiramente; Indiferente; Gostei ligeiramente; Gostei regularmente; Gostei muito; Gostei muitíssimo. Ver **Testes de preferência**; **Métodos hedônicos ou afetivos**.

**Escalas JAR/*Just About Right***: Conjunto de escalas utilizadas para quantificar um determinado atributo por consumidores, podendo contribuir com a melhoria do produto. Por exemplo, os consumidores podem decidir se o amargor de uma cerveja

American IPA está muito fraco, adequado ou muito forte com relação ao esperado para o estilo. Ver **Testes de preferência; Métodos hedônicos ou afetivos**.

**Escola Alemã**: Uma das quatro escolas cervejeiras, também chamada de escola germânica. Mundialmente conhecida pelo rigor na produção e escolha dos insumos, incluindo-se a República Tcheca, onde surgiu a cerveja no estilo *Pilsner* (Lager), além da Áustria, Eslováquia, parte da Holanda e Polônia. Foi no contexto dessa escola que surgiu a Lei da Pureza alemã (*Reinheitsgebot*) em 1516. Há uma ampla variedade de estilos, geralmente mais maltadas que lupuladas, desde as de trigo (*Weissbier*), *Munich Helles*, *Kölsch*, *Schwarzbier*, *Rauchbier*, *Pilsner* entre outras. Alguns dos lúpulos utilizados nessa escola são: Hallertau Tradition, Saphir, Hallertau Mittelfrüh, Hallertau Magnum, Saaz, Spalt e Tettnang. Ver ***Reinheitsgebot***.

**Escola Americana**: Uma das escolas cervejeiras mais modernas, conhecida atualmente por suas cervejas bem lupuladas, amargas, com aromas complexos (destacam-se os cítricos). Há estilos que incluem o uso de abóbora (*Pumpkin Ale*), aveia e outros insumos. Dentre os estilos se destacam: *American Lager*, *American Pale Ale* (APA), *American Strong Ale* e *American Indian Pale Ale* (IPA). Utilizam-se lúpulos como Citra, Cascade, Amarillo, Sincoe, Mosaic e Zeus.

**Escola Belga**: Ver **Escola Franco-Belga**.

**Escola Britânica**: Escola cervejeira tradicional, conhecida por suas cervejas escuras (*Porters* e *Stouts*), por suas *English Pale Ales* (*EPA*) e *English India Pale Ales* (*IPA*), além de seus famosos pubs. Incluem estilos de cerveja do Reino Unido (Inglaterra, Escócia, País de Gales e Irlanda do Norte), além da República da Irlanda. Apresentam cervejas mais amargas e secas, tendendo a menor carbonatação, com sabores intensos. Alguns dos lúpulos utilizados nessa escola são: East Kent Golding, Target, Fuggle e Admiral.

**Escola Franco-Belga**: Pode-se dizer que é a escola cervejeira que mais inova nos insumos e processo, podendo incluir adjuntos como *candy sugar*, além de especiarias (como coentro e cardamomo), casca de laranja etc. Geralmente apresentam estilos com maior teor alcoólico, alguns ultrapassando 10 %. Destacam-se aqui as cervejas no estilo Trapista, *Belgian Ale*, *Specialty beer*, *Blond Ale*, *Saison*, *Flanders* e *Witbier*. Inclui-se nesta escola as cervejas Lambic. Usam-se lúpulos diversos, de acordo com as intenções, destacando Saaz, Hallertau e Styrian. Ver **Lambic**.

**Escola Inglesa**: Ver **Escola Britânica**.

**Escolas cervejeiras**: Indicam os grandes núcleos que influenciaram na formação do que se entende atualmente como cerveja, desde as características, insumos até os métodos de produção, além de contribuir para a disseminação da cultura cervejeira. Dentro de cada escola se reúnem estilos típicos, sendo alguns emblemáticos de cada uma delas. Cada escola recebe o nome de uma nacionalidade, o qual pode representar uma região. Atualmente são quatro escolas: Alemã, Americana, Franco-Belga e Britânica.

**Escolha forçada**: Ver **Teste de diferença direcional**.

**Escurecimento de Maillard**: Escurecimento nos maltes e no mosto que pode ocorrer por decorrência da reação de Maillard (entre aminoácidos-proteínas e carboidratos redutores), em temperaturas elevadas. Também chamado de escurecimento não enzimático. Além das alterações visuais, há alterações nos odores/aromas e gostos. Este processo é diferente da caramelização do malte. Ver **Caramelização**; **Reação de *Maillard***.

**Escurecimento não Enzimático**: Ver **Escurecimento de *Maillard***.

**Especiarias**: As especiarias são usadas na fabricação da cerveja há milênios, principalmente anterior a introdução do lúpulo, mais especificamente antes da Lei de Pureza Alemã em 1516 (*Reinheitsgebot*). Atualmente, alguns estilos de cerveja, como os da escola Belga, tem como tradicional o uso de especiarias, como: anis, canela, cardamomo, coentro, cominho, cascas de cítrus, pimenta, zimbro etc.

**Espectrofotômetro**: Equipamento laboratorial utilizado para quantificar a transmitância/absorbância da luz em amostras, usados em testes que envolvem a quantificação de reações colorimétricas (luz visível ou ultravioleta-UV), partindo do princípio que quanto maior a absorbância de luz, maior a concentração da molécula na solução avaliada. Pode-se usar o espectrofotômetro de luz visível para quantificar a cor da cerveja (SRM = 12,7 × D × $A_{430}$; EBC = 25 × D × $A_{430}$; sendo: D = taxa de diluição, A430 = leitura da absorbância em $\lambda$ = 430nm, fórmula válida para cubeta de 1 cm de largura e profundidade). Outro exemplo, com espectrofotômetro de UV, envolve a quantificação dos iso-$\alpha$-ácidos (IBU) na cerveja a partir da sua extração envolvendo iso-octano e leitura em $\lambda$ = 275 nm (IBU = $A_{275}$ × 50). Destaca-se que as amostras devem estar sem gás e livres de particulados para medição (sem turbidez).

**Espelta**: Planta da família Poaceae, uma gramínea da espécie *Triticum spelta*, também conhecido como trigo vermelho, mesmo gênero do trigo comum (*Triticum aestivum*).

Pode-se utilizar este cereal, malteado ou não, na fabricação de cerveja, destacando que este grão contém glúten. Atualmente é pouco plantado, mas foi bem disseminado na idade média na Europa, encontrando-se receitas com o uso do espelta no século XVII na Holanda. Ver **Cereal**; **Glúten, Poaceae**; **Trigo**.

**Espículas:** Primeiros brotos da cevada ou outro cereal produzidos durante a malteação. São removidas após a secagem, no final do processo de malteação, junto com as radículas. Ver **Malteação**.

**Esporão do centeio:** Doença causada por fungos ascomicetos da espécie *Claviceps purpurea* que afeta, principalmente, os grãos de centeio, podendo infestar também cevada e trigo. O fungo produz alcalóides muito tóxicos, inviabilizando o consumo humano e animal dos grãos contaminados.

**Esporo:** termo usado para indicar um dos tipos de estruturas de reprodução em plantas, algas e fungos. No contexto cervejeiro, destaca-se o uso do termo para indicar formas latentes/de resistência de bactérias, pelo fato destas serem resistentes às alterações de pH, temperatura e desidratação e podem contaminar os insumos, o mosto e a cerveja. Por exemplo, os esporos das bactérias *Clostridium butyricum* são formas de resistência dessa e podem contaminar o mosto cervejeiro, sendo que um bom processo de sanitização é capaz de eliminá-los em grande parte.

**Espuma:** A espuma é o resultado da elevação de proteínas do próprio malte e de iso-humulonas pelas bolhas de gás carbônico, contribuindo com os aromas, sensação na boca, conservação da temperatura, aparência da cerveja etc. Sua formação depende do processo de fabricação e insumos envolvidos, sendo que podem apresentar diferentes texturas, tamanhos e retenções, dependendo do estilo. A textura da espuma pode ser classificada como fina, fofa, cremosa (como musse). Pode-se qualificar a retenção da espuma como: nenhuma, pobre (menos que 15 segundos), moderada (acima de 15, até 60 segundos), boa (acima de 60 segundos).

**Estabilizante:** Compostos químicos adicionados à cerveja para manter alguma característica do produto, como sabor, emulsão e suspensão. Para aumentar a estabilidade da espuma, usa-se comumente o alginato de propileno glicol (INS 405). Cervejas artesanais, geralmente, não utilizam estabilizantes.

**Estacas herbáceas:** Correspondem às estacas caulinares (segmentos de caules e ramos) obtidas a partir da parte aérea de plantas, como do lúpulo, usado na macro-propagação vegetativa de plantas. Para propagação do lúpulo, recomenda-se o corte entre o fim da primavera e início do verão (antes da floração). Usando-se uma tesoura esterilizada, corta-se acima de um par de folha (mantendo a folha mais forte) e 5 cm abaixo (base) e esta estaca será usada para enraizamento em bandejas ou tubetes com substrato. Ver **Propagação vegetativa**; **Rizomas**.

**Éster de banana**: Ver **Acetato de isoamila**.

**Éster**: Composto orgânico que possui como grupo funcional o R'–COOR (onde R' e R são radicais orgânicos), resultante da reação de esterificação entre um ácido carboxílico e um álcool. Diversos sabores na cerveja (*on-flavor* e *off-flavor*) são resultantes de compostos químicos com grupo éster (ex. sabor frutado, banana, maçã e solvente). Destacam-se os ésteres: acetato de isoamila (odor de banana) e o acetato de etila (odor leve frutado – pêra a solvente). Ver **Esterificado**.

**Esterase do ácido ferúlico**: Enzima da classe das hidrolases (EC 3.2.1.73; PDB: 1USW), presente no mosto cervejeiro, também chamada de feruloil esterase. Atua sobre ésteres carboxílicos, liberando ácido ferúlico (parada ferúlica) e outros ácidos cinâmicos ligados aos polissacarídios (como hemicelulose) de parede de células vegetais. O ácido ferúlico pode ser usado pelas leveduras, sendo o precursor do odor/aroma de cravo (4-vinilguaiacol) em cervejas de trigo (*Weizen*, *Witbier* etc.). Apresenta temperatura ótima entre 43 e 45 °C, com pH ótimo entre 5,7 e 5,8 e com tempo de ação, geralmente, de 10 minutos na rampa da mosturação. Ver **4-Vinilguaiacol**; **Ácido ferúlico**; **Parada ferúlica**.

**Esterases**: São enzimas da classe das hidrolases (EC 3), as quais catalisam reações de hidrólise de ligações éster. Entre as esterases, destaca-se na mosturação a esterase do ácido ferúlico, responsável por liberar ácido ferúlico na mostura, o qual será substrato para leveduras produzirem 4-vinilguaiacol na cerveja (odor de cravo). Ver **Esterase de ácido ferúlico**; **Hidrolase**.

**Esterificado**: No contexto cervejeiro, em análise sensorial, usa-se este termo para indicar a cerveja que apresenta aromas/sabores gerados pela presença de ésteres. Geralmente remetem aos odores/aromas de frutas, como banana, maçã, morango, pêra etc., podendo ser desejável (*on-flavor*) ou indesejável (*off-flavor*). Podem ser gerados, em maior quantidade, por cepas específicas de leveduras, como as excêntricas. Ver **Éster**; **Cepa**.

**Esterilização comercial**: Redução da carga de contaminantes, mediante procedimentos de sanitização, para um nível incapaz de afetar negativamente o processo sendo realizado.

**Esterilização**: Ação ou conjunto de ações que visam eliminar todos microrganismos, incluindo os esporos. Diversas técnicas podem ser empregadas para esterilização, como o calor úmido (autoclave), calor seco, aplicação de radiação (ex.: radiação gama, raios-x e luz ultravioleta) e química. Não confundir com sanitização ou limpeza. Destaca-se que, durante a fervura prolongada, o mosto é praticamente esterilizado, pois alguns microrganismos resistentes ao calor podem sobreviver.

**Estilos de cerveja**: Correspondem aos agrupamentos de cervejas a partir de estatísticas de produção comuns (densidade iniciais e finais, amargor, cor), e por características, como tipo de fermentação, odores/aromas, gostos, origem etc. Os guias mais utilizados na classificação dos estilos são o *Beer Judge Certification Program* (BJCP) e o *Brewers Association* (BA), sendo estes usados em competições e para outros fins. Ver ***Beer Judge Certification Program***; ***Brewers Association***.

**Estirpe**: Sinônimo de cepa. Ver **Cepa**.

**Estresse da levedura**: Diversas condições e situações podem gerar estresse para a levedura cervejeira, fazendo com que a mesma tenha seu metabolismo alterado, o que pode impactar na atenuação do mosto, nos odores/aromas e gostos da bebida. Podem levar ao estresse: alterações do pH do meio; temperatura; concentração de sais no meio; concentração de carboidratos fermentescíveis; concentração de oxigênio dissolvido no mosto; concentração de etanol; e pressão barométrica. Por exemplo: ao se elevar a temperatura do mosto em final de fermentação para realizar o descanso de diacetil, cria-se uma condição de estresse para a levedura, resultando na reabsorção do diacetil.

**Estresse de estocagem**: Durante a estocagem das leveduras, estas acabam por sofrer – em menor ou maior grau – estresse nutricional. Mesmo em refrigeradores comuns (domésticos), quanto mais tempo se estoca a levedura, maior o estresse de estocagem, podendo resultar em problemas na viabilidade, vitalidade e na floculação da levedura, além de poder alterar significativamente o perfil sensorial da cerveja. Dessa forma, a estocagem e o uso das leveduras reaproveitadas deve ser feita de forma cuidadosa e fundamentada cientificamente. Ver **Estresse nutricional**; **Viabilidade**; **Vitalidade**.

**Estresse nutricional**: Ocorre quando falta algum nutriente para as leveduras durante a fermentação, resultando em alguma alteração metabólica que impactará no perfil sensorial da bebida. Por exemplo: a limitação de nitrogênio para as Saccharomyces spp. resulta na degradação de aminoácidos e a maior produção de álcool isoamílico (*off-flavor* para muitas cervejas); falta de zinco resulta no prolongamento da fermentação. Cada nutriente em falta resultará em problemas diferenciados. Além disso, cada cepa de levedura poderá apresentar diferentes requisitos nutricionais.

**Estróbilo**: Estrutura reprodutiva de diversas plantas, inclusive do lúpulo (cone/cone floral), consistindo de esporofilos (folhas modificadas) ou escamas que se agrupam ao redor de um eixo central. No caso do lúpulo, apresenta uma ráquis central com brácteas e bractéolas que protegem a flor.

**Etanol**: Substância orgânica ($C_2H_5OH$), um álcool que pode ser originado do processo de fermentação alcoólica/etanólica. Também conhecido como álcool etílico. Composto por uma cadeia linear com dois carbonos e um grupo –OH (hidroxila) em uma das extremidades. O etanol contribui para a menor proliferação bacteriana na cerveja, mas o aumento elevado de sua concentração também reduz a proliferação das próprias leveduras. Pode ser usado em solução como líquido refrigerante, uma vez que sua inserção na água reduz o ponto de fusão desta (anticongelante). Ver **Anticongelante**; **Líquido refrigerante**.

**Etilaldeído**: Sinônimo de Acetaldeído. Ver **Acetaldeído**.

**Etilenoglicol**: Composto químico, um álcool, com fórmula $C_2H_4(OH)_2$, também chamado de etano-1,2-diol ou monoetilenoglicol (MEG). Apresenta ponto de fusão baixo (-12,9 °C), não podendo ser usado como anticongelante no líquido usado para o resfriamento da mostura (chillers de placas) ou em tanques refrigerados (em alguns estados há leis específicas de proibição). É um composto tóxico e perigoso, entretanto, muito menos que o dietilenoglicol, não podendo ser ingerido. Por sua toxicidade e perigo, seu manuseio exige o uso de EPIs, não sendo recomendável seu uso. Consulte as instruções normativas e leis vigentes antes de utilizá-lo. Ver **Anticongelante**; **Dietilenoglicol**; **Glicol**; **Propilenoglicol**.

**EtOH**: Abreviação comumente usada no meio acadêmico para indicar o etanol/álcool etílico. Ver Etanol.

**Eugenol**: Composto orgânico (4-alil-2-metoxifenol), com estrutura similar ao guaiacol e ao 4-vinilguaiacol, relacionado com o gosto/aroma de cravo/condimentado, além da sensação de picância na cavidade oral. Considera-se este como um *off-flavor* para maior parte dos estilos de cerveja, sendo importante para alguns. Pode-se formar durante a maturação, com concentração típica entre 10 e 30 µg/ L e limiar de detecção de sabor de 40 µg/ L. Pode ser quantificado por cromatografia gasosa. Ver **Guaiacol**; **Picante**; **Sensações trigeminais**; **Vinilguaiacol**.

**Evaporação dos óleos essenciais**: Grande parte dos compostos dos óleos essenciais presentes nos lúpulos são terpenos que apresentam diferentes temperaturas de evaporação. Conhecer a evaporação dos principais terpenos do lúpulo ajudará o cervejeiro a planejar sua lupulagem, visando preservar os gostos e odores/aromas de acordo com o desejado. Por exemplo: mircenos (florais, cítricos e pinus), 63,9 °C; humulenos (herbais), 99 °C; cariofilenos (herbais e picante), 129 °C; farnesenos (diversos), 125 °C. Ver **Cariofileno Farneseno**; **Humuleno**; **Mirceno**; **Terpeno**.

**Exopeptidases**: Enzimas proteolíticas (peptidases) que rompem as ligações peptídicas no fim da cadeia proteica (polipeptídica), podendo liberar dipeptídios ou aminoácidos livres. Podem ser classificadas como aminopeptidases (atuam sobre o N-terminal) ou carboxipeptidases (atuam sobre o C-terminal). São importantes na degradação das proteínas dos grãos, durante a mosturação, contribuindo para o aumento na concentração de amino nitrogênio livre (*FAN – Free Amino nitrogen*). Ver **Aminopeptidase**; **Carboxipeptidase**; **Parada proteica**.

***Export***: Termo em inglês usado comumente nos rótulos para indicar cervejas de alta gravidade. Pode ter outros significados, desde uso como indicador de mercado (cerveja para exportação), como ferramenta de marketing; como regulamentação de alguns países (pode estar relacionado com teor alcoólico etc.). Na tradição da escola alemã, o termo está fortemente associado ao estilo lager Dortmunder Export (originalmente criado na região de Dortmunder para se indicar que a cerveja era própria para exportação por sua maior estabilidade e teor alcoólico).

**Extrato aparente**: Corresponde a densidade de sólidos presentes na solução após a fermentação do mosto, podendo ser medido em grau Plato (°P), gravidade específica ou outra medida. Uma vez que há a presença de etanol, este afetará a medida da densidade, tornando a densidade menor do que a real de sólidos, dessa forma, considera-se uma medida aparente. Ver **Extrato primitivo**; **Grau Plato**; **Gravidade específica**.

**Extrato de malte seco**: Também conhecido como DME (*dry malt extract*). Produzido a partir da hidrólise da cevada malteada (mosto), sendo posteriormente concentrado e, por fim, desidratado a vácuo gerando um sólido estável e concentrado denominado de extrato seco do malte, o qual contém alta concentração de açúcares do malte. Pode ser usado na ativação de leveduras (*starter*), fabricação de cerveja, correção de densidade final do mosto e como fonte de açúcares fermentescíveis para carbonatação natural (*priming*).

**Extrato de malte líquido**: Produto resultante da concentração de açúcares do malte pela evaporação parcial da água do mosto hidrolisado. Apresenta-se na forma líquida, altamente viscoso, como um xarope. Pode ser usado na ativação de leveduras, fabricação de cerveja, correção de densidade final do mosto e como fonte de açúcares fermentescíveis para carbonatação natural (*priming*).

**Extrato original**: Também chamado de extrato primitivo ou densidade inicial. Consiste no total de sólidos (carboidratos, proteínas etc.) no mosto, pré-fermentação, ou seja, que deu origem a cerveja, expresso em porcentagem (%) em peso (m/m). Utiliza-se o valor do extrato original para se prever e calcular o percentual de etanol na bebida (ABV). Ver **MAPA**.

**Extrato primitivo**: Ver **Extrato original**.

**Extrato real**: Corresponde a densidade corrigida de sólidos presentes na bebida após a fermentação do mosto, podendo ser medido em grau Plato (°P), gravidade específica ou outra medida. A correção se faz necessária pela presença de etanol, o qual afeta a medida da densidade. Cervejas com extrato real maior, apresentam, geralmente, maior corpo. Ver **Extrato primitivo**; **Grau Plato**; **Gravidade específica**.

**Extrato residual**: Ver **Açúcar residual não fermentescível**.

*Extreme late hopping*: Termo em inglês para lupulagem extremamente tardia, também chamado de *all late hopping*. É uma técnica de lupulagem, a qual consiste em inserir todo lúpulo com 30 minutos ou menos para o final da fervura (geralmente entre 5-15 minutos), podendo gerar um menor amargor na cerveja e potencializando os aromas e sabores dos lúpulos. O amargor da cerveja se relaciona principalmente com a quantidade de iso-α-ácidos isomerizados (lúpulo x tempo de fervura). Assim, parte-se do princípio que é possível alcançar o amargor equivalente aos 60 min de fervura adicionando-se mais lúpulo.

*Fahrenheit*/°F: unidade de temperatura (escala termométrica) desenvolvida por Daniel Gabriel Fahrenheit (1724), utilizada principalmente por países que foram colônias britânicas, com destaque para os EUA. Nesta escala, a água entra em ebulição em 212 °F e se congela em 32 °F. Muitas das receitas e processos cervejeiros se encontram em °F, fazendo-se necessário converter essa unidade para °C – graus Célsius. Conversão: °C = (°F – 32)/1,8 ou °F = (°C × 1,8) + 32.

**FAA**: Sigla do termo em inglês para *Free Amino Acids* (Aminoácidos livres). Ver **Aminoácidos livres**.

**FAN**: Sigla do termo em inglês para *Free Amino-Nitrogen* (Nitrogênio amínico livre). Ver **Nitrogênio amínico livre**.

**FAO-OMS**: Sigla em inglês para *Food and Agriculture Organization*, Organização das Nações Unidas para a Alimentação e Agricultura. A FAO-OMS estabeleceu o Codex Alimentarius, com as especificações e limites máximos de impurezas para reagentes químicos. Reagentes com grau de pureza FAO-OMS são aprovados pela Anvisa no Brasil para uso alimentar, assim como reagentes FCC. Ver **FCC**; **Grau de pureza do sal**.

**Farneseno**: Um dos óleos essenciais, encontrado em pequena quantidade (menos de 1 %) no lúpulo. O termo se refere a seis compostos isômeros (sesquiterpenos). Resulta em diversas características de aromas e sabores, sendo mais resistente à volatilização na fervura (evaporação em torno de 125 °C).

*Faro Lambic*: Tipo de cerveja Lambic produzida a partir de um mosto com gravidade moderada (6-8 °P), adoçada com *candy sugar*. Antigamente, era produzida a partir da mistura de Lambics produzidas com mosto de alta e baixa densidade e servida com um torrão de açúcar dentro do copo/taça. Ver **Lambic**; ***Candy sugar***.

**Fase de desaceleração**: Fase na qual a proliferação celular dos microrganismos, como as leveduras, é desacelerada, ocorrendo logo após a fase *Log*/exponencial, durante a fermentação da cerveja.

**Fase de morte/declínio**: Fase do ciclo celular de microrganismos, como das leveduras de cerveja, na qual inicia-se um declínio na população viável de células (microrganismos, como leveduras) no meio, durante a fermentação da cerveja. Geralmente ocorre a sedimentação das leveduras no fundo do tanque. De acordo com o tipo de levedura essa sedimentação poderá ser maior ou menor. É consequência do esgotamento de macro ou micronutrientes do meio. Ver **Fases de crescimento**.

**Fase estacionária/de condicionamento**: Fase do ciclo celular de microrganismos posterior a exponencial, com duração entre 3-10 dias, na qual não se observa proliferação celular significativa (microrganismos, como leveduras). Nesta fase há redução dos nutrientes no mosto, o *kräusen* vai ficando escuro (*kräusen collapsing*) até se colapsar ao fim da fase (*collapsed foam*), iniciando-se a sedimentação das leveduras. Outras vias metabólicas das leveduras podem ficar mais ativas, resultando na reabsorção ou liberação de compostos de interesse cervejeiro no mosto. Por exemplo, nessa fase ocorre a reabsorção do diacetil; caso a temperatura esteja elevada, a levedura pode reconverter o etanol em acetaldeído. Em inglês, denomina-se *stationary phase*.

**Fase fria**: Terceiro conjunto de procedimentos que ocorre após fase quente da produção de cerveja. Pode-se diferenciar as etapas e a ordem destas de acordo com o que se deseja produzir. No geral: resfriamento; oxigenação do mosto; inoculação das leveduras; descanso de diacetil; maturação; lupulagem; carbonatação; envase. Ver esquema de produção no início do glossário.

**Fase *Lag*/latência/adaptativa**: Fase inicial de vida dos microrganismos (curta), como da levedura de cerveja no mosto, na qual se tem produções e ativação de enzimas nas células, consumo de oxigênio, mas com baixo crescimento populacional, sendo a preparação para multiplicação na fase exponencial. Não há multiplicação celular de maneira relevante, mas sim aumento de massa. Nessa, as leveduras se adaptarão às condições do mosto cervejeiro, não sendo visível atividade fermentativa, como a produção de gás, além disso, melhorarão a permeabilidade de suas membranas aos nutrientes do mosto e poderão aumentar de tamanho. Pode durar de 0 a 15 horas após a inoculação.

**Fase *Log*/exponencial/crescimento**: Segunda fase de vida dos microrganismos, como da levedura de cerveja no mosto, a qual ocorre após a fase *Lag*. Nesta, há um aumento exponencial no número de células, durando de 4 horas a 4 dias (depende da levedura e das condições do mosto). Nessa fase há um consumo significativo dos açúcares fermentescíveis do mosto e a produção de álcool (etanol) e gás carbônico ($CO_2$). As leveduras normalmente utilizadas na produção de cerveja apresentam a seguinte ordem de preferência de consumo dos açúcares: glicose, frutose, sacarose, maltose e maltotriose. No início da fase Log há a formação do *Young Kräusen*, sendo seu maior acúmulo no final desta fase (*Kräusen*). Ver **Kräusen/Kraeusen**.

**Fase preparatória**: Primeiro conjunto de procedimentos que ocorre na produção de cerveja com objetivo de preparar os insumos, assim como para se planejar e organizar a fabricação da cerveja. De forma geral, tem-se: estabelecimento dos equipamentos; elaboração da receita; limpeza/sanitização do espaço e equipamentos; preparação dos equipamentos; preparação da água cervejeira; malteação dos cereais; e moagem. Ver esquema de produção no início do glossário.

**Fase quente**: Segundo conjunto de procedimentos que ocorre na produção de cerveja, após a fase de preparação. Envolvem as etapas para a preparação do mosto que será enviado para a fermentação. De forma geral, tem-se: mosturação; clarificação; lavagem; fervura/lupulagem; *whirlpool*; preparação para o resfriamento. As etapas podem se diferenciar, principalmente com relação a lupulagem. Ver esquema de produção no início do glossário. Ver **Brassagem**.

**Fases de crescimento**: Correspondem às fases de proliferação de microrganismos, como as leveduras de cerveja, consistindo de cinco fases: fase *Lag*/latência; fase *Log*/exponencial/crescimento; fase de desaceleração; fase estacionária; fase de morte/declínio. Na área de microbiologia, refere-se ao crescimento de microrganismos.

**FCC**: Sigla em inglês para *Food Chemicals Codex*, correspondendo à indicação, para reagentes químicos, do grau de sua pureza estipulado pelo FCC. E. Reagentes FCC devem corresponder às especificações e limites máximos de impurezas, sendo considerado com qualidade para uso alimentar pela Anvisa no Brasil, assim como reagentes FAO-OMS. Ver **FAO-OMS**; **Grau de pureza do sal**.

**FDA:** Sigla em inglês para *Food and Drug Administration*, sendo esta a agência estadunidense de controle exercendo atividades que no Brasil são exercidas pelo MAPA e pela Anvisa. Ver **Anvisa**.

**Fenilmetanal**: Ver **Amêndoas**.

**Fenol**: classe química de compostos orgânicos originadas pela ligação de uma ou mais hidroxilas em anéis aromáticos. Há diversos compostos fenólicos que podem ser encontrados na cerveja, originando *on-flavors* (cravo: 4-vinil-guaiacol) e *off-flavors* (ex. gosto fenólico). Ver **4-vinil-guaiacol**; **Ácido ferúlico**.

**Fenolftaleína**: Solução indicadora de pH, na cervejaria pode ser usada após a sanitização por soda cáustica (NaOH), para identificação de resíduos desta, uma vez que se trata de uma base forte. Tem coloração incolor abaixo de pH 8, rosa entre pH 8 e 10 e roxo/carmim entre pH 10 e 12. Ver **Base**.

**Fenólico**: No contexto cervejeiro, este termo é usado para indicar o aroma de cravo/especiaria, o qual pode ser um *on-flavor* ou *off-flavor*, de acordo com o estilo da cerveja (desejável nas cervejas de trigo e em alguns outros estilos). Resultante do 4-vinil-guaiacol formado pelas leveduras (cepas excêntricas), especialmente as de fermentação de cervejas de trigo. Sua concentração varia entre 0,05 e 0,55 mg/L, com limiar de detecção de 0,2 mg/L. Ver **4-Vinil-guaiacol**.

*Fermcap® S*: Nome comercial para uma emulsão (dimetilpolisiloxano, INS 900a) com ação sobre a tensão superficial de soluções, reduzindo a própria tensão superficial e, por consequência, a espuma (antiespumante – coadjuvante de produção). No processo cervejeiro, usado nas quantidades adequadas, reduz a formação de espuma durante a fervura e o *Kräusen* durante a fermentação. Ver **Antiespumante**; **Coadjuvante de produção**; *Kräusen*.

**Fermentação**: Simplificadamente, é o processo bioquímico no qual organismos/microrganismos produzem ATP a partir de carboidratos sem uso de oxigênio. Bioquimicamente, consiste no metabolismo celular que aproveita o piruvato advindo da glicólise (onde se formam 2 ATPs), visando regenerar $NAD^+$ a partir de NADH, para que a glicólise continue ocorrendo e gerando ATP. No mosto cervejeiro, inoculado com leveduras cervejeiras, a fermentação ocorre, prioritariamente, durante a fase *Log*/exponencial de proliferação das leveduras. Há diversas vias fermentativas, como: acética, etanólica, lática, propiônica, butírica, malolática, málica, sendo as três primeiras mais comuns e a etanólica a mais desejada.

**Fermentação aberta**: Corresponde a fermentação que ocorre em recipientes abertos (tanques, baldes etc.), ou seja, a superfície da fermentação fica em contato com o ar atmosférico. Trata-se do modelo de fermentação mais comum em cervejas lambic. Ver *Lambic*.

**Fermentação aberta**: Ver *Lambic*.

**Fermentação acética**: É a via de fermentação na qual se tem como o principal produto final o ácido acético. Quando o produto final é prioritariamente o ácido acético, denomina-se esta como fermentação homoacética. Geralmente ocorre em bactérias, como da família Acetobacteraceae (pode ocorrer em algumas cepas de leveduras), conhecidas como bactérias ácido acéticas (BAA), entretanto, outros microrganismos também podem realizá-la. Muito utilizada na fabricação de vinagre. Na cerveja, pode aparecer a partir de bactérias contaminantes, as quais oxidam parcialmente o etanol presente, gerando *off-flavor* acético. Há os casos das cervejas Lambics e feitas com Quefir ou algum microrganismo consorciado que podem conter microrganismos que fazem fermentação acética. O ácido acético está presente nas cervejas entre 30 e 200 mg/L, sendo o seu limiar de detecção de ± 130 mg/L. Visando-se reduzir sua formação, deve-se: melhorar a sanitização, principalmente na fase fria; buscar uma cepa de leveduras mais adequada ao estilo; evitar a oxigenação da cerveja após sua fermentação. Ver *Acetobacter*; **Bactérias ácido acéticas**; *Gluconobacter*.

**Fermentação alcoólica/etanólica**: Principal fermentação de interesse cervejeiro, a qual é realizada pelas leveduras de cerveja, principalmente *Saccharomyces cerevisiae* e *S. pastorianus*, produzindo-se etanol e gás carbônico ($CO_2$). Bioquimicamente, o piruvato (oriundo da glicólise) é descarboxilado pela enzima piruvato descarboxilase, liberando $CO_2$ e formando acetaldeído e este é reduzido pela Álcool desidrogenase em etanol. Ver **Acetaldeído**; **Etanol**.

**Fermentação alta**: Ver **Fermentação de topo**.

**Fermentação arrastada**: Ver **Fermentação presa**.

**Fermentação baixa**: Ver **Fermentação de fundo**.

**Fermentação butírica**: Processo fermentativo, geralmente associado ou posterior a fermentação lática. Pode ocorrer a partir de contaminantes, principalmente bactérias anaeróbias, gerando butanol, butirato, acetona e isopropanol que podem gerar *off--flavors* na cerveja, como o butírico (vômito/queijo), aroma alcoólico, de acetona etc. O *Clostridium butyricum* é uma das bactérias que realiza esse tipo de fermentação. O ácido butírico está presente nas cervejas entre 0,5 e 1,5 mg/L, sendo o seu limiar de detecção entre 2 e 3 mg/L. Visando-se reduzir sua formação, deve-se: melhorar a sanitização, principalmente na fase fria; melhorar o controle de temperatura da fermentação; melhorar o controle do pH do mosto. Ver **Ácido butírico**.

**Fermentação consorciada**: Corresponde à cultura simultânea, em contato, de duas ou mais espécies de microrganismos, sendo que estas espécies estabelecem relações simbióticas entre si, diferenciando-se na fermentação mista por essas características. Tem sido utilizada na fabricação de alguns estilos de cerveja e em diversos outros alimentos fermentados.. Um exemplo de fermentação consorciada se dá pelo uso de colônias de kefir. Ver **Cerveja de Quefir**; **Fermentação mista**.

**Fermentação de fundo**: Fermentação típica das cervejas Lagers. Ocorre em temperaturas mais baixas (7-12 °C), sendo mais lentas que as leveduras de fermentação de topo. Ao final do processo de fermentação há acúmulo das leveduras na parte inferior do tanque, chamado de *kräusen*. Geralmente, utiliza-se a levedura *Saccharomyces pastorianus*, uma levedura híbrida natural de *S. eubayanus* com *S. cerevisiae*. Em 1842, Josef Groll produziu a primeira cerveja comercial de fermentação de fundo (Lager Pilsner) na República Tcheca (Pilsen), sendo que somente em 1870 Maxx Reess descreve a *S. pastorianus*. Historicamente, Emil Christian Hansen foi o primeiro cientista a isolar culturas puras dessas leveduras em 1883, nos laboratórios da cervejaria Carlsberg, chamando essas de *Saccharomyces carlsbergensis* (syn. *S. pastorianus*). Ver *Kräusen*.

**Fermentação de topo**: Fermentação típica das cervejas Ales. Ocorre em temperaturas mais elevadas (entre 15 e 24 °C), sendo que no final do processo de fermentação há acúmulo das leveduras na parte superior do tanque, chamado de *kräusen*. Geralmente, utiliza-se a levedura *Saccharomyces cerevisiae*. Historicamente, a *S. cerevisiae* foi primeiramente descrita pelo alemão Franz Julius Ferdinand Meyen, em 1838. Ver *Kräusen*.

**Fermentação espontânea/fermentação alcoólica espontânea**: Tipo de fermentação que ocorre a partir dos microrganismos presentes no ambiente ou em insumos (como cascas de frutas), originalmente, sem inoculação de cepas purificadas. Geralmente se utilizam fermentadores abertos, com alta superfície de contato, com temperatura variando entre 20 e 28 °C. O processo de fermentação espontânea e maturação pode levar de meses a anos para se completar. Dessa forma, haverá diversos microrganismos fermentando a cerveja, desde leveduras selvagens às diversas bactérias. Exemplos de leveduras envolvidas: *Brettanomyces bruxellensis*, *Brettanomyces lambicus* (ou outras), *Saccharomyces* spp. Exemplos de bactérias envolvidas: *Pediococcus* spp., *Lactobacillus* spp. e *Rahnella aquatilis*. Esse tipo de fermentação é utilizada, especialmente, para cervejas do estilo Lambic (ex.: Lambic doux, Gueuze, Fruit lambics). Pode gerar diversas características sensoriais distintas das cervejas Ales e Lagers, como odores de couro, estábulo, feno, gosto ácido, notas cítricas que, combinados com os demais gostos/odores/aromas gera uma percepção sensorial diferenciada.

**Fermentação fechada**: Corresponde a fermentação que ocorre em recipientes fechados (tanques, baldes etc.), com algum tipo de saída para os gases da fermentação (como *blowoff*, *airlock* etc.), sem retorno do ar atmosférico. Trata-se do modelo de fermentação mais comum em cervejas ales e lagers. Ver *Airlock*; *Blowoff*.

**Fermentação gliceropirúvica**: Via fermentativa que ocorre simultaneamente à fermentação etanólica (geralmente no início do processo). Nessa via metabólica ocorre a formação de glicerol a partir de hexoses (frutose e glicose). Algumas espécies de *Saccharomyces*, como *S. bayanus*, têm maior produção de glicerol por essa via.

**Fermentação heterolática**: Um dos tipos de fermentação lática, na qual, além do ácido lático, produz-se outros compostos (como dióxido de carbono, ácido acético, etanol etc.), desta forma, a produção de ácido lático tem menor eficiência energética quando comparada a fermentação homolática. Há algumas espécies, como: *Levilactobacillus brevis* (basiônimo *Lactobacillus brevis*), *Lentilactobacillus buchneri* (nome aprovado *Lactobacillus buchneri*), *Limosilactobacillus fermentum* (basiônimo *Lactobacillus fermentum*).

**Fermentação homoacética**: Um dos tipos de fermentação acética, na qual o ácido acético é o produto final exclusivo da fermentação. Ocorre em poucas espécies de bactérias ácido acética (BAA), como *Moorella thermoacetica* (bas. *Clostridium thermoaceticum*) e *Acetobacterium woodii*. Nessa via, o piruvato oriundo da glicólise é oxidado em acetil-CoA pela enzima piruvato desidrogenase, depois em acetilfosfato pela enzima fosfotransacetilase este último, por fim, em ácido acético pela enzima acetato quinase. Ver **Bactérias ácido acéticas/BAA; Fermentação acética**.

**Fermentação homolática**: Um dos tipos de fermentação lática, na qual se tem o ácido lático como produto final único, a partir da redução do piruvato (produto final da glicólise), pela enzima lactato desidrogenase. Organismos homoláticos apresentam maior eficiência na produção do ácido lático. São exemplos as bactérias: *Lactobacillus acidophilus* (há espécies de *Lactobacillus heterofermentativas*), *Lacticaseibacillus casei*, *Pediococcus damnosus*.

**Fermentação lática**: É a via de fermentação na qual se produz ácido lático a partir da redução do piruvato (advindo da glicólise) pela enzima lactato desidrogenase, sendo este um dos produtos da fermentação. De acordo com os produtos da fermentação lática, pode ser classificada como homoláctica (ácido lático como produto final único) ou heterolática (produz ácido lático e outros compostos). Muito utilizada na fabricação de queijos/produtos lácteos. Ocorre também, como uma das fermentações, durante a produção de cervejas Lambic e de Quefir. Há alguns estilos de cerveja Ale e Lager nos quais são adicionadas bactérias láticas após/junto com a fermentação alcoólica.

Geralmente realizada por bactérias, como do gênero *Lactobacillus* spp., *Pediococcus* spp., entre outros. O ácido lático está presente nas cervejas entre 50 e 300 mg/L, sendo o seu limiar de detecção de 400 mg/L. Ver **Ácido lático**; **Fermentação homolática**; **Fermentação Heterolática**; **Heterofermentativos**; **Homofermentativos**.

**Fermentação lenta**: Ocorre quando a fermentação está extremamente lenta, ou seja, o consumo de açúcares fermentescíveis está reduzido. A fermentação lenta poderá resultar na atenuação incompleta do mosto ou no aumento do período da fermentação. Além disso, pode aumentar o risco de proliferação de possíveis contaminantes presentes. Pode ocorrer por diversos motivos, como: oxigenação inadequada na fase inicial; cepa com baixa vitalidade e/ou viabilidade; subinoculação de leveduras; temperatura inadequada à cepa; pH inadequado à cepa etc. Este processo pode dar sequência à fermentação presa. Ver **Fermentação presa**.

**Fermentação malolática**: Processo bioquímico no qual microrganismos convertem ácido málico em ácido lático, principalmente por descarboxilação do ácido málico, liberando juntamente gás carbônico. Bioquimicamente não é considerada uma fermentação verdadeira. Comumente utilizada no processo de produção de vinhos, após a fermentação alcoólica, para redução da acidez (aumento do pH) e melhoramento do perfil sensorial. Geralmente se utiliza a adição de bactérias dos gêneros: *Oenococcus*, *Lactobacillus*, *Pediococcus* e *Leuconostoc*. Pode ocorrer em processos para produção de cervejas ácidas, destacando a bactéria *Oenococcus oeni*. Há estudos de fermentações mistas para produção de novos estilos de cerveja, como de *Saccharomyces cerevisiae* com *Lacticaseibacillus casei* (sin. hom. *Lactobacillus casei*). Ver **Ácido Málico**.

**Fermentação mista**: Também chamada de co-fermentação. Corresponde à cultura com mais de um microrganismo (espécies diferentes) em diferentes configurações de contato, sem o estabelecimento de relações simbióticas entre si, podendo apenas coexistir ou mesmo competir, diferenciando-se da fermentação consorciada por estas características. Tem sido utilizada na fabricação de alguns estilos de cerveja (como *Catharina Sours* e Lambics) ou em processos de aceleração da maturação. Pode-se considerar a fermentação mista separada quando as inoculações ocorrem em etapas/momentos diferentes. Ver **Catharina Sour**; **Lambic**; **Fermentação consorciada**.

**Fermentação presa**: Consumo lento ou incompleto dos açúcares fermentescíveis durante a fermentação do mosto, resultando em uma gravidade final (FG) maior do que a esperada, com a consequente sedimentação das leveduras. Pode ocorrer por diversos motivos: falta de nutrientes essenciais; temperatura inadequada à cepa; pH inadequado à cepa; presença de algum composto tóxico à cepa; baixa tolerância ao etanol pela cepa etc. Após investigar as possíveis causas, pode-se buscar soluções (nem sempre é possível), como aumentar a temperatura, reinoculação etc. Também chamada de fermentação arrastada ou *stuck fermentation* (inglês). Ver **Atenuação aparente; Gravidade final (GF)**.

**Fermentação primária:** No processo cervejeiro, trata-se da fermentação alcoólica/etanólica que ocorre no fermentador, após inoculação do mosto com as leveduras cervejeiras, intensificada com a proliferação celular na fase exponencial de proliferação e finalizada quando não há mais açúcares fermentescíveis (constatada pela manutenção da gravidade específica). Geralmente, a manutenção da gravidade específica por dois dias indica o fim da fermentação primária.

**Fermentação propiônica:** Via fermentativa de algumas bactérias na qual se tem o ácido propiônico como produto final. Pode ocorrer pela contaminação da cerveja por bactérias propiônicas, como dos gêneros *Propionibacterium, Veillonella, Selenomonas, Clostridium, Fusobacterium*. O limiar de detecção do ácido propiônico é de 150 mg/L. Como exemplo, as bactérias do gênero *Pectinatus* podem contaminar a cerveja gerando um odor fecal/ovo podre. Deve-se atentar muito à sanitização em todo processo para se evitá-la. Ver **Ácido propiônico**.

**Fermentação secundária:** O termo pode ter mais de uma definição no processo cervejeiro, sendo que, no geral, trata-se da segunda etapa da fermentação, após consumo dos açúcares fermentescíveis, quando as leveduras da cerveja reabsorvem diversos compostos eliminados anteriormente, como o diacetil. **1.** Fase que ocorre logo após a fermentação primária (maior atividade das leveduras), com consumo de açúcar residual, a temperatura diferente da temperatura de fermentação primária. **2.** No caso de cervejas Lagers, pode ser sinônimo de maturação/condicionamento. **3.** Na produção tradicional de Lagers alemãs, pode se referir a fase de *kräusening*, na qual se insere mosto com fermentação ativa em um tanque no qual a fermentação primária está quase terminando. **4.** Corresponde a nova fermentação que pode ocorrer nas garrafas, caso seja adicionado *priming* para carbonatação. **5.** Usada para fermentação realizada a temperatura mais baixa, após a fermentação primária, visando carbonatar naturalmente a cerveja no tanque.

**Fermentador cilíndrico-cônico:** Ver **Tanque cilíndrico-cônico**.

**Fermentador:** Ver **Tanque de fermentação**.

**Ferulato:** É a forma desprotonada do ácido ferúlico ($pK_{a1}$ = 4,56; $pk_{a2}$ = 8,63) correspondendo à sua base conjugada. Ver **Ácido ferúlico**.

**Feruloil esterase:** Ver **Esterase do ácido ferúlico**.

**Fervura:** Corresponde a uma das etapas da fase quente da produção de cerveja. Ocorre após a recirculação/clarificação e lavagem dos grãos. Nessa fase, o mosto está clarificado e sem as cascas dos grãos. A fervura é importante para eliminar a maior parte dos microrganismos contaminantes. Pode-se também aplicar alguma das técnicas de lupulagem que ocorrem durante, ao fim ou após a fervura (com o mosto quente). Dependendo do tempo e intensidade da fervura, pode ocorrer a reação de Maillard, assim como caramelização, alterando a cor e o sabor do mosto. A melhor maneira de evitar espumamento no início da fervura é dosar uma pequena quantidade de lúpulo; naturalmente a espuma desaparece. Ver **Reação de Maillard**; **Caramelização**.

**Fileiras:** Refere-se a característica das cariopses (frutos) da cevada, podendo ser de duas ou seis fileiras. Ver **Cevada de duas fileiras**; **Cevada de seis fileiras**.

**Filtração diatomácea:** Processo de filtração utilizando-se de filtros de diatomácea, o qual contém como elemento filtrante a terra diatomácea. Pode ser uma das etapas finais da fabricação de cerveja. Há outros tipos de filtro que podem ser usados na filtração. Ver **Diatomáceas**; **Terra diatomácea/Terra de diatomácea**.

**Filtração:** **1.** Processo realizado, geralmente industrialmente, para filtrar os sedimentos e leveduras que ficaram na cerveja, após maturação e antes do envase, para maior brilho e menor turbidez da cerveja. **2.** Alguns cervejeiros usam o termo como sinônimo de clarificação. Ver **Clarificação**.

**Filtro de diatomácea:** Filtro contendo terra diatomácea como elemento filtrante, o qual pode ser utilizado na filtração/clarificação de cervejas. Ver **Diatomáceas**; **Terra diatomácea**.

*Final gravity*/**FG:** Termo em inglês para gravidade específica final (*Final gravity*/FG), usado comumente pelos cervejeiros. Ver **Gravidade final/GF**.

*Fining(s)*: São compostos adicionados próximos ao fim do processo de fabricação da cerveja para ajustar o brilho/turbidez, odores/aromas ou gostos. Podem atuar auxiliando na sedimentação/remoção de sulfetos, proteínas, polifenóis etc. São exemplos: albumina, bentonita, carragena (carrageninas), caseína, gelatina, terra diatomácea,

PVPC etc. Destaca-se que esses compostos não devem estar presentes no produto final.

**First wort hopping/FWH**: Termo em inglês para a lupulagem do primeiro mosto. Consiste em uma técnica de lupulagem na qual o lúpulo é adicionado ao mosto, oriundo da lavagem/*mash-out*, antes da fervura, em temperaturas entre 65 e 77 °C. Pode-se obter um amargor mais refinado com esta técnica.

**Fita de pH**: Ver **Tira indicadora de pH**.

**Fitase:** Enzimas da classe das hidrolases, uma hidrolase de monoéster fosfóricos (EC: 3.1.3.x), presentes em diversas plantas e microrganismos, incluindo em diversos grãos de cereais e com potencial atuação na mosturação. Hidrolisam as ligações ésteres do fitato, desfosforilando-o, liberando o inositol e fosfatos inorgânicos. Entre as fitases, há a 6-fitase A (EC 3.1.3.26; PDB: 4ARO) e a 3-fitase A (EC: 3.1.3.8; PDB: 1CVM). Apresenta atividade ótima na mostura entre 30 e 56 °C, e pH ótimo próximo de 5,5. Quando se focava seu uso na acidificação do mosto (parada ácida), utilizava-se a rampa de temperatura entre 35 e 40 °C. Atualmente, tal parada é pouco utilizada, uma vez que é desnecessária em mosturas com maltes de alto grau de modificação, assim como pelo seu baixo custo-benefício, tendo em vista outras formas de corrigir o pH da mostura. Ainda assim, apresenta atividade em outras rampas de temperatura sobrepostas, como as rampas da β-glucanase, ferúlica e proteica. Ver **Ácido fítico; Fitato; Parada de acidificação**.

**Fitato:** Forma desprotonada, aniônica, do ácido fítico (mio-inositol hexaquisfosfato), presente nos vegetais, sendo a principal forma da planta armazenar fósforo (como fosfato). Ver **Ácido fítico; Fitase**.

**Flame out**: Termo em inglês para a lupulagem no fim da fervura, no momento que se desliga o fogo/resistência de aquecimento. Esta técnica ressalta os aromas dos lúpulos utilizados devido à menor evaporação dos óleos essenciais.

**Flavonoides:** Grupo de compostos fenólicos, compostos por três anéis fenólicos, da classe dos polifenóis, produzidos no metabolismo secundário de plantas. As principais classes são: flavonóis (ex.: quercetina e miricetina); flavonas (ex.: luteolina e apigenina); flavanonas (ex.: hesperidina e naringenina); flavanas (ex.: catequina e epicatequina); isoflavonoides (ex.: daidzeína e genisteína) e antocianinas (ex. cianidina e delfinidina). Diversos flavonoides podem estar presentes nas cervejas, decorrentes de seus insumos, podendo contribuir com a saúde humana, ainda como antioxidantes naturais e agregando valor à bebida. Ver **Polifenóis.**

*Flavor*: Palavra em inglês para sabor. O termo aparece também em *on-flavor* (sabores agradáveis) e *off-flavor* (sabores desagradáveis). Ver **Sabor.**

**Flocos**: No meio cervejeiro, referem-se aos cereais não malteados pré-cozidos que foram prensados ou rolados para a formação de flocos. Diversos flocos podem ser adicionados (adjuntos) na mosturação, como os flocos de aveia.

**Floculação**: Corresponde ao processo de agregação das células de levedura suspensas, geralmente ao fim da fermentação, fazendo com que estas se acumulem no fundo do tanque de fermentação. Tal fenômeno ocorre na superfície das células e tem relação com a quantidade de proteínas na parede, com glicoproteínas (ex. zimolectinas), que interagem com receptores específicos de outras células. O cálcio está envolvido neste processo, auxiliando na manutenção dessa interação, sendo que seu excesso ocasiona a floculação antecipada. De acordo com a cepa de levedura, esta poderá apresentar baixa, média ou alta floculação. Ver **Zimolectina.**

**Floculante**: Agente/composto inserido em alguma das etapas da produção – fase quente ou fria – que potencializa a floculação no fermentador e/ou maturador, resultando em uma cerveja mais límpida. Considerado um coadjuvante de tecnologia de fabricação. Por exemplo, pode ser adicionado na fervura e resultar em um *trüb* mais compacto.

**Floculina**: Ver **Zimolectina.**

**Fluido frigorigêneo**: Ver **Gás refrigerante.**

**Fluido refrigerante**: Ver **Gás refrigerante.**

*Fly sparge*: Termo em inglês para lavagem contínua. Refere-se a etapa de lavagem do mosto, após mosturação e inativação das enzimas (*mash-out*), visando retirar o máximo possível de açúcares residuais nos grãos. Nesta técnica, ao mesmo tempo que o mosto é enviado/bombeado para a panela/tina de fervura, introduz-se água de lavagem para extração dos açúcares (cerca de 76-78 °C, pH entre 5,4-6). Dessa forma, a quantidade de água que é introduzida na panela corresponde a mesma quantidade de mosto que sai para a fervura. Pode ser feito por gravidade (panelas em diferentes níveis) ou por meio de bombas. Ver *Batch sparge*; *Mix sparge*.

*Foam on beer detector*/FOB: Ver **Detector de Espuma na Cerveja/DEC.**

**Food grade**: Termo em inglês para grau alimentar. Refere-se aos reagentes que apresentam grau de pureza para uso alimentar. Reagentes de pureza FCC (*Food Chemicals Codex*) e FAO-OMS (*Food and Agriculture Organization*, Organização das Nações Unidas para a Alimentação e Agricultura) apresentam grau alimentar. Ver **FAO-OMS**; **FCC**; **Grau de pureza do sal**.

**Food grade**: Termo em inglês para grau alimentar. Ver **Grau alimentar**.

**Fosfatase ácida**: Enzima da classe das hidrolases (EC: 3.1.3.2, PDB: 6GJ2), presente em diversos organismos. Pode atuar na mosturação de forma similar as fitases, hidrolisando as ligações monoésteres de fosfato e liberando fosfatos, sendo que podem atuar sobre os fitatos, contribuindo com a redução deste composto no mosto. Tem maior atividade entre 50 °C e 53 °C e entre pH 4,5 e 5,0. Sua inativação ocorre a partir de 70 °C. Ver **Hidrolases**.

**Fosfato**: Composto químico de fórmula $PO_4^{-2}$, que pode ser formado a partir da ionização completa do ácido fosfórico. O fosfato pode ser usado pelos organismos em diversas moléculas de importância biológica, como o ATP, NADH, NADPH, DNA e RNA. Além disso, os compostos fosfatados têm diversas utilidades na agricultura, limpeza e outras áreas. Ver **Ácido fosfórico**.

**Fosfato de diamônio**: Ver **Fosfato diamônico**.

**Fosfato diamônico**: Composto químico de fórmula $(NH_4)_2HPO_4$, um sal inorgânico usado como fonte de nitrogênio e fósforo. Pode ser usado como nutriente para as leveduras ou mesmo como fertilizante de solos, para corrigir as concentrações de nitrogênio e fósforo. Use sempre o sal com o grau de pureza ao fim a que se destina (alimentar ou não). Ver **Grau de pureza**.

**Fosforilase**: Enzima da classe das transferases (EC: 2.4.1.1, PDB: 5LRA), ou seja, catalisam reação de transferência de grupo, também chamada de fosforilase do amido ou amilofosforilase. Está presente no malte de cevada (entre outros) e, como uma exoenzima, atua no fim de cadeias de glicose (ligação $\alpha$-1,4), de forma similar a β-amilase, encurtando em uma glicose a cadeia e liberando uma glicose-1-fosfato. Tem maior atividade em mostos ricos em fosfato inorgânico, com atividade ótima em torno de 50 °C e pH 5,0. Ver **Transferase**.

**Fox Lambic**: Termo usado para designar uma cerveja Lambic jovem, também chamada de *Lambic doux* (do francês, Lambic doce). Geralmente não é engarrafada para venda por conter açúcares residuais que podem ser fermentados, liberando gás carbônico. Pode ser consumida a partir de barris em cervejarias ou cafés, como os existentes na área de Bruxelas (Bélgica). Ver **Lambic**.

**Fração atribuível ao álcool/FAA:** Valor proporcional de enfermidades e óbitos que pode ser atribuído ao consumo de etanol (bebidas alcoólicas). Desta forma, cada doença poderá ter um FAA diferente, por exemplo, estima-se que mais de 740 mil novos casos de câncer foram atribuíveis ao álcool em 2020, compondo uma FAA de 4 % no conjunto de todos os tipos desta doença.

**Fração do Nitrogênio solúvel:** Ver **Índice de Kolbach**.

**Franz Julius Ferdinand Meyen:** Importante cientista prússio (1804-1840), médico/botânico, nascido em Tilsit, atualmente Sovetsk – Rússia), com atuação na Alemanha, especialmente em Berlin. Foi responsável por descrever a espécie de leveduras cervejeira *Saccharomyces cerevisiae*.

*Free amino acids*: Termo em inglês para aminoácidos livres. Ver **Aminoácidos livres**.

*Free amino-nitrogen*: Termo em inglês para Nitrogênio amínico livre. Ver **Nitrogênio amínico livre**.

*Free house*: Termo em inglês usado para designar um pub inglês que esteja livre para vender quaisquer cervejas, sem contratos de exclusividade. Dessa forma, permite-se ter uma grande variedade de bebidas.

*Freeze dry*: Ver **Liofilização**.

*French press hopping*: Técnica pouco usual para a lupulagem da cerveja, baseada no método Randall que também utiliza lúpulos frescos para lupulagem no processo de servir a cerveja. Utiliza-se prensa francesa (cafeteira francesa). De forma similar ao método de fazer café nesta prensa, adicionam-se os lúpulos no fundo da jarra e em seguida adiciona-se a cerveja. Posteriormente, coloca-se a tampa e o êmbolo da prensa francesa e pressiona-se lentamente o mesmo, permitindo servir imediatamente. Ver *Randall*.

*Fresh hop*: Indicação para o uso dos lúpulos frescos na produção da cerveja (cones florais). Ver *Wet hopping*.

**Friabilidade do malte:** Índice que indica a facilidade com que os grãos malteados se quebram em fragmentos durante a moagem. Este parâmetro é especialmente relevante para a eficiência da extração de açúcares durante o processo de brassagem.

Maltes com índices de friabilidade superiores a 87 % são frequentemente considerados de alta friabilidade. No entanto, é importante notar que a friabilidade não se correlaciona diretamente com outros parâmetros de desempenho na produção cervejeira, como a clarificação do mosto ou da cerveja final. A friabilidade pode ser quantificada usando um instrumento laboratorial chamado friabilômetro.

**Friabilômetro**: Instrumento laboratorial usado para quantificar a friabilidade dos grãos malteados ou não. Ver **Friabilidade do Malte**.

**Fritz Plato**: Químico alemão (1858-1935) que desenvolveu a escala para se quantificar a gravidade específica de líquidos, no caso da cerveja, do mosto. A escala de Plato (°P) foi desenvolvida a partir do aprimoramento dos trabalhos de Karls Balling e Adolf Brix, usando-se como referência a massa de 1 g de sacarose em 100 g de solução (1 % m/m). A escala plato é uma das mais usadas nas cervejarias europeias atualmente. Ver **Plato/°P**.

*Fruit beer*: Consiste em uma cerveja com adição de frutas em sua receita, partindo-se de um estilo base (com maltes). Pode-se adicionar morango, cerejas, framboesa, pêssego, mirtilo, limão, manga entre outras.

**Frutado**: Descritor em análise sensorial para o odor/aroma ou gosto de frutas. Como esta característica é geralmente dada por compostos da classe éster, em alguns casos se usa o termo éster ou esterificado para a sensação de frutado. Podem ser produzidos pela própria levedura (*on-flavor* para muitos estilos e *off-flavor* para outros ou quando em excesso), principalmente por cepas frutadas ou pela adição de frutas no processo. Quanto maior a temperatura de fermentação, maior a produção de ésteres. Apresenta concentração típica entre 0,07 e 6,6 mg/L, sendo o limiar geral de detecção de 0,2 mg/L. Caso deseje reduzir o frutado, pode-se: baixar a temperatura de fermentação; alterar a cepa; melhorar oxigenação do mosto pré-fermentação; reduzir OG; adequar os lúpulos utilizados; inocular a quantidade correta de leveduras; engarrafar e armazenar a cerveja em temperaturas mais baixa. Ver **Cepa frutada**; **Éster**.

**Frutose**: Um carboidrato ($C_6H_{12}O_6$), monossacarídio, considerado uma cetose (poli-hidroxicetona), presente no malte de cevada (entre outros). Pode ser usado pelas leveduras durante a fermentação. Sua concentração aumenta após a mosturação, assim como nas primeiras horas da fermentação, decorrente da hidrólise da sacarose em glicose e frutose pela levedura. É um dos componentes da sacarose (glicose + frutose).

**Fumonisinas**: Micotoxina produzida por fungos, principalmente do gênero como *Fusarium*, com destaque para *F. verticillioides*, os quais podem contaminar os grãos de milho, podendo ser residual na cerveja e apresentar efeitos danosos ao organismo humano, estando relacionado com câncer de esôfago. Destaca-se como a Fumonisina B1. Ver **Micotoxina; Tricoteceno**.

**Fundo falso**: Plataforma elevada e toda furada inserida no fundo da panela (acima da saída da torneira) visando criar um suporte para os grãos na mosturação, impedindo que fechem a saída da torneira e possibilitando a sedimentação dos grãos, criando um sistema de filtro natural. Sua função é similar a *Bazooka*. Ver **Bazuca/***Bazooka*.

**Fungos**: Designação para os organismos pertencentes ao reino Fungi. São organismos eucariontes (com núcleo) e apresentam parede celular composta de quitina e glucanos. Dentre os fungos estão os bolores, os cogumelos e, de grande interesse cervejeiro, as leveduras (ascomicetos), destacando *Saccharomyces* spp. e *Brettanomyces* spp. Curiosamente, a palavra Fungos tem origem no grego *sphongos* (σφογγος), significando esponja. Ver **Leveduras; Ascomycota**.

*Fusarium*: Gênero de fungos do filo Ascomycota, classe Sordariomycetes, ordem Hypocreales, família Nectriaceae. Algumas espécies deste gênero podem crescer nos grãos de cereais, produzindo micotoxinas, entre elas os tricotecenos e as fumosinas, os quais podem gerar diversos problemas para saúde, como irritações na pele, alterações neurológicas, hemorragia, aplasia medular e imunossupressão. Ver **Micotoxinas; Tricoteceno**.

**Gaiacol**: Ver **Guaiacol**.

**Gambá**: Descritor para o odor/aroma desagradável (*off-flavor*) gerado pela fotodegradação dos compostos de amargor da cerveja (iso-humulonas), principalmente pela luz ultravioleta (UV), com a produção de 3-metil-2-buteno-1-tiol. A origem do termo "aroma de gambá" (*skunk*) é devido ao odor se assemelhar ao das secreções liberadas pelas glândulas perianais de gambás (família Mephitidae) quando estes são irritados ou se sentem ameaçados. Também se utilizam os descritores gato molhado e *lightstruck*. Ver **Light-struck/Lightstruck**.

**Gás carbônico**: Ver **Dióxido de carbono/$CO_2$**.

**Gás refrigerante**: Produto usado em sistemas de refrigeração ou climatização, como em fermentadores autorefrigerados. Durante seu uso, altera-se seu estado físico (gás ou líquido), de acordo com a etapa da refrigeração. Os clorofluorcarbonetos (CFCs) foram comuns, entretanto, foram substituídos por outros gases, como os HCFCs (hidroclorofluorocarbonos) e os HFCs (hidrofluorocarbonos) etc. Está prevista a eliminação futura e gradual dos HCFCs. Na indústria são classificados em: hidrocarbonetos halogenados (ex.: CCl3F – Tricloromonofluormetano e R-11); hidrocarbonetos puros (ex.: Metano, R-50, R-170); compostos inorgânicos (ex.: amônia); misturas azeotrópicas. Ver **Autorefrigerado**, **Parede dupla**.

**Gato molhado**: Ver **Gambá**.

**Gay-Lussac**: Ver **Joseph Louis Gay Lussac**.

**GC-MS**: Sigla para *gas chromatography coupled with mass spectrometry*. Ver **Cromatografia gasosa acoplada à espectrometria de massa**.

**Gelatina de peixe**: Ver *Isinglass*.

**Gelatina**: No meio cervejeiro, refere-se a gelatina comum sem sabor, de origem animal. Agente floculante, um coadjuvante de tecnologia de fabricação, composto por colágeno extraído e purificado, comumente, de ossos e outras partes animais (bovino ou suíno), contribuindo para clarificação da cerveja durante seu processo de maturação. Geralmente, insere-se a solução no maturador, mantendo-se este em temperatura próxima de 0 °C por alguns dias. Recomenda-se a carbonatação forçada quando usado este agente, pois haverá poucas leveduras disponíveis na garrafa. Não deve ser usado em cervejas veganas. Ver **Clarificante**.

**Gelatinização**: Processo que envolve a transformação física do amido, facilitando o acesso às enzimas durante a mosturação. Inicia antes da degradação do amido e pode ocorrer paralelamente. Gera aumento da solubilidade do amido presente no mosto durante a mosturação, por ação do calor e por enzimas presentes. As temperaturas variam com o grão utilizado, por exemplo: arroz curto (65-69 °C); arroz longo (71-74 °C); batata (56-71 °C); centeio (49-61 °C); cevada (60-62 °C); milho (62-77 °C), milheto (54-80 °C). Deve-se atentar para os cereais não malteados e outros adjuntos (ex. mandioca), para que se tenha a gelatinização dos mesmos e as enzimas possam atuar sobre os seus substratos. Ver **Degradação do amido**; **Liquefação**.

**Geraniol**: Descritor em análise sensorial para o odor/aroma ou gosto floral, geralmente remetendo a gerânio ou de rosas (*on-flavor*). Geralmente está presente nos lúpulos (componente dos óleos essenciais). Encontrado na cerveja em concentrações que podem variar de 0 a 100 µg/L. A maior parte da população (⅔) tem a deteção deste a partir de 350 µg/L e cerca de ⅓ tem o limiar de detecção de 18 µg/L. Ver **Óleo essencial**; **Terpenos oxigenados**.

*Geuze*: Ver *Gueuze*.

**Gipsita/*Gypsum***: Ver **Sulfato de cálcio**.

**Giz**: Ver **Carbonato de cálcio**.

**Glândula de lupulina**: São glândulas, com cerca de 0,1 mm de diâmetro, presentes nas flores fêmeas do lúpulo (*Humulus lupulus*), na base das bractéolas. Estas glândulas são responsáveis pela produção dos óleos essenciais e das resinas, entre elas, as responsáveis pelo amargor da cerveja. Ver **Lupulina**; **Resinas moles**.

**Gliadina**: Proteína presente no trigo, uma prolamina, constituindo uma das frações do glúten, em conjunto com a fração de glutelina (glutenina no trigo). As prolaminas do glúten são as principais proteínas relacionadas com a doença celíaca, com destaque para as da cevada (hordeína), trigo (gliadina) e centeio (secalina). Ver **Glúten**; **Glutenina**; **Prolamina**.

**Glicerol**: Composto químico (propanotriol - $C_3H_5(OH)_3$, um triálcool, popularmente chamado de glicerina. Na cerveja, está presente como um dos produtos da fermentação e possui concentração elevada, variando entre 1,0 e 2,0 g/L, desempenha um papel importante no sabor da cerveja, contribuindo com corpo e aumento da percepção de doçura. Também atua como protetor celular, auxiliando as leveduras a tolerar condições de estresse. Comercialmente tem diversas utilidades, sendo seguro para consumo humano (ex: umectante, amaciante, retardador da cristalização do açúcar, produção de polímeros etc.). Também pode ser usado em solução para congelamento e armazenamento de leveduras a frio (ex. -20 °C).

**Glicoamilase**: Enzima da classe das hidrolases (EC: 3.2.1.3), também chamada de amiloglicosidase ou 1,4-$\alpha$-D-glicano glicanoglicoidrolase. É uma exoenzima que hidrolisa ("quebra") ligações $\alpha$-1,4 e $\alpha$-1,6 de dextrinas nas extremidades não redutoras das cadeias. Pode ser encontrada em alguns microrganismos, como a variedade Saccharomyces cerevisiae var. diastaticus, sendo secretada extracelularmente, resultando em maior atenuação do mosto ou maior produção de gás na garrafa. Ver ***Saccharomyces cerevisiae* var. *diastaticus***.

**Glicogênio**: Carboidrato importante para a levedura e que não se encontra disponível no mosto (está presente no interior das leveduras). Consiste em uma longa cadeia de glicoses altamente ramificado (homopolissacarídio de glicose). As glicoses se unem nas cadeias por ligações glicosídicas $\alpha$-1,4. Nos pontos de ramificação da cadeia, ocorrem ligações glicosídicas $\alpha$-1,6. Ele é consumido pela célula de levedura durante os estágios iniciais da proliferação celular para produção de energia na forma de ATP, assim como quando a levedura é armazenada. No estágio anaeróbico avançado é produzido e armazenado para reserva energética. Leveduras mais saudáveis, com maior vitalidade, contém maiores reservas de glicogênio.

**Glicol**: Classe de compostos químicos orgânicos que apresentam em sua estrutura dois grupos hidroxila (–OH) em carbonos distintos, também conhecido como diol. Dentro desta classe se encontram os compostos, usados como anticongelantes, propilenoglicol, etilenoglicol (tóxico, pouco comum, não recomendado) e dietilenoglicol (tóxico, raro, não recomendado). Consulte as instruções normativas e leis vigentes antes de utilizá-las. Ver **Anticongelante**.

**Glicólise**: Via metabólica bioquímica que ocorre no citosol das células, visando a produção de ATP pela oxidação parcial da glicose, até a formação de piruvato. A partir do piruvato, dependendo do organismo e da situação, pode-se seguir as vias aeróbias para produção de ATP ou as vias anaeróbias (fermentativas).

**Glicose**: Um carboidrato ($C_6H_{12}O_6$), monossacarídio do tipo aldose, que compõem o amido presente no malte e outros adjuntos, além de outras diversas cadeias de oligo e polissacarídios, sendo um dos açúcares fermentescíveis de grande importância no processo fermentativo e de primeiro consumo pelas leveduras.

**Glucano**: Ver **Amilopectina**; **Beta-glucano/β-glucanos**.

**Gluconato de clorexidina**: Composto químico de fórmula $C_{22}H_{30}Cl_2N_{10}$, uma bisbiguanida, antisséptico com ação bactericida (Gram-positivas e negativas) e antifúngica.

*Gluconobacter oxydans*: Ver *Gluconobacter*.

*Gluconobacter*: Gênero de bactérias Gram-negativas, da família Acetobacteraceae (bactérias produtoras de ácido acético), geralmente aeróbicas obrigatórias e não patogênicas aos humanos e demais animais, sendo possíveis contaminantes da cerveja, com destaque para *Gluconobacter oxydans* e *Gluconacetobacter liquefaciens*. Convertem o etanol gerado pelas leveduras em ácido acético. Podem formar névoas ou películas na cerveja. O gosto/odor/aroma de ácido acético (vinagre) é considerado um *off-flavor* na maioria dos estilos de cervejas. Podem ser usadas intencionalmente, como em Kombuchas, havendo cepa comercial (ex.: WLP685). Ver *Acetobacter*; **Acetobactérias**; **Ácido acético**; **Bactérias ácido acéticas**.

**Glutelina**: Uma das frações proteicas que compõem o glúten, em conjunto com a fração de prolaminas. Há diversos tipos de glutelinas nos cereais, por exemplo: glutenina no trigo, hordenina na cevada, avenalina na aveia, secalinina no centeio. Ver **Glúten**.

**Glúten**: Proteína de armazenamento insolúvel encontrada em alguns cereais, como cevada, centeio e trigo, composto por duas frações proteicas (prolaminas e glutelinas). Há diferentes prolaminas nos diversos cereais, por exemplo: hordeína na cevada; gliadina no trigo; secalina no centeio, avenina na aveia). Há também diferentes glutelinas, por exemplo: glutenina no trigo, hordenina na cevada, avenalina na aveia, secalinina no centeio. Apesar do processo de fabricação de cerveja degradar a maior parte do glúten, recomenda-se que pessoas que apresentem doença celíaca ou dermatite herpetiforme (doença de Duhring) não tomem cervejas feitas com cereais que apresentam glúten, salvo se durante a produção se realizou algum processo para degradação, remoção ou aglomeração do glúten. Ver *Brewer Clarex*®; **Cerveja glúten reduzido**; **Cerveja sem glúten**; **Doença celíaca**.

**Glutenina**: Proteína presente no trigo e malte de trigo, uma glutelina, que em conjunto com a fração de prolaminas (gliadina, no trigo) compõem o glúten do trigo. Destaca-se que é a porção das prolaminas as principais responsáveis pela doença celíaca. Ver **Glúten**.

*Goblet*: Nome de um modelo de taça do tipo cálice, recomendado para cervejas de estilos Trapistas. Possui uma haste longa e uma base mais larga, possibilitando maior área de contato para liberação dos compostos voláteis que influenciarão na sensação do odor.

**Gosto ácido**: Sensação gustativa causada por uma estimulação direta dos íons $H^+$ (liberados por substâncias ácidas) nas papilas gustativas localizadas na parte superior da língua e da cavidade bucal. Pode ser descrito como ácido/azedo e é considerado um dos cinco gostos primários (azedo, amargo, doce, salgado e umami).

**Gosto**: Uma das percepções sensoriais, obtida a partir da interação dos compostos dos alimentos, bebidas etc. com as papilas gustativas presentes na língua (órgão sensorial). Tem-se cinco gostos básicos: doce, amargo, ácido, salgado, umami. Ver **Aroma; Odor; Sabor**.

**Gram**: Ver **Hans Christian Joachim Gram**.

**Gram +**: Ver **Gram-positiva**.

**Gram −**: Ver **Gram-negativa**.

**Gram-negativa**: Correspondem às bactérias que apresentam a coloração vermelha após técnica de coloração de Gram (não retém o cristal violeta). Geralmente, apresentam maior virulência que as bactérias Gram-positivas. No contexto cervejeiro, destacam-se os contaminantes dos gêneros *Acetobacter, Gluconobacter, Zymomonas* e *Pectinatus*. Algumas espécies destes gêneros podem ser utilizados intencionalmente na produção cervejeira. Ver **Coloração de Gram; Gram-positiva;** *Gluconobacter;* *Pectinatus;* **Zymomonas**.

**Gram-positiva**: Correspondem às bactérias que apresentam a coloração azul violeta após técnica de coloração de Gram (retém o cristal violeta no citosol). Geralmente, apresentam menor virulência que as bactérias Gram-negativas. No contexto cervejeiro, destacam-se os contaminantes do gênero *Lactobacillus, Pediococcus* (destaque para *P. damnosus*). Cerca de 70 % das deteriorações da cerveja ocorrem por *Lactobacillus* e

*Pediococcus*. Algumas espécies destes gêneros podem ser utilizados intencionalmente na produção cervejeira. Ver **Coloração de Gram**; **Gram-negativa**.

**Grama verde cortada**: Ver **Gramíneo**.

**Gramínco**: Descritor em análise sensorial para o odor/aroma que remete à grama/grama recém-cortada. Tem-se como referência o cis-3-hexenol, com limiar de detecção de sabor de 15 mg/L (depende da concentração de $SO_2$ na bebida). Pode se originar a partir dos insumos mal armazenados (malte velho, úmido ou com mofo), o que pode gerar acúmulo de aldeídos nos grãos, assim como pelo lúpulo mal armazenado (úmido). Para evitá-lo pode-se melhorar a estocagem dos insumos (atentando-se às validades) e, caso necessário, reduzir o *dry-hop*.

**Grau Alemão/°Alemão**: Unidade alemã para dureza da água (dGH ou °dH) que se baseia na quantidade de íons de cálcio ou magnésio na solução. Corresponde a 10 ppm de óxido de cálcio (CaO). 1 °Alemão = 17,86 ppm de $CaCO_3$.

**Grau *Balling*/°B**: Ver *Balling*.

**Grau Belga**: Unidade de densidade da cerveja em desuso/obsoleta (em inglês, *Belgian degrees*), usada até início de 1990. O termo graus Belgas, originalmente, aparece em documentos sobre regulamentação da cerveja em 1345 e, novamente, em 1489. Seu uso mais recente deriva da gravidade específica/SG (g/cm$^3$). Graus Belga = (SG − 1) × 100.

**Grau Brix/°Bx**: Ver **Brix/°Bx**.

**Grau Célsius/°C**: Ver **Célsius/°C**.

**Grau de modificação**: Refere-se a quão extensa foi a germinação dos cereais na malteação, assim como quanto suas estruturas (como carboidratos, proteínas e lipídios) foram modificadas. Dessa forma, pode-se encontrar maltes com diferentes níveis de modificação. É importante conhecer o grau de modificação do malte quando do preparo e execução de receitas cervejeiras, uma vez que para cada propósito pode-se utilizar maltes com graus diferentes de modificação. Entre os índices, o índice Hartong/VZ permite inferir o grau de modificação do malte. Ver **Índice Hartong/VZ**.

**Grau de pureza do sal**: Corresponde à concentração do composto de interesse (razão da massa do reagente pela massa total), indicado no rótulo, geralmente em percentagem ou sigla do grau de pureza. Dependendo do uso, indicam-se diferentes graus de pureza, por exemplo: PA – *Pro analysys*; ACS. – *American Chemical Society*; FCC

– *Food Chemicals Codex*; USP – *United States Pharmacopeia*, NF – *National Formulary*. Deve-se atentar às impurezas presentes nos reagentes utilizados na correção da água cervejeira ou adicionados diretamente na mostura, uma vez que podem possuir elementos em quantidades indesejáveis, como metais pesados. A Anvisa, no Brasil, determina que, para uso alimentar deve-se usar reagentes com pureza para uso alimentar (FAO-OMS ou FCC). Ver **ACS**; **FAO-OMS**; **FCC**; **NF.**; **PA.**; **USP**.

**Grau Fahrenheit/°F**: Ver **Fahrenheit/°F**.

**Grau Francês/°Francês**: Unidade francesa para dureza da água (° fH ou ° f), correspondendo a 10 mg de carbonato de cálcio ($CaCO_3$) por litro de água. 1 °Francês = 10 ppm.

**Grau INPM/°INPM**: Unidade de medida de álcool em uma solução (fração em massa) estabelecida pelo Instituto Nacional de Pesos e Medidas, sendo seu uso comum no meio industrial e regulatório no Brasil. Corresponde a quantidade de álcool absoluto em massa (g) em 100 g de solução hidro-alcoólica (°INPM= %P).

**Grau Gay Lussac/°GL**: Unidade de medida de álcool em uma solução (fração em volume) nomeada em homenagem ao cientista francês Joseph Louis Gay-Lussac. Corresponde a quantidade de álcool absoluto em volume (ml) em 100 ml de solução hidro-alcoólica (°GL= %V). Ver **Joseph Louis Gay-Lussac**.

**Grau Lintner/°L**: Ver **Lintner/°L**.

**Grau Plato/°P**: Ver **Plato/°P**.

**Grau Régie/°R**: Ver **Régie/°R**.

**Grau Windisch-Kolbach/°WK**: Ver **Windisch-Kolbach**.

**Gravidade Específica/GE**: Também chamada de densidade relativa ou densidade específica, este termo é frequentemente abreviado no meio cervejeiro como SG (*Specific gravity*). Corresponde à razão entre a densidade (massa de uma unidade de volume) de uma substância e a densidade de um dado material de referência (d=m/V | densidade = massa/volume). Geralmente a "gravidade específica" é relativa à água. Comumente se utilizam as unidades g/mL ou g/cm$^3$ (ex. 1,040) e kg/m$^3$ (ex. 1040). Pode-se calcular a partir do Brix, obtido por refratômetro de luz (verificar temperatura de calibração), nesse caso é necessário corrigir o valor para o mosto fermentado, decorrente da presença de etanol: SG = (°Bx /(258.6- ((°Bx / 258.2) × 227.1))) + 1. Ver **Gravidade final/GF**; **Gravidade original/GO**.

**Gravidade final/GF**: Corresponde a gravidade específica medida ao final da fermentação e indicará, quando comparado à gravidade original, a quantidade de açúcares fermentescíveis que foram convertidos em álcool e outros produtos da fermentação (por estimativa). Comumente se usa o termo em inglês: *final gravity* (FG).

**Gravidade original/GO**: Corresponde a gravidade específica medida no início da fermentação e indicará, quando comparado à gravidade final, a quantidade de carboidratos que foram utilizados e convertidos em álcool (por estimativa). Comumente se usa o termo em inglês: *original gravity* (OG).

*Gravity units*/**GU**: Ver **Unidades de gravidade**.

*Green hop*: Indicação para o uso dos lúpulos frescos na produção da cerveja (cones florais). Ver *Wet hopping*.

*Grist*: Termo em inglês que pode ser usado para indicar a mistura de maltes e outros grãos moídos, pronta para o envio para a mosturação. A composição do *grist* varia de acordo com o estilo a ser produzido e pode incluir maltes base, maltes especiais e outros grãos não maltados como cevada torrada, trigo, milho ou aveia.

*Growler*: Termo em inglês que indica um recipiente para guardar/transportar cerveja, feito em vidro, inox, cerâmica ou plástico, com tampa de rosca ou presilha sob pressão. Geralmente apresenta cerca de dois litros. Há diferentes padrões de abertura, sendo os mais conhecidos o americano e o alemão. Acredita-se que o nome surgiu do verbo *to growl* (rosnar em inglês), decorrente do som gerado pelo gás carbônico dentro do recipiente.

*Gruit*: Nome dado para a mistura de diferentes ervas e plantas em geral (incluindo flores, raízes, cascas etc.) que tinham como objetivo incorporar odores/aromas na cerveja e, até mesmo, contribuir na conservação da bebida. Era utilizado no período histórico anterior ao uso generalizado do lúpulo (entre os séculos X e XV). Cada região possuía uma mistura típica diferente. Comumente se utilizavam as ervas Mírica (*Myrica gale*), Artemísia (*Artemisia vulgaris*), Aquileia (*Achillea millefolium*), Erva-de-São-João (*Glechoma hederacea*), Marroio (*Marrubium vulgare*), Urze (*Calluna vulgaris*).

**Guaiacol**: Composto orgânico (2-metoxifenol, $C_7H_8O_2$) relacionado com o gosto/aroma de fumaça. Está presente na fumaça originada da queima de madeiras, desta forma, está presente em maltes defumados. Ver **Fumaça**.

**Guarda quente**: Sinônimo do termo descanso de diacetil. Ver **Descanso de diacetil**.

*Guest ale*: Termo em inglês usado para indicar a cerveja de outra cervejaria vendida em um bar/pub de uma cervejaria. No Brasil, utiliza-se o termo cerveja convidada. Ver **Cerveja convidada**.

*Gueuze/Geuse*: Cerveja Belga a base de trigo e de fermentação espontânea, ácida e altamente carbonatada. Tem complexidade de sabores e aromas remetendo a couro, estábulo, celeiro que se misturam com sabores frutados, cítricos e acidez. Tradicionalmente é produzida a partir da mistura (*blend*) de duas cervejas Lambics, uma jovem (até um ano) e outra envelhecida (dois a três anos). Ver **Lambic**.

**Guia de estilos BA**: Guia de estilos de cervejas da *Brewers Association* (BA). Um dos mais antigos guias, sendo sua primeira edição de 1979, quando da existência da *American Homebrewers Association* (AHA), que posteriormente se fundiu com *Brewers' Association of America* formando a BA. Ver **BJCP**.

**Guia de estilos BJCP**: Ver **BJCP**.

*Gushing*: Nome dado para a expulsão repentina de espuma, que fica jorrando quando se abre uma garrafa ou lata de cerveja. A causa tradicional é decorrente da contaminação de malte por fungos filamentosos que produzem proteínas altamente hidrofóbicas chamadas hidrofobinas, responsável pelo espumamento descontrolado. Pode ainda ocorrer por variações de temperatura, resíduos no interior do vasilhame ou excesso de agitação ou de carbonatação ou por algum outro composto contaminante, como o oxalato de cálcio.

*Gyle*: Termo em inglês usado tradicionalmente para designar a primeira batelada de uma mosturação fracionada (part-gyle), apresentando alta densidade/concentração de açúcares, usada para produção de cervejas com alto etanol/ABV. Ver **ABV**; *Parti-Gyle*.

*Hallertau/Holledau*: Região na Baviera (*Bayern*), Alemanha, considerada uma das maiores produtoras de lúpulo no mundo. Além disso, há registros de plantio nessa área em 736 d.C., dessa forma, uma das mais antigas regiões de cultivo da Europa. Entre os lúpulos, há: Hallertauer Mittelfrüh; H. Magnum; H. Merkur; H. Saphir; H. Tradition entre outros.

**Hans Christian Joachim Gram**: Bacteriologista dinamarquês (1853-1938) responsável pelo desenvolvimento do método de coloração de Gram, em 1884 (Berlin), capaz de distinguir bactérias pelo tipo de seus revestimentos celulares (quantidade de peptidoglicano). A partir deste método classificam-se bactérias como Gram-positivas ou Gram-negativas. Ver **Coloração de Gram; Gram-negativa; Gram-positiva**.

*Hanseniaspora uvarum*: Espécie de levedura que pode estar presente, comumente, na fase inicial de fermentação de cervejas Lambics, antecedendo a fase de dominância das leveduras do gênero *Saccharomyces*. A espécie *Kloeckeraspora uvarum* é seu basiônimo e *Hanseniaspora apiculata* seu sinônimo heterotípico. Esta levedura consegue fermentar a glicose, mas não a maltose, sendo capaz de gerar ácido acético em ambiente aeróbio e diversos ésteres florais e frutados, além de auxiliar no processo de degradação de proteínas no mosto a partir de secreções de proteases. Pertence ao filo Ascomycota, classe Saccharomycetes, ordem Saccharomycetales, família Saccharomycodaceae. Ver **Lambic**.

**Harmonização de cerveja**: Ato de harmonizar, ou seja, combinar pratos/alimentos com bebidas, seguindo princípios (complementaridade, contraste ou corte) que podem gerar efeitos diversos na sensação sensorial a partir da harmonização. Ver **Organoléptica**.

*Harsh*: Termo em inglês usado para caracterizar a sensação amarga "áspera" e desagradável. Pode se originar, principalmente, quando a concentração de Cohumulona no lúpulo é elevada, maior que 35 % ou quando a razão %Humulona/%Cohumulona é menor que 1 (um). De toda forma, pesquisas mais recentes vêm destacando a importância da cohumulona no lúpulo, entre outros motivos, pelo fato de sua forma isomerizada ser mais eficiente na geração do amargor. Ver **Razão humulona/cohumulona**.

**Harton 45°**: Ver **Índice Hartong**.

*Haze*: Neblina em inglês. Termo usado para indicar a aparência enevoada da cerveja em temperatura ambiente ou gelada, resultante da presença de partículas suspensas, como de proteínas e polifenóis, presentes na cerveja. Denomina-se especificamente *chill Haze* quando a aparência enevoada aparece no momento que se gela a cerveja. Em alguns estilos o *Haze* pode ser intencional. Ver **Chill Haze**.

**HDPE**: Sigla em inglês para *high-density polyethylene*, ou seja, polietileno de alta densidade. Ver **PEAD**.

*Head-space/headspace*: Termo em inglês usado para designar o espaço superior sem líquido em garrafas, barris, fermentadores etc. (também chamado de *ullage*). Este espaço, entre 20 e 30 % (geralmente 20 %) é muito importante nos fermentadores. No caso de mosto de alta densidade e fermento vigoroso, além do *headspace* de 30 %, recomenda-se o uso de *blow-off* ao invés da válvula *airlock*. Ver **Blow-off/Blowoff**.

*Heat exchange recirculating mash system*/**HERMS**: Sistema de mostura baseado na recirculação constante, sendo que o aquecimento do mosto ocorre de modo indireto, usando-se uma serpentina em uma tina de água na temperatura desejada, na qual se circula o mosto a partir da panela de mosturação, evitando-se o contato direto da chama com a panela do mosto, reduzindo o processo de caramelização no fundo da panela (sistema de mosturação por troca de calor recirculante) e buscando-se menor variação na temperatura das rampas de mosturação. Ver **Recirculating Infusion Mash System/RIMS**.

*Hefe*: Termo em alemão para levedura. Estilos de cerveja, como de trigo alemã, podem levar o *hefe* no nome (*Hefeweizen*), devido ao sedimento de leveduras que fica ao fundo da garrafa e que, tipicamente, é misturado com a porção final de cerveja na garrafa e servida no copo. Quando a cerveja *weiss* (trigo) é filtrada, recebe a denominação de *kristal*.

**HERMS**: Sigla para o termo em inglês *Heat exchange recirculating mash system*. Ver **Heat exchange recirculating mash system**.

**Heterocíclico**: Termo usado na química para indicar compostos com estrutura em forma de anel, sendo o mesmo composto por ao menos um átomo distinto do carbono (como oxigênio, enxofre, nitrogênio etc.). Como exemplo, há carboidratos que são heterocíclicos, como a glicose e a frutose.

**Heterofermentativo**: Indicação dada aos microrganismos, predominantemente bactérias, que realizam fermentação heterolática, ou seja, além do ácido lático apresentam outros produtos finais, como $CO_2$, etanol e ácido acético. Podem ser facultativos ou obrigatórios. Exemplos de bactérias heterofermentativas: *Levilactobacillus brevis* (basiônimo Lactobacillus brevis), *Lentilactobacillus buchneri* (nome aprovado Lactobacillus buchneri), *Limosilactobacillus fermentum* (basiônimo Lactobacillus fermentum) e *Leuconostoc mesenteroides*. Tais microrganismos podem estar presentes como contaminantes ou intencionalmente em cervejas de fermentação mista e espontâneas. Ver **Fermentação heterolática**.

**Hexanoato de etila**: Composto orgânico ($C_8H_{16}O_2$), também chamado de caproato de etila, um éster que remete ao aroma/sabor de maçã, anis, frutado. Em excesso é considerado indesejado nas cervejas (*off-flavor*). Presente, tipicamente, entre 0,07-0,5 mg/L, com limiar de detecção de 0,2 mg/L.

**Hidratação**: No contexto cervejeiro, pode ser usado informalmente como sinônimo de reidratação do fermento. Ver **Reidratação do fermento**.

**Hidratos de carbono**: Ver **Carboidratos**.

**Hidroclorofluorocarbonos/HCFC**: Ver **Gás refrigerante**.

**Hidrolase**: Nome de uma das classes de enzimas (EC3), as quais catalisam a cisão de moléculas envolvendo o uso da molécula de água (hidrólise) para tal ($A–B + H_2O \rightleftharpoons A–H + B–OH$). Grande parte das enzimas presentes no malte (como de cevada) que atuam na mosturação são dessa classe, como a $\alpha$-amilase, $\beta$-amilase, limite-dextrinases, glucanases, glicosidases, carboxipeptidades etc. Durante a fermentação também ocorrem diversas reações de hidrólise, catalisadas por enzimas presentes nas leveduras. Ver $\alpha$-**amilase**; $\beta$-**amilase**; **Enzimas**; **Hidrólise**.

**Hidromel**: Bebida fermentada a base de água e mel, geralmente entre 8 e 20 % ABV (os mais suaves estão entre 9 e 12 %), produzida desde a antiguidade por vários povos, como antigos gregos, romanos, vikings, inclusive os maias que tinham uma bebida similar.

**Hidrômetro**: Ver **Densímetro**.

**Hifa**: Correspondem aos filamentos celulares que formam a parte vegetativa dos fungos (micélio). Auxiliam na fixação, digestão extracelular e reprodução. Ocorrem em fungos pluricelulares, quando em unicelulares, como as leveduras, pode ocorrer a formação de pseudo-hifas. Ver **Pseudo-hifas**.

*High maltose*: Adjunto líquido rico em maltose (cerca de 60 %) e glicose (10 %), produzido a partir de amido de milho, que pode substituir o açúcar de cana no *priming* ou na inserção diretamente na etapa de fervura do mosto para aumentar a sua densidade. Este adjunto também contribui com a concentração de maltodextrina (cerca de 30 %), a qual geralmente não é utilizada pelas cepas de leveduras cervejeiras, o que influenciará em outros atributos organolépticos da cerveja, como, por exemplo, um aumento do corpo.

**Hildegarda de** *Bingen/Hildegard von Bingen*: Foi uma monja beneditina, alemã, que se destacou por seus conhecimentos em teologia, poesia, música e ciências naturais. Ficou conhecida na história da cerveja por ter descrito em 1153 d.C. as atividades antissépticas do lúpulo, o que ressaltou/evidenciou sua importância como insumo cervejeiro: "*putredines prohibet in amaritudine sua*" - Physica Sacra (o amargor dificulta sua podridão).

**Hiperosmia**: Termo usado em análise sensorial que indica a percepção aumentada de algum odor e que pode afetar a percepção dos odores. Ver **Análise sensorial**.

**Hipoclorito de sódio**: Composto químico ($NaClO$) usado como agente desinfetante. Em água ele se ioniza para formar o ânion hipoclorito ($OCl^-$), sendo que este ânion é a forma com que o cloro é ativo na água em virtude do seu elevado potencial oxidante. Oxida rapidamente os constituintes proteicos de bactérias (incluindo alguns esporos), leveduras e vírus, comprometendo a função da membrana, impedindo a absorção de nutrientes e a síntese de proteínas. Comumente usado para desinfecção do chão, pias etc. Deve-se evitar o seu contato com a cerveja bem como não pode estar presente na água cervejeira. Conhecido comumente como "Cândida".

**Hiposfresia**: Sinônimo de Hiposmia. Ver **Hiposmia**.

**Hiposmia**: Termo usado em análise sensorial que indica a perda olfativa parcial, temporária ou definitiva, a qual afeta diretamente a percepção dos odores/aromas e, indiretamente, do paladar. Pode ser resultado de processos alérgicos ou doenças respiratórias. Ver **Análise sensorial**.

*Hirschgarten*: Maior *Biergarten* da Alemanha, fundado em 1791, situado em Munique, com espaço para cerca de 8000 pessoas sentadas nas áreas do jardim. Ver *Biergarten*.

**hl**: Símbolo da unidade de volume hectolitro. 1 hl = 100 L.

*Hofbräuhaus*: Simplificação do nome *Hofbräuhaus am Platzl*, um dos mais famosos locais para se beber cerveja em Munique, criado originalmente pelo Duque Guilherme V (1589). Consiste em um grande galpão de madeira coberto, cheio de mesas de madeira e murais decorados. Pertence à cervejaria bávara *Hofbräuhaus* (*Staatliches Hofbräuhaus in München*). Geralmente se bebe cerveja *Helles/Munich Helles* nos tradicionais canecões/*Mass*. Ver **Mass/Maß**; **Biergarten**.

*Homebrew bitterness units*/**HBU**: Ver **AAU**.

*Homebrew/Homebrewing*: Termo em inglês usado para definir a produção caseira, em pequena escala e artesanal de cerveja, geralmente sem fins comerciais.

*Homebrewer*: Termo em inglês usado para designar o cervejeiro caseiro.

**Homofermentativo**: Indicação dada aos microrganismos, predominantemente bactérias, que realizam fermentação homolática, ou seja, tem como produto final único da fermentação o ácido lático. Exemplos de bactérias homofermentativas: Lactobacilos (algumas espécies, como *Lactobacillus acidophilus*, *Lacticaseibacillus casei*), *Pediococcus* (como *P. damnosus*), *Lactococcus* spp. Ver **Fermentação homolática**.

*Hop*: Termo em inglês para lúpulo. Comumente se utiliza Hop ou derivações deste para indicar técnicas (ex. *dry hopping*), insumos (ex. *cryo hops*), especificidades de cervejas (*dry hopped Lager*) ou outros termos cervejeiros relacionados com lúpulo. Ver **Lúpulo**.

*Hop back/hopback*: Termo em inglês para designar um equipamento usado em uma das técnicas de lupulagem, a qual consiste em um recipiente contendo lúpulo, geralmente metálico, com tamanhos variados, por onde o mosto quente que sai da tina de fervura passará, seguindo para o resfriador (*chiller* de placas).

*Hop bag/hopbag*: Traduzindo literalmente, é um cesto para lúpulos. Consiste em um saco de voal (tela fina) ou mesmo recipiente cilíndrico ou esférico de tela metálica (geralmente inox), no qual se introduz o lúpulo que será inserido no tanque de fermentação ou maturação para técnica *dry hopping* de lupulagem. Os metálicos também podem ser usados durante a fervura, nesse caso, são comumente chamados de *Hop spider* ou *Kettle spiders*. Ver **Dry hopping**.

*Hop burst*: Ver *Extreme Late Hopping*.

**Hop bursting**: É uma técnica onde a adição do lúpulo ocorre próximo do fim da fervura (até 30 min antes). Nesta prática, adiciona-se o lúpulo de amargor tardiamente, em quantidades geralmente maiores que na lupulagem tradicional, a fim de alcançar o amargor desejado mas também com a finalidade de preservar os gostos, sabores e aromas mais voláteis do lúpulo. Também conhecido como *all-late-hopping* ou *extreme late hopping*. Ver **Extreme late hopping**.

**Hop cannon**: Literalmente um canhão de lúpulo, consiste em uma técnica de lupulagem desenvolvida pela cervejaria estadunidense Lagunita. Nesta técnica, sopra-se gás carbônico ($CO_2$) em um dispositivo contendo lúpulo e borbulha-se este no tanque com cerveja na fase de maturação.

**Hop creep**: Nome dado ao fenômeno em que ocorre a redução da densidade específica final (FG) e o aumento do teor alcoólico (ABV) da cerveja devido à adição de lúpulo pela técnica de *dry-hopping*. Esse fenômeno foi estudado por Brown e Moris em 1893, tendo sido nomeado de "poder revigorante do lúpulo". Atualmente, há evidências de que enzimas presentes nos lúpulos contribuem na hidrólise das dextrinas (açúcares não fermentescíveis) presentes na bebida. Estas enzimas podem ser classificadas de acordo com seu potencial em hidrolisar as dextrinas em açúcares fermentescíveis em: classe 1 (alta capacidade); classe 2 (baixa capacidade) e classes 3 e 4 (capacidade moderada). Ver **Dry hopping**.

**Hop spider**: São cestos para inserção de lúpulo durante a fervura, também chamado de *kettle spider* ou *hop bag*. Consistem em recipientes cilíndricos, com grande parte de sua área telada, feita em inox, com suporte para a lateral da panela, de tal forma que impeça que os resíduos do lúpulo fiquem diretamente no mosto, facilitando a posterior limpeza e a diminuição do *trüb*.

**Hop stands**: Termo em inglês usado para indicar uma técnica de lupulagem, a qual consiste na adição do lúpulo no mosto após a etapa de fervura, mas antes de se iniciar o resfriamento. Esta técnica ressalta os aromas dos lúpulos utilizados devido à menor evaporação dos óleos essenciais. Geralmente se mantém o lúpulo entre 5 e 15 minutos antes de se resfriar o mosto, para evitar possíveis contaminações com a redução natural da temperatura. Essa prática também é conhecida como *whirlpool hopping* e *Flame out*. Ver **Whirlpool**.

**Hop torpedo**: Técnica para lupulagem desenvolvido pela cervejaria estadunidense *Sierra Nevada*. Consiste em um dispositivo com flores de lúpulos, no qual se passa a cerveja do maturador e retorna-se para o mesmo em um sistema fechado.

**Hordeína:** Proteína presente na cevada, uma prolamina, constituindo uma das frações do glúten, em conjunto com a fração de glutelina (hordenina na cevada). As prolaminas do glúten são as principais proteínas relacionadas com a doença celíaca, com destaque para as da cevada (hordeína), trigo (gliadina) e centeio (secalina). Ver **Glúten; Glutenina; Prolamina**.

**Hordenina:** Proteína presente na cevada e malte de cevada, uma glutelina, que em conjunto com a fração de prolaminas (hordeína, na cevada) compõem o glúten da cevada. Destaca-se que é a porção das prolaminas as principais responsáveis pela doença celíaca. Ver **Glúten**.

*Hot break*: Termo em inglês que designa as proteínas que coagulam a quente, durante a fervura, e que sedimentam na fase de *whirlpool*; também chamado de *trüb* quente (palavra de origem alemã). Íons de cálcio contribuem para formação de um *hot break* adequado, bem floculento, mas em excesso prejudicam o sabor. A formação do *hot break* também depende do tempo e intensidade da fervura e está relacionada com a desnaturação de proteínas, assim como à oxidação dos polifenóis, de tal forma gerando a instabilidade destes, mesmo no mosto quente. Ver **Whirlpool**.

**HPLC:** Sigla em inglês para *High-performance liquid chromatography*. Ver **Cromatografia líquida de alta eficiência**.

**Huluponas:** Grupo de compostos amargos presentes no lúpulo, formados pela oxidação de β-ácidos, encontrados em concentrações menores que 0,5 % (m/m). Os β-ácidos contribuem pouco para a intensidade da percepção do amargor da cerveja, sendo resultante solubilização de seus produtos de oxidação como as huluponas. Estes compostos também possuem conhecida ação bactericida, agindo no transporte de metabólitos na membrana celular de bactérias e alterando o pH intracelular. Ver β-**ácidos**.

**Humulinonas:** Grupo de compostos amargos presentes no lúpulo, formados pela oxidação de α-ácidos, encontrados em concentrações entre 0,2 a 2 % (m/m). Alguns estudos mostram que essas substâncias possuem um grande potencial de amargor e, apesar de serem menos amargas que os iso-α-ácidos, são mais polares (portanto mais solúveis na cerveja) e contribuem de forma significativa no amargor do líquido. Ver α-**ácidos**.

**Humuleno:** Um dos principais óleos essenciais presentes na fração dos hidrocarbonetos do lúpulo, sendo (quimicamente) um sesquiterpeno. Destaca-se por seus aromas com notas amadeiradas e herbais. Pode volatilizar durante a fervura (99 °C), dessa forma, para preservá-lo na cerveja, o lúpulo deve ser adicionado ao final da fervura ou pela técnica de *dry hopping* ou outra técnica "a frio", que preserve esse óleo essencial.

**Humulona:** Um dos $\alpha$-ácidos presentes no lúpulo (30-70 %), na fração da resina mole, sendo o mais importante para a origem do amargor na cerveja a partir de sua isomerização durante a fervura (iso-humulona). Ver **alfa-ácidos/$\alpha$-ácidos**; **Isomerização dos lúpulos**.

*Humulus lupulus*: Nome científico do lúpulo, em latim (planta trepadeira da família *Cannabaceae*). Ver **Lúpulo**.

**IBU/*International bitterness unit*:** Padrão de unidade internacional para quantificação de iso-α-ácidos na cerveja, o qual está relacionado com o amargor da bebida, sendo: 1 IBU = 1 mg de iso-α-ácido por litro. Há vários métodos usados para se calcular a estimativa de IBU, entre eles: Tinseth; Rager; Garetz; Mosher; Noonan; Daniels (Tinseth e Rager são os mais utilizados). A quantificação laboratorial pode ser feita usando-se método de extração com iso-octano e leitura em $\lambda$ = 275 nm. (IBU = A275 × 50) ou por HPLC. Na produção cervejeira, usa-se a razão BU:GU (Unidades de amargor: Unidades de gravidade) para estimar o resultado da percepção amargor na cerveja. Há também a sugestão de uso do índice de amargor relativo para ajuste da relação BU:GU proposta por Ryan Shwayder. Ver **Índice de amargor relativo; Método de Rager; Método de Tinseth; Razão BU:GU; Unidades de gravidade.**

*Ice beer*: Cerveja produzida por técnica de redução do volume de água, concentrando-a a partir do congelamento e separando-se os cristais de gelo. Um exemplo é o estilo de cerveja denominado Eisbock, tradicional da província de Kulmback na Alemanha, elaborado a partir do congelamento de uma Doppelbock e removendo o gelo para concentrar o sabor e o teor de álcool (e consequentemente qualquer possível defeito).

**Iluminação de Köhler:** Técnica de iluminação criada pelo alemão August Karl Johann Valentin Köhler (1866-1948) para melhorar a visualização de amostras em microscopia de luz. A partir da execução da técnica, possibilita-se uma iluminação mais centralizada e uniforme, com melhor direcionamento da luz sobre a amostra e respectiva incidência sobre a objetiva, resultando em imagens com melhor qualidade e mais fáceis de se visualizar. Indica-se a realização da técnica previamente a contagem de leveduras por microscopia de luz. Ver **Microscópio de luz/óptico.**

**Imperial:** Designação típica dada para cervejas que apresentam características mais acentuadas de, pelo menos, um dos parâmetros: aroma, amargor, sabor ou álcool, quando comparados ao seu estilo original.

**Impressão digital volátil:** Refere-se ao conjunto de compostos voláteis presentes e quantificados na bebida, o qual a caracteriza como única, por isso o uso do termo impressão digital. Utilizam-se diversas técnicas nesse processo, como o uso de HPLC

(Cromatografia líquida de alta eficiência) e CG-EM (Cromatografia gasosa acoplada à espectrometria de massa). Ver **Cromatografia gasosa acoplada à espectrometria de massa; Cromatografia líquida de alta eficiência.**

**Índice de amargor relativo/RAR**: Esta razão foi proposta por Ryan Shwayder para compensar as diferenças de atenuação aparente existentes entre cervejas com a mesma gravidade original (OG) e mesmo IBU. Para tanto, a partir do valor médio de atenuação dos estilos de cerveja presentes no BJCP, propôs-se a seguinte razão: RAR = (BU:GU) x (1 + AA - 0,7655)), sendo: BU:GU, razão das unidades de amargor, com as unidades de gravidade específica; AA, atenuação aparente. Ver **BU:GU; IBU.**

**Índice de Kolbach/KZ**: Indica a relação entre o percentual de nitrogênio solúvel pelo percentual de nitrogênio total presente do malte. Possibilita-se avaliar a degradação química do malte. A escala varia entre 29 e 45 %. Acima de 45 % indica-se degradação excessiva; acima de 41 e menor que 45 %, boa degradação; entre 35 e 41 %, média degradação; menor que 35 %, degradação insuficiente.

**Índice Hartong/VZ**: Valor usado para indicar a atividade enzimática, assim como a solubilização das proteínas do malte, fornecendo indícios sobre o processo de malteação do grão avaliado. Faz-se a mosturação em diferentes temperaturas (20, 45, 65 e 80 °C) para avaliar os diferentes grupos de enzimas. Pode-se obter as seguintes informações: VZ-20 °C: qualidade da cevada e molhamento; VZ-45 °C: principalmente ação das enzimas (excetuando as $\alpha$-amilases), com resultado da solubilidade dos aminoácidos e quantidade de substrato fermentescível; VZ-65 °C: dissolução citolítica, qualidade da cevada; VZ-80 °C: qualidade da mosturação, inclusive da fervura e clarificação. O índice mais comum de ser utilizado é o VZ-45 °C, o qual dependerá da variedade do malte, processo de malteação e grau de modificação, sendo que valores abaixo de 30 % são ruins, entre 30 e 36 % suficientes, entre 36 e 40 % satisfatórios e acima de 40 % bons. O limite mínimo para malte Pilsen é de 38 % para VZ-45 °C (Portaria Mapa n° 166 de 12/04/77).

**Infusão**: No contexto cervejeiro, refere-se ao método de mosturação no qual o mosto não recebe aquecimento direto, adicionando-se água quente em cada etapa que se deseja aumentar a temperatura. Pode ser por infusão simples (uma única temperatura) ou múltipla (várias temperaturas para serem atingidas). Ver **Mosturação.**

**Inoculação**: Processo de introdução de um ou mais microrganismos em um meio (leveduras ativas no mosto ou outro meio). Deve-se atentar ao estilo de cerveja, a densidade inicial e a levedura a ser utilizada para se calcular o número de células necessárias. Ver **Taxa de inoculação**.

**Inóculo**: No processo cervejeiro, refere-se ao microrganismo que foi/será inoculado na fermentação ou outra etapa da produção (pode ser mais de uma espécie e de cepas diferentes). Idealmente, o inóculo deve ter uma condição fisiológica consistente, com boa viabilidade e vitalidade, e ser empregado na sua fase exponencial de crescimento, favorecendo dessa forma um "arranque" rápido da fermentação.

**Inox 201**: Um dos tipos de aço inox mais comuns e de amplo uso, sendo classificado como austenítico pela AISI (*American Iron and Steel Institute*), o qual apresenta grande resistência à corrosão. Constitui-se de uma liga metálica com: 67,5-75 % de ferro (Fe); 16-18 % de cromo (Cr); 3,5-5,5 % de níquel (Ni); 5,5-7,5 % de manganês (Mn); além de traços variáveis de nitrogênio (N), fósforo (P), silício (Si) e enxofre (S). Comparado ao inox 304, apresenta menor quantidade de níquel e maior de manganês, geralmente é mais barato, mais resistente, um pouco menos flexível e um pouco menos resistente à corrosão, com uso variado, entretanto, mais limitado. Para fabricação de tanques de fermentação e maturação etc., recomenda-se o uso de inox 304. Ver **Aço inox; AISI; Inox 201**.

**Inox 304**: Um dos tipos de aço inox mais comuns na indústria de alimentos e bebidas, sendo classificado como austenítico pela AISI (*American Iron and Steel Institute*), o qual apresenta grande resistência a corrosão, sendo adequado para fabricação de tanques, tinas e outros recursos para fabricação de cerveja. Também chamado de aço 18/8.Constitui-se de uma liga metálica com: 66,5-74 % de ferro (Fe); 18-20 % de cromo (Cr); 8-10,5 % de níquel (Ni); 0-2 % de manganês (Mn); além de traços variáveis de nitrogênio (N), fósforo (P), silício (Si) e enxofre (S). Comparado ao inox 201, geralmente é mais caro, um pouco menos resistente, mais flexível e um pouco mais resistente à corrosão, com uso muito variado. Ver **Aço inox; AISI; Inox 201**.

**INS**: Sigla do termo em inglês *International numbering system* (Sistema internacional de numeração). Trata-se de um sistema internacional para numeração de aditivos alimentares. Alguns INS comuns, que podem ser encontrados nas cervejas: INS 221 (sulfito de sódio)/antioxidante; INS 316 (isoascorbato de sódio)/antioxidante; INS 405 (alginato de propileno glicol)/estabilizante. Ver **Alginato de propilenoglicol; Isoascorbato de sódio; Sulfito de sódio**.

**INS 170i:** Ver **Carbonato de Cálcio**.

**INS 221:** *Ver Sulfito de sódio.*

**ISN 270:** Ver Ácido lático.

**INS 300:** Ver Ácido ascórbico.

**INS 316:** Ver **Isoascorbato de sódio.**

**INS 330:** Ver **Ácido cítrico;**

**INS 338:** Ver **Ácido fosfórico.**

**INS 405:** Ver **Alginato de propilenoglicol.**

**INS 407:** Ver **Carragena.**

**INS 500ii:** Ver **Bicarbonato de sódio.**

**INS 509:** Ver **Cloreto de cálcio.**

**INS 511:** Ver **Cloreto de magnésio.**

**INS 558:** Ver **Bentonita.**

**INS 900a:** Ver **Fermcap® S.**

**INS 1201:** Ver **Polivinilpirrolidona.**

**Invertase:** Ver **Sacarase.**

**Iodofor/iodófor/iodóforo:** Solução contendo iodo complexado com algum agente solubilizante, muito utilizado na sanitização de utensílios de produção de cerveja (baldes, mangueiras etc.), sendo de fácil e seguro manuseio. Pode ser encontrado em diversos sanitizantes usados no processo cervejeiro, como o Biofor e KalyClean S390. Deve-se verificar a concentração de uso indicada no rótulo (com e sem necessidade de lavagem).

**Íon/Íons:** Termo químico usado para indicar um átomo que perdeu ou ganhou elétrons por ionização ou dissociação iônica, podendo ser negativo (ânion), quando recebe elétrons, ou positivo (cátion), quando perde elétrons. Os sais que podem ser usados na água cervejeira, quando em meio aquoso, dissociam-se em íons (ex. $CaSO_4 \rightarrow Ca^{2-} + SO_4^{2-}$). Ácidos e bases fortes são ionizados por completo (ex. ácido: $HCl \rightarrow H^+ + Cl^-$), enquanto ácidos e bases fracos parcialmente, dependendo de sua constante de dissociação ácida. Ver **Constante de dissociação ácida.**

**Ionização ácida**: Ver **Constante de dissociação ácida**.

*Irish moss*: Ver **Musgo Irlandês**.

**ISBT**: Sigla para *International Society of Beverage Technologists* (Sociedade Internacional de Tecnólogos de Bebidas), a qual foi responsável por criar padrões/parâmetros de qualidade para o $CO_2$ (gás carbônico) usado na carbonatação de bebidas.

*Isinglass*: Agente floculante que pode ser usado durante a maturação da cerveja, atuando no processo de clarificação (coadjuvante de tecnologia de fabricação). É uma substância gelatinosa, extraída da bexiga natatória de peixes (como esturjão). A *Guinness*, historicamente, usava *Isinglass* na produção de suas cervejas, tendo iniciado em 2015 um processo gradativo de retirada deste agente de suas produções, finalizando este em 2018. Atua de forma similar a gelatina. Não deve ser usado em cervejas veganas. Ver **Clarificante; Gelatina**.

**Iso**: Abreviação de isômero, comumente usado em nomes de compostos para indicar que se trata de um isômero. Exemplo: trans-isohumulona. Ver **Isômero**.

**Isoamila**: Ver **Acetato de Isoamila**.

**Isoascorbato de sódio**: Composto químico ($C_6H_7NaO_6$), também chamado de eritorbato de sódio, codificado como INS 316, pode ser usado como aditivo na cerveja, além de outros alimentos e bebidas, com função de antioxidante na cerveja, contribuindo para estabilidade do sabor, de forma similar ao ácido ascórbico (vitamina C). Ver **Antioxidantes**.

**Isobutanol**: Substância orgânica ($C_4H_9OH$), um álcool, também chamado álcool 2-metilpropílico, isômero do butanol. Um dos principais álcoois superiores encontrados na cerveja. É produzido pelas leveduras durante a fermentação e alguns fatores influenciam em sua maior produção. A maior concentração de nitrogênio amino livre (FAN) e a cepa da levedura escolhida podem ser responsabilizados pela sua concentração acima do limiar de detecção, resultando em um *off-flavor* na cerveja. Ver **Álcool de Fúsel; Propanol**.

**Isobutiraldeído**: Composto químico ($C_4H_8O$), também chamado de 2-metilpropanal, um aldeído produzido a partir do excesso de lavagem dos grãos, durante a mosturação, ou decorrente dos grãos triturados excessivamente, que resulta na cerveja com sabor de grãos (*off-flavor*).

**Isomerase:** Nome de uma das classes de enzimas (EC5), as quais catalisam reações de isomerização, ou seja, interconversão de isômeros. Por exemplo, a fosfoglico isomerase é a segunda enzima envolvida na glicólise, presente em praticamente todas células. Ver **Enzimas**.

**Isomerização do lúpulo:** Ver **Isomerização dos α-ácidos**.

**Isomerização dos** α-**ácidos:** Processo que ocorre durante a fervura do mosto lupulado, no qual, por ação do calor, os α-ácidos são isomerizados (compostos quimicamente isômeros), os quais são mais solúveis e contribuem para o gosto amargo da cerveja. Destacam-se os isômeros: cis e transisohumulona; cis e trans-isocohumulona; cis e trans-isoadhumulona. Ver **Isômero**.

**Isômero:** Composto orgânico idêntico em composição e peso molecular, mas com diferenças estruturais. Nos organismos, enzimas da classe isomerase são capazes de catalisar reações de isomerização. No mosto cervejeiro, ocorre reação de isomeração dos α-ácidos presentes por ação do calor durante a fervura prolongada. Ver **Isomerase**.

**Iso-octano:** Composto químico, um alcano de cadeia ramificada (2,2,4-trimetilpentano), usado em uma das técnicas de determinação da concentração de iso-α-ácidos no mosto ou cerveja, em IBU (*International bitterness unit*). Utiliza-se o iso-octano na extração e quantificação por método espectrofotométrico com luz ultravioleta, com leitura em $\lambda$ = 275 nm (comprimento de onda, $A_{275}$), sendo que: IBU = $A_{275} \times 50$. Ver **Espectrofotômetro; IBU**.

**Isopreno:** São moléculas orgânicas ($C_5H_8$), 2-metil-1,3-butadieno, usadas como monômero para síntese de diversas moléculas. Acreditava-se que este seria o precursor dos terpenos, como os que compõem os óleos essenciais do lúpulos. Entretanto, constatou-se que o precursor dos terpenos é o ácido mevalônico. Ver **Ácido mevalônico; Monoterpenos; Sesquiterpenos; Terpenos**.

**Isoprenóides:** São compostos que têm como característica comum serem derivados de isopreno (2-metil-1,3-butadieno ($C_5H_8$)). Destacam-se os compostos esteroidais, como o colesterol. Acreditava-se que os terpenos (principais compostos presentes nos óleos essenciais dos lúpulos) seriam derivados de isoprenos, entretanto, encontrou-se o ácido mevalônico como precursor. Ver **Isopreno; Terpenos**.

**Isopropanol:** Substância orgânica ($C_3H_7OH$), um álcool, também chamado álcool isopropílico, isômero do propanol. Composto por uma cadeia linear com três carbonos e um grupo –OH (hidroxila) em uma das extremidades. Pode ser gerado a partir do metabolismo das leveduras, considerado um álcool superior (álcool fúsel). Sua produção é estimulada quando se há maior concentração de aminas livres (FAN), além disso, a produção varia com a cepa de levedura escolhida, resultando em um *off-flavor* na cerveja. Ver **Álcool de Fúsel**; **Propanol**.

**Isovalerato:** É a forma desprotonada do ácido isovalérico (pka = 4,67), correspondendo à sua base conjugada. Ver **Ácido isovalérico.**

**Isovalérico: 1.** Indica o ácido isovalérico. **2.** Termo usado em análise sensorial para o odor/aroma ou gosto de queijo velho/suor/chulé, gerado pela presença de ácido isovalérico, podendo ser confundido com butírico. Apresenta concentração típica: 0,2-1,5 mg/L, com limiar de detecção de sabor de 1 mg/L. Pode se originar da oxidação de $\alpha$-ácidos, principalmente de lúpulos velhos ou mal conservados, assim como por algumas leveduras selvagens e *Brettanomyces*. Pode ser um odor/aroma desejado em alguns estilos de cervejas inglesas e Gueuzes (Lambic) e que ocorre também em algumas cervejas fermentadas com leveduras do gênero *Brettanomyces*. Ver **Ácido isovalérico**; **Gueuze**; **Lambic.**

***Jora***: Palavra de origem peruana para o milho pré-germinado e seco posteriormente no sol por 2 a 5 dias, usado para a produção de uma bebida fermentada, típica no Peru, chamada de Chicha, neste caso, Chicha de Jora.

**John Baptiste Henri Joseph Desmazières**: Micologista amador francês (1786-1862) que realizou a primeira publicação com desenhos das leveduras cervejeiras, nomeando-as de Mycoderma cerevisiae, o qual é biosiômio de *Saccharomyces cerevisiae*.

**Josef Groll**: Mestre cervejeiro (1813-1887) da região da Baviera, responsável pela produção da primeira cerveja Lager comercial (*Pilsner Urquell*), em 05 de outubro de 1842, na cidade de *Pilsner* (República Tcheca). Ver **Pilsner**.

**Joseph Louis Gay-Lussac**: Importante físico e químico francês (1778-1850). Seus trabalhos trouxeram importantes conhecimentos científicos para se compreender o processo fermentativo etanólico (1815), propondo a formação de etanol a partir da degradação da glicose, assim como a estequiometria da fermentação etanólica. A partir de suas contribuições para a ciência, originou-se a medida de volume utilizado para quantificar o teor alcoólico em bebidas, nomeada em sua homenagem: Graus Gay-Lussac (°GL).

**Joule/Joules/J**: Unidade física utilizada para medir energia mecânica (trabalho), assim como energia térmica (calor), usada no Sistema Internacional de Medidas (SI). Corresponde à quantidade de energia necessária para exercer a força de um Newton por um percurso de 1 metro. $1\ J = 1\ kg \times (m^2/s^2)$, sendo: m: metro; s: segundo; kg: quilograma. $1\ J = 0{,}2390\ cal$ (calorias). Ver **Kcal**.

***Just about rigth*/JAR**: Ver **Escala JAR**.

$K_a$: Ver **Constante de dissociação ácida.**

*Kaffir:* Referindo-se à cerveja de Kafir. É um tipo de cerveja produzida de forma tradicional por populações falantes do Bantu/Banto, em diversos países na África, a partir de painço. Malteava-se o painço colocando este em sacos de tecido para germinar e fazendo-se a secagem ao sol. Preparava-se a mosturação com estes grãos malteados, com posterior fervura e resfriamento ao ar livre, fermentando o preparado com leveduras selvagens. A partir desta, encontram-se variações com misturas, na mosturação, de sorgo ou cevada. A forma de se produzir pode variar entre as comunidades Bantus.

*Kaschiri*: Bebida alcoólica fermentada a partir de mandioca, feita pelos indígenas em região que atualmente faz parte do Brasil. Também chamada de caxeri, *caixiri e caysúma*. Provavelmente, feito com mandioca brava que necessitava passar por etapa de detoxificação antes de ser mastigada para se ter a ação da amilase salivar. O termo *caysúma* era usado no alto Amazonas (usavam bolos de mandioca e frutas).

*Kauin*: Ver **Cauim.**

**Kcal**: Sigla para a unidade de energia quilocaloria, sendo 1 kcal = 1.000 cal. Ver **Caloria/cal.**

*Keferloher*: Caneca tradicional alemã de cerveja, feita de cerâmica cinza, em forma de barril, podendo ou não ter tampas personalizadas. Devido ao seu material, mantém a cerveja fresca por mais tempo e, decorrente de sua superfície, mantém o gás carbônico por mais tempo também. Usada comumente na *Oktoberfest*.

**Kefir/Kéfir/Kephir**: Ver **Quefir.**

*Keg beer:* Ver **Cerveja em barril.**

*Keg hopping*: Técnica de lupulagem, variante da *dry hopping*, na qual se insere o lúpulo em *hop bag* (bolsas de lúpulo) e este dentro do barril contendo a cerveja. O uso desta técnica implica em consumir o barril no período de 2 a 3 semanas para não ter excesso de aromas/sabores de grama e vegetais.

**KEG:** Trata-se de um pequeno barril, usado para armazenar cerveja ou outras bebidas alcoólicas, sendo o inox o material mais utilizado atualmente, geralmente com até 50 L. Pode-se conectar o *keg* em algum sistema de resfriamento e servir a cerveja em torneira. Também chamado de *beer keg*. Denomina-se *keg beer*, a cerveja servida a partir do barril.

**Kelevala:** Nome de uma importante epopeia finlandesa, de autoria/ organização de Elias Lönnrot, publicada em 1835, contendo uma ampla coleção de canções populares tradicionais antigas, pouco modificadas por Elias. Nesta, tem-se a referência ao uso do lúpulo na produção de cerveja, o que seria uma referência a período anterior a 1000 a.C. Uma vez que a obra foi compilada em 1835, não se considera esta a primeira citação histórica do uso do lúpulo na cerveja.

**$K_{eq}$:** Ver **Constante de equilíbrio.**

**Kettle hopping:** Termo inglês usado para designar uma técnica de lupulagem, a qual consiste em adicionar maiores quantidades de lúpulos em momentos específicos durante a fervura do mosto, podendo ocorrer em diferentes momentos, de acordo com o objetivo sensorial. No início, para o amargor; mais ao fim, para odor/aroma.

**Kettle sour:** Termo em inglês usado para indicar o método de acidificação do mosto previamente à fermentação primária, geralmente anteriormente à etapa de fervura. Adicionam-se microrganismos, como lactobacilos – para geração de ácido láctico e, após acidificação, ferve-se o mosto, eliminando-se as bactérias ácido láticas (BAL). Sequencialmente inoculam-se as leveduras cervejeiras. Tal técnica pode ser usada na produção de cervejas, como no estilo *Catharina sour*. Ver **Catharina sour**; **Bactérias ácido láticas.**

**Kieselguhr:** Ver **Terra diatomácea/Terra de diatomácea.**

**Klebsiella:** Gênero de bactérias Gram-negativa, bacilos, que podem contaminar a cerveja, sendo *K. oxytoca* e *K. terrigena* (atualmente *Raoultella terrigena*) as espécies mais comuns. Pertencem à família Enterobacteriaceae. Há cepas que podem descarboxilar o ácido ferúlico à 4-vinil-guaiacol, originando sabor fenólico/cravo fora dos padrões. Essa reação também pode ser catalisada por leveduras selvagens ou leveduras excêntricas. Ver **Gram-negativa.**

**Kloeckera apiculata:** Atualmente, a espécie *Kloeckera apiculata* é considerada sinônimo homotípico de *Hanseniaspora apiculata*, sendo esta última sinônimo heterotípico de *H. uvarum*. Esta espécie de levedura que pode estar presente, comumente, na fase inicial de fermentação de cervejas Lambics, antecedendo a fase de dominância das leveduras do gênero *Saccharomyces*. Esta levedura consegue fermentar a glicose, mas não a maltose, sendo capaz de gerar ácido acético em ambiente aeróbio e diversos ésteres florais e frutados, além de auxiliar no processo de degradação de proteínas no mosto a partir de secreções de proteases. Pertence ao filo Ascomycota, classe Saccharomycetes, ordem Saccharomycetales, família Saccharomycodaceae. Ver **Lambic.**

*Klosterbräu*: Palavra em alemão para Cerveja da abadia/monastério. Ver **Cerveja da Abadia.**

*Kocuria kristinae*: Sinônimo homotípico de *Rothia kristinae*, a qual tem como basiônimo a espécie *Micrococcus kristinae*. Ver *Micrococcus.*

*Kölsch*: Estilo de cerveja Ale, de aparência clara e brilhante (amarelo-palha ao dourado), bem atenuada, produzida originalmente na cidade de Colônia (*Köln*), na Alemanha, com origem no fim do século XVIII, como forma de concorrer com as cervejas Lagers da época. Apesar de ser uma cerveja de fermentação de topo, é acondicionada e maturada de forma similar às Lagers. A partir da *Kölsch Konvention*, em 1986, passou a ter denominação de origem protegida.

*Kräusen collapsing*: Fase na qual se inicia o colapso da espuma do *Kräusen* pela redução da fermentação e consequente baixa produção de $CO_2$, a qual ocorre durante a fase estacionária. Ver *Kräusen.*

*Kräusen/Kraeusen*: Espuma formada na superfície do tanque de fermentação primária, contendo proteínas, leveduras ativas e compostos de amargor. Sua formação se inicia no começo da fase *Log*, formando uma espuma cremosa (*Young Kräusen*), intensificando-se com o vigor da fermentação, o que gera um aumento na espuma, concomitante ao rápido consumo dos açúcares fermentescíveis, formando o *Kräusen*. Durante a fase estacionária, com pouco alimento, as leveduras começam a se sedimentar, reduz-se a fermentação, a produção de $CO_2$ e a espuma fica escura, iniciando seu colapso (*Kräusen collapsing*), até colapsar completamente (*Collapsed foam*), ficando apenas um filme escuro no topo do fermentador, o que ocorre entre a fase estacionária e a de declínio/morte.

*Kräusening*: Método alemão no qual se retira o *Kräusen* durante a fermentação e se introduz este em uma batelada recém-fermentada da mesma receita, introduzindo leveduras novas e saudáveis para iniciar a fermentação secundária, principalmente em cervejas Lagers. Ver *Kräusen/Kraeusen*.

**Kriek:** Estilo de cerveja belga, do tipo Lambic (*Fruit Lambic*), resultante da adição de cerejas amargas em cervejas Lambic jovens, na etapa de maturação, que pode ocorrer em barril. Tradicionalmente ácida (*sour*) e sem adição de açúcar (há produções que levam açúcar ao final, assim como suco de cereja). A palavra kriek tem origem no flamengo, significando cereja amarga. Ver **Lambic**.

**Kveik:** Palavra usada em um dialeto norueguês, principalmente oeste da Noruega, para o fermento usado na produção de ales em fazendas na Noruega (*Farmhouse ales*), passados de geração para geração. Nesse processo cultural, de longa data, essas cepas de leveduras acabaram por se diferenciar de outras cepas na Europa, adquirindo grande resistência para armazenamento e faixa mais ampla de temperatura de fermentação. Em sua maioria, cepas de Saccharomyces cerevisiae, sendo que no Kveik Muri encontrou-se um híbrido de *S. cerevisiae* com *S. uvarum*. Cada cepa de Kveik terá características diferentes, sendo que, no geral, apresentam perfil esterificado, não fenólico (POF⁻), podendo fermentar entre cerca de 20 e 40 °C (geralmente acima das leveduras ales comerciais), com alta atenuação, alta floculação e alta tolerância ao etanol. Muitas das leveduras Kveiks tradicionais, passadas entre gerações, apresentam, para além das leveduras, cepas de bactérias que contribuem para o perfil da cerveja. Utiliza-se comumente em sua nomenclatura o nome do local/comuna que foi gerada, por exemplo: Granvin, Hornidal, Stranda, Voss, Muri, Lærdal, Sognefjord, Stordal e Sykkylven.

**KZ:** Ver **Índice de Kolbach.**

**LAB:** Sigla para o termo em inglês *Lactic acid bacteria*, em português, bactérias ácido láticas (BAL). Ver **Bactérias ácido láticas**.

**Lactato:** É a forma desprotonada do ácido lático ($pK_a$ = 3,86), correspondendo à sua base conjugada. Ver **Ácido lático**.

**Lactato desidrogenase/LDH:** Enzima da classe das oxidorredutases (EC: L-LDH 1.1.1.27, D-LDH 1.1.1.28; PDB: 2ZQY), envolvida na via de fermentação lática, como nas bactérias ácido láticas. Em lactobacilos, por exemplo, a enzima L-LDH catalisa a formação de lactato a partir de piruvato, com a consequente oxidação do NADH e a formação de NAD. Em vertebrados, predomina a forma D-LDH. Ver **Fermentação lática**.

**Lactobacillaceae:** Família de bactérias Gram-positivas, incluindo diversos gêneros e espécies relevantes para produção cervejeira, tanto como contaminantes quanto em fermentações intencionais. A família apresenta cerca de 33 gêneros, dos quais se destacam: *Lactobacillus*, *Lactiplantibacillus*, *Lentilactobacillus*, *Levilactobacillus* e *Pediococcus*. As espécies desta família são conhecidas, geralmente, por terem a capacidade de realizar fermentação lática. Ver ***Lactobacillus***.

***Lactobacillus*:** Gênero de bactérias Gram-positivas que realizam fermentação lática, produzindo ácido lático (*off-flavor* para maioria das cervejas, podendo ser *on-flavor* de alguns estilos). É o gênero mais comum no grupo das bactérias ácido láticas (BAL). A espécie *Lactobacillus delbruekii* é a mais comum do gênero em cervejas. Dentro da mesma família (Lactobacillaceae), também se destacam *Lentilactobacillus buchneri*, *Levilactobacillus brevis* e *Lactiplantibacillus plantarum*. Na produção cervejeira, podem aparecer como contaminantes ou inóculo intencional (geralmente para produção de cervejas ácidas). Ver **Ácido lático; Fermentação consorciada; Fermentação lática**.

***Lactococcus*:** Gênero de bactérias Gram-positivas que realizam fermentação lática, produzindo ácido lático, encontrado mais comumente no leite cru, além das superfícies das mãos e no intestino de seres humanos e outros animais. Apesar de ser raro, pode ocorrer do *Lactococcus lactis* ser encontrado como contaminante da cerveja, principalmente quando se utilizam partes de plantas/frutos frescos (sem processamento) na maturação, havendo maior produção de diacetil.

**Lactonas:** classe de compostos químicos, ésteres cíclicos na forma cis e trans, presentes no carvalho que passou por tratamento térmico, para confecção de tonéis, os quais são responsáveis por odores/aromas/gostos que remetem ao coco e madeira fresca. Podem estar presentes em cervejas envelhecidas em tonéis de madeira. Ver **Condicionamento em barril; Tonel**.

**Lactose:** Carboidrato dissacarídio, formado pela ligação glicosídica $\beta$-1,4 de uma glicose e uma galactose. Pode ser usado como insumo em alguns estilos de cerveja, como *Sweet stout*, resultando no gosto levemente adocicado, uma vez que as leveduras, geralmente, não o consomem. No caso de utilização, o mesmo deve estar presente com ingrediente no rótulo da cerveja.

***Lag* na fermentação**: Ocorre quando a fermentação inicia mais tarde que o esperado, atrasando a proliferação das leveduras e da redução do pH da mostura pela fermentação. Como consequência, cria-se um ambiente mais suscetível à proliferação de microrganismos contaminantes. Pode ocorrer por diversos motivos, como: oxigenação inadequada na fase inicial; falta de nutrientes; cepa com baixa vitalidade e/ou viabilidade; subinoculação de leveduras; temperatura inadequada à cepa; pH inadequado à cepa etc. Caso ocorra, aumente um pouco a temperatura do tanque e, caso não resolva, faça nova inoculação de leveduras (verifique se há sinais de contaminação). Pode ter como sequência a fermentação lenta ou presa. Ver **Fermentação lenta; Fermentação presa**.

***Lager***: É a denominação utilizada para se referir às cervejas que foram produzidas por fermentação de fundo – baixa fermentação (*bottom fermentation*), pela levedura *Saccharomyces pastorianus* em temperaturas mais baixas, que podem chegar até próximo de 5°C, mas tradicionalmente é conduzida entre 10 e 15° C. O termo tem origem na palavra alemã *lagerung* (armazenamento). Cervejas Lagers tendem a ser delicadas, limpas e livres de ésteres, mas podem ter leves notas de enxofre derivado da levedura. Ver **Fermentação de fundo;** *Saccharomyces pastorianus*.

***Lagerlike***: Termo em inglês usado para indicar cervejas Ale (alta fermentação) que apresentam um perfil sensorial de cervejas Lager. Geralmente, são produzidas com cepas ale – *Saccharomyces cerevisiae* (fermentação de topo) com caráter neutro, em temperaturas mais baixas do que é típico para cepas Ales (geralmente mais alta que as temperaturas de lager).

**Lama:** Termo usado para designar o material que se decanta ao final do processo de fermentação, composto, principalmente, por leveduras. Comumente usa-se o termo em inglês *slurry*. A Lama pode ser usada no processo fermentativo de uma nova batelada, sendo recomendado se usar até a terceira geração/ciclo de uso.

*Lambda*/λ: Ver **Comprimento de onda**.

*Lambic doux:* Ver *Fox Lambic*.

**Lambic/*Lambiek*:** Estilo de cerveja produzida por fermentação espontânea, na qual o mosto é exposto às leveduras selvagens (presentes no meio) do gênero *Saccharomyces* e *Brettanomyces* (além de outros gêneros), além de bactérias como dos gêneros *Pediococcus* e *Lactobacillus*. Dessa forma, ocorrem diferentes fermentações, como a etanólica e lática. Costuma ter odores/aromas e gostos diferenciados das Ales e Lagers. Normalmente são cervejas ácidas de baixo teor alcoólico. São exemplos de estilos de Lambic a Kriek, Gueuzes e Lambic doux.

*Lachancea:* Leveduras não-*Saccharomyces*, da família Saccharomycetaceae, que pode ser utilizada como levedura alternativa na produção cervejeira, podendo ser inoculada nas fases iniciais da fermentação etanólica por *Saccharomyces cerevisiae*, visando-se produzir ácido lático, característico de alguns estilos de cervejas ácidas. As espécies *L. Thermotolerans* (ex.: *Fermo Brew Acid* e *GY Sour 005)* e *L. Fermentati* (ex.: WYP-39) podem ser encontrada comercialmente.

**Lático:** Ver **Ácido lático**.

**Lauril sulfato de amônio:** Ver **Surfactantes**.

**Lauril sulfato de sódio:** Ver **Surfactantes**.

*Lautering*: Conjunto de processos visando a separação do mosto dos resíduos de grãos para posterior envio para fervura. Geralmente consiste de três etapas: *mash-out*, recirculação para a clarificação do mosto e algum tipo de lavagem dos grãos (contínua, por bateladas ou mista).

**Lavagem ácida:** Técnica usada para para eliminar microrganismos e reutilizar leveduras, lavando a lama (*slurry*) com uma solução ácida, preservando a maior parte das leveduras. Geralmente, reduz-se o pH do meio até 2, usando-se ácidos sulfúrico ou fosfórico (grau alimentício) e incubando-se a mistura por 1 a 2 horas, mantendo-se entre 2 e 4 °C. Ver **Ácido fosfórico**; **Ácido sulfúrico**; **Lama**.

**Lavagem alcoólica:** Técnica usada para eliminação de microrganismos e reutilização de leveduras, consistindo na lavagem da lama (*slurry*) com uma solução alcoólica, preservando a maior parte das leveduras. Geralmente se adiciona etanol até alcançar 12 % ABV, incubando esta mistura por 24 horas. Ver **Lama.**

**Lavagem com dióxido de cloro:** Técnica similar à lavagem ácida ou alcoólica, com objetivo de reduzir os microrganismos da lama para seu reaproveitamento, usando-se dióxido de cloro na concentração de 20-50 ppm. Ver **Lama.**

**Lavagem contínua:** Ver *Fly sparge*.

**Lavagem mista:** Ver *Mix sparge*.

**Lavagem por batelada:** Ver *Batch sparge*.

**Lavagem:** Termo com mais de uma definição, dependendo do meio que é utilizado. **1.** Etapa, após mosturação, para extrair os açúcares residuais do malte, podendo ser contínua, por batelada ou mista. **2.** Para os cervejeiros caseiros, utiliza-se comumente o termo para se referir ao processo de coletar a lama do fundo do balde, adicionar água estéril e deixar esta mistura decantar em algum local para se retirar somente parte das leveduras para uso posterior, descartando-se os resíduos e partes indesejadas. **3.** No meio industrial, comumente, refere-se ao processo de lavagem ácida ou outro tipo de lavagem da lama para eliminar microrganismos indesejados. Ver **Lavagem ácida.**

**Lectina:** As lectinas constituem um grupo de proteínas (glicoproteínas) que se ligam em reversivelmente em carboidratos (mono ou oligossacarídios) encontradas em diversos organismos, incluindo nas leveduras cervejeiras e, em especial, nos vegetais, com diversas funções biológicas, como para aglutinação de células. A levedura *Saccharomyces cerevisiae* apresenta diversas lectinas em sua estrutura, destacando as encontradas em sua parede celular, recebendo o nome de zimolectina, as quais estão relacionadas com a floculação das mesmas ao fim da fermentação. Ver **Zimolectina.**

**Lei de pureza alemã:** Ver *Reinheitsgebot*.

**Leite azedo:** Termo usado em análise sensorial para descrever o odor de leite azedo na cerveja, um *off-flavor*, originado pela presença de ácido butírico, o qual pode ser formado a partir da fermentação butírica por bactérias contaminantes na etapa de fermentação. O odor também é nomeado como de vômito de bebê. Ver **Ácido butírico.**

**Leva:** Sinônimo de Lote. Ver **Lote.**

**Levedura:** São fungos unicelulares, pertencentes ao reino Fungi, organismos eucariontes (células com núcleo), com parede celular com quitina e glucanos, sendo que a maioria pertencente ao filo Ascomycota (Ascomicetos). No contexto cervejeiro, aquelas com aplicação na produção são chamadas de leveduras cervejeiras. Dentre as espécies da família Saccharomycetaceae, as espécies mais comuns na produção cervejeira são: *Saccharomyces cerevisiae e S. pastorianus.*

**Levedura alternativa:** Correspondem às espécies de leveduras que não são comumente utilizadas na produção de cerveja, mas que podem trazer algum diferencial na produção de diversos estilos. Pode-se utilizar leveduras selvagens como leveduras alternativas na produção. Incluem-se leveduras *Saccharomyces* e não-*Saccharomyces*, como dos gêneros *Candida*, Debaryomyces, *Hanseniaspora, Lachancea, Pichia,* Saccharomycodes, *Schizosaccharomyces, Torulaspora e Zygosaccharomyces.*

**Levedura de cerveja:** Designação comum para espécies de fungos unicelulares/leveduras utilizadas na fabricação de cerveja, com destaque para *Saccharomyces cerevisiae* (fermentação de Ales) e *S. pastorianus* (fermentação de Lagers).

**Levedura liofilizada:** Corresponde às células de leveduras desidratadas pelo método de liofilização, consistindo em seu congelamento rápido, seguido de uma baixa pressão para se sublimar a água. Comparativamente a outros métodos de secagem, como por cama fluidizada de secagem, apresenta maior custo. Geralmente, as leveduras comerciais encontram secas, mas alguns fabricantes optam pela liofilização. Ver **Liofilização.**

**Levedura líquida:** Consiste em leveduras em meio líquido, geralmente comercializada em tubetes ou sachês plásticos. Há uma grande variedade de fermentos líquidos, o que amplia as possibilidades de produção. Geralmente é preciso a propagação prévia à inoculação (*starter*), mas dependerá da validade e quantidade de células demandas para o lote. Por estarem na forma líquida, apresentam menor validade e maiores cuidados de transporte e armazenamento.

**Levedura não convencional:** Ver **Levedura alternativa.**

**Levedura não-*Saccharomyces*:** No contexto cervejeiro, correspondem às leveduras de gêneros distintos ao *Saccharomyces* e que podem ser usadas ou têm potencial de uso na produção cervejeira. Podem ser usadas na fermentação de diversas formas: coinoculação; inoculação sequencial; fermentação espontânea; como cepa única. Podem ser usadas na inovação da produção de cervejas com diferentes sabores, assim como há cepas adequadas para produção de cerveja de baixo teor alcoólico. Destacam-se os gêneros: Brettanomyces, Debaryomyces, Hanseniaspora, Lachancea, Metschnikowia, Pichia, Saccharomycodes, Schizosaccharomyces, Torulaspora e Zygosaccharomyces.

**Leveduras secas**: Consiste em células de leveduras secas por métodos que visam garantir a maior viabilidade celular, incluindo filtração a vácuo seguido de cama fluidizada de secagem (uso de ar seco entre 30 a 37 ºC). Correspondem a grande parte das leveduras secas vendidas em sachês/envelopes. As leveduras secas têm a vantagem de facilidade e tempo de armazenamento. Entretanto, uma vez que precisam ser reidratadas, pode resultar em maior fase Lag. O custo de produção de leveduras secas é geralmente menor que a liofilização. Ver **Secagem de leveduras.**

**Levedura selvagem:** São leveduras que ocorrem naturalmente no ambiente e podem ser transportadas pelo ar, água ou terra. Podem contaminar o mosto, resultando, geralmente, em *off-flavors*. Há estilos de cerveja que realizam fermentação espontânea e podem ter ocorrência dessas, como do estilo Lambic. Diversas destas podem ser utilizadas isoladas e cultivadas para inoculação intencional no mosto cervejeiro, desta forma, como leveduras alternativas, trazendo diferenciais para a bebida. As leveduras selvagens podem ser espécies do gênero *Saccharomyces* selvagens ou espécies não-*Saccharomyces* (como dos gêneros *Brettanomyces, Candida, Debaryomyces, Hanseniaspora, Pichia, Rhodotorula,* e *Torulaspora*).

**Liase:** Nome de uma das classes de enzimas (EC4), as quais catalisam reações que adicionam grupos em duplas ligações ou removem grupos, deixando dupla ligação. A fumarase (EC 4.2.1.2) é uma importante liase, integrante do ciclo de Krebs, presente organismos aeróbios ou aeróbios facultativos. Ver **Enzimas.**

**Ligase:** Nome de uma classe de enzimas (EC6), as quais catalisam reações de adição de moléculas, com uso de ATP ($A + B \rightleftharpoons A–B$). A piruvato carboxilase é um importante exemplo, presente na grande maioria das células, inclusive leveduras. Também chamadas de sintetases ou sintases. Ver **Enzimas.**

*Lightstruck/Light-struck*: Termo usado para designar o *off-flavo*r (sabor/odor desagradável) que lembra gambá. Composto gerado pela fotodegradação de iso-humulonas com a liberação de 3-metil-2-buteno-1-tiol. É um dos raros componentes que percebemos em concentrações traço, tendo seu limiar de detecção de 4 ng/L. Ocorre frequentemente em cervejas acondicionadas em garrafas verdes ou transparentes e que são expostas a luz, por exemplo, cervejas mantidas no escuro têm concentração típica entre 1 e 5 ng/ L, enquanto cervejas expostas à luz podem ter entre 1000 e 5000 ng/L. Ver *Off-flavor*; **gambá.**

**Limiar absoluto:** Ver **Limiar de detecção.**

**Limiar de detecção:** Termo usado em análise sensorial para indicar o menor estímulo capaz de gerar sensações, seja olfativa, gustativa etc. Comumente se apresentam as concentrações dos limiares de detecção dos compostos que podem estar presentes na cerveja e gerar percepções agradáveis (*on-flavor*) ou desagradáveis (*off-flavor*). Também chamado de limiar absoluto. Ver **Limiar de reconhecimento**.

**Limiar de reconhecimento:** Termo usado em análise sensorial para indicar o menor estímulo capaz de gerar sensações que permitam ao indivíduo a identificação do gerador do estímulo, ou seja, dos compostos presentes na amostra avaliada. Ver **Limiar de detecção**.

**Limite-dextrinase:** Enzima presente no malte de cevada (entre outros) e pertence à classe das hidrolases (EC: 3.2.1.142; PDB: 4AIO). Atua nas ramificações de amilo-pectinas e dextrinas (ligação $\alpha$-1,6), liberando maltose, maltotriose e outras cadeias sem ramificações. Também chamada de amilopectina-1,6-glicosidase, R-enzima e pululanase. Sintetizada tardiamente na etapa de germinação, durante a malteação. A atuação da $\beta$-amilase com a limite-dextrinase produz cerca de 80 % dos açúcares fermentescíveis (no caso de parada em temperatura e pH próximos do ótimo para ambas enzimas). Apresenta maior atividade entre 55 e 60 °C (inativada acima de 65 °C) e entre pH 5,1 e 5,2. A enzima pululanase (EC: 3.2.1.41; PDB: 2Y5E) também é uma enzima desramificadora e pode também levar o nome de limite dextrinase, mas não deve ser confundida com esta em questão. Ver **Hidrolase**.

**Limpeza:** Ações/técnicas para remoção da sujidade, incluindo partículas orgânicas e inorgânicas presentes. Pode reduzir a carga microbiana, mas não a elimina.

**Linha de cerveja:** Termo usado no meio cervejeiro para indicar a tubulação que é utilizada para o transporte da cerveja desde o barril até a torneira de serviço. Pode-se, por exemplo, também utilizar o termo linha de cerveja para a tubulação que leva a cerveja pronta dos tanques para o envase. Destaca-se que as linhas de cerveja devem estar sempre limpas e sanitizadas corretamente para garantir a qualidade da bebida, evitando-se contaminações.

**Lintner/°L:** Unidade utilizada para quantificação da atividade enzimática do malte capaz de reduzir o amido em carboidratos simples. Indica o poder diastático do malte, sendo que quanto maior a coloração/tostagem (passou por maiores temperaturas na malteação), menor o poder enzimático (maltes escuros 0 °L, enquanto o Pilsner 100-160 °L). Recomendam-se mosturas com pelo menos 30 °L para se ter boa sacarificação. Utiliza-se também a unidade Windisch-Kolbach (°WK). Conversões: °WK=(°L × 3,5) − 16 ou °L=(°WK + 16) / 3,5. Fórmula para poder diastático: $°L_{batelada} = \Sigma \, (°L_{grão} \times massa_{grão}) / massa_{total grãos}$.

**Liofilização:** Técnica utilizada para desidratar substâncias, alimentos ou células (como das leveduras), visando a conservação das substâncias ou células. A amostra a ser liofilizada é submetida a baixas temperaturas até todo o seu conteúdo de água estiver completamente congelado, posteriormente, em câmaras de vácuo, aplica-se um aumento gradativo da temperatura, visando sublimar a água, secando, desta forma, o composto. Também conhecida como *Freezy drying*. Ver **Levedura liofilizada.**

**Lipoxigenase/LOX**: Enzima da classe das oxirredutases presente na mostura (EC: 1.13.11.12; PDB: 1F8N), oficialmente chamada de 13-lipoperoxidase, a qual atua oxidando linoleato e alfa-linolenato (ácidos graxos poliinsaturados), os quais são comumente encontrados na mostura e impactam no sabor e estabilidade da cerveja. Apresenta atividade ótima em torno de 40 °C e pH 6,5, sendo inativada a partir de 70 °C.

**Liquefação:** Uma das três etapas envolvidas na hidrólise dos grânulos de amido (hidratação e sacarificação são as outras duas). No processo de liquefação os grânulos de amido são dispersos em água e aquecidos causando a gelatinização do mesmo. A medida que as cadeias do amido são degradadas, reduzem de tamanho e, consequentemente, a viscosidade do mosto reduz, sendo que este processo ocorre principalmente por ação da α-amilase. Ver **Degradação do amido**; **Gelatinização**; **Sacarificação**.

**Líquido refrigerante:** Solução líquida usada em sistemas de resfriamento de tanques de fermentação e maturação ou sistemas de placas de troca de calor (*chiller* de placas) para resfriamento do mosto. Geralmente composto com um tanque de estoque refrigerado, com controle de temperatura, além de bombas e mangueiras para realizar a circulação do líquido nas serpentinas presentes nos tanques de parede dupla. A solução é composta por água e algum composto anticongelante, como glicol, propilenoglicol, etilenoglicol (não recomendado) etc. (verificar qual é apropriado e autorizado para cada tipo de uso). Ver **Anticongelante**; **Chiller de placas**; **Dietilenoglicol**; **Etilenoglicol**; **Glicol**; **Propilenoglicol**.

*Liquor* **cervejeiro:** Termo usado para indicar a água usada na produção cervejeira (do inglês, *brewing liquor*), referindo-se desde a água primária, água secundária (lavagem) ou para diluição. O *liquor* deve ser constituído de água potável, a qual pode passar por tratamentos específicos e adições de sais com fins de aprimorar a cerveja resultante. Algumas receitas usam *liquor* com constituição similar a algum perfil de água conhecido/famoso (ex. água de Burton, água de Dublin). Não se utiliza este termo para a água usada em outros processos, como resfriamento, lavagem etc. Ver **Água de Burton; Água de Dublin**.

*Liquor*: Ver **Liquor cervejeiro.**

**Lote:** Termo usado para indicar uma quantidade de produto, neste caso, cerveja, produzida a partir de um ciclo de fabricação, o qual deve ser identificado (por letra e/ou números). No meio caseiro, utiliza-se também o termo leva. Espera-se que as garrafas de cerveja de um mesmo lote tenham as mesmas características, assim como que não haja diferenças significativas entre lotes de um mesmo produto, salvo quando o mesmo é modificado propositalmente.

**Louis Camille Maillard:** Químico e médico francês (1878-1936) responsável por descrever em 1912 a reação que ocorre entre os aminoácidos de proteínas e carboidratos redutores quando em aquecimento, gerando alteração da cor (melanoidinas), odor/aroma e sabores do alimento. Tal reação ficou conhecida como reação de Maillard, a qual também ocorre em alguns processamentos de maltes especiais, como dos maltes caramelizados. Ver **Melanoidinas; Reação de Maillard.**

**Louis Pasteur:** Importante cientista francês (1882-1895) para os avanços científicos relacionados com a produção cervejeira, com trabalhos de grande importância na área de microbiologia. Foi chamado como consultor para estudar o motivo de vinhos e cervejas azedarem, descobrindo a presença de bactérias (até então desconhecidas), usando microscópio de luz rudimentar. Desenvolveu uma técnica que reduzia o número de bactérias. Posteriormente, essa técnica foi chamada de pasteurização em sua homenagem. Produziu um importante trabalho para a produção cervejeira, em 1876, o *Études sur la bière* (Estudos sobre a cerveja). Ver **Pasteurização**.

**Lovibond/°L:** O grau Lovibond (°L) é uma escala para medir cor, desenvolvida por Joseph Lovibond na década de 1860. Pode ser usado para especificar a cor dos grãos. A escala *SRM* (*Standard Reference Method),* usada atualmente, baseia-se na Lovibond. Conversão: $°L = (SRM + 0,76) / 1,3546$. Ver **SRM; EBC.**

**Lublin/*Lubelskie*:** Cidade da Polônia, considerada a maior cidade do leste do país, a qual ficou famosa no mundo cervejeiro por seu lúpulo (Lubliner).

**Lupulagem:** Termo genérico do processo de adição de lúpulo à cerveja. Há diversas técnicas e cada uma delas prioriza algum resultado específico (potencializar o amargor, suavizar o amargor, ressaltar os aromas etc.). São exemplos de técnicas: lupulagem contínua, *dry-hop*, *hop back* e *randall*.

**Lupulagem contínua:** Técnica de lupulagem (inserção de lúpulo à cerveja), na qual se faz várias adições ao longo da fervura, visando obter diferentes resultados para cada adição. Ex.: adiciona-se no início da fervura para conferir o amargor e depois faz-se uma sequência entre o meio e fim da fervura para resultar em sabores e aromas específicos que combinados formam a complexidade do estilo desejado.

**Lupulina:** Resina amarelada encontrada nas flores fêmeas (cone) do lúpulo, usado para fabricação de cerveja. Nela se encontram diversos compostos de interesse cervejeiro, entre eles os óleos essenciais e as resinas dura e mole (nesta última estão os α-ácidos e β-ácidos.) Ver **α-ácidos; β-ácidos; óleos essenciais.**

**Lúpulo:** O lúpulo é uma trepadeira (liana), angiosperma perene e dióica, da classe Magnoliopsida, ordem Rosales, família Cannabaceae, sendo o *Humulus lupulus* a espécie de interesse cervejeiro. Seu plantio pode se dar por rizomas ou sementes. Seus cones florais (fêmeas) podem ser adicionados *in natura* ou processados na forma de *pellets* durante a fervura ou outro momento (há diversas técnicas de lupulagem) na fabricação da cerveja. Este ingrediente adiciona odores, aromas e sabores característicos, amargor (contrabalanceando o sabor adocicado do malte), estabilidade à espuma e atua como antioxidante e antimicrobiano protegendo a cerveja de processos oxidativos e de contaminações microbiológicas. Comumente se utiliza o termo em inglês para lúpulo (*hop*) em técnicas ou outros termos cervejeiros (ex. *dry hopping*, *extra hop*). Ver **Estróbilo; Rizoma.**

**Lúpulo aromático:** Refere-se aos lúpulos que são utilizados para conferir gosto e aroma característico à cerveja devido a sua maior quantidade de óleos essenciais, como: mircenos, humulenos, cariofilenos, farnasenos. Tanto a concentração quanto a composição química dos óleos essenciais no lúpulo são afetados por fatores como: variedade da planta, condições de cultivo, ponto de maturação no momento da colheita, condições de secagem, contato com o oxigênio do ar e condições de armazenamento. Geralmente usados no final da fervura ou em outros métodos pós-fervura/

frio. Recomenda-se usar lúpulos com relação de percentual de humulenos/mircenos maior que um. Ver **Óleos essenciais**; **Razão humuleno/mirceno**.

**Lúpulo de amargor:** Refere-se aos lúpulos com maior quantidade de α-ácidos, contribuindo principalmente para o amargor da cerveja, geralmente usados no início da fervura para isomerização dos α-ácidos. Para melhor resultado no amargor, recomenda-se que a razão humulona/cohumulona seja próxima de um. Ver **α-ácidos**; **Razão humulona/cohumulona**.

**Lúpulo de uso misto:** Lúpulos que podem contribuir no amargor e aroma da cerveja. Também chamado de *dual purpose hops* (lúpulo de duplo propósito).

**Lúpulo Mantiqueira:** Variedade de lúpulo brasileira, desenvolvida na região de São Bento do Sapucaí (Viveiro Frutopia), pelo agrônomo Rodrigo Veraldi, com registro de proteção de cultivar (Heineken – BRK2014 – 2017). Apresenta em média 3 % de α-ácidos, com bom teor de óleos essenciais, com odor/aroma frutado e *spice*. Apesar de o primeiro plantio ter ocorrido em 2005, foi em 2011 que, após abandono dos restos de plantas e sementes, que se descobriu a variedade Mantiqueira, após anos de adaptações naturais. O primeiro uso em comercial se deu em 2014, em parceria com o laboratório da Brasil Kirin, na produção de cerveja da Baden Baden. Atualmente há diversas regiões plantando essa variedade. Ver **APROLÚPULO**; **Lúpulo**.

**Lupulona:** Um dos β-ácidos presentes no lúpulo (geralmente entre 30-55 %), na fração da resina mole. Praticamente não contribui com o amargor na cerveja. Ver **Beta-ácidos/β-ácidos**.

**Lúpulos nobres:** Variedades de lúpulos tradicionais, geralmente europeias, com alta qualidade de sabor e aroma. Tradicionalmente, há quatro regiões de plantio: Hallertau (Alemanha); Saaz (República Tcheca); Spalt (Alemanha); Tettnang (Alemanha).

**Lúpulos tipo *Saazer*:** Grupo de lúpulos que apresentam grande semelhança genética com o lúpulo Saaz, da República Tcheca, entre eles: Saaz, Spalt Spalter, Tettnanger e Lubliner (inglês: *Saazer-type hop*).

**m/m:** Símbolo utilizado para expressar concentração em termos da fração de massa de um soluto contido em uma massa de solução. Exemplo de unidade kg/kg. Geralmente expresso em percentagem de m/m (também conhecido como título), ou seja, a percentagem de massa de um soluto em determinada massa de solução. Ex.: Em uma solução m/m 1 % de NaCl conterá 1 g de NaCl para cada 100 g de solução. Ver **Concentração; m/m; v/v.**

**m/v:** Símbolo utilizado para expressar concentração em termos da fração de massa de um soluto em um certo volume de solução. Exemplo de unidade kg/m$^3$. Geralmente expresso em percentagem de m/v, ou seja, a percentagem de massa de um soluto em um determinado volume de solução. Ex.: Em uma solução m/v 1 % de NaCl conterá 1 g de NaCl para cada 100 mL de solução. Ver **Concentração; m/m; v/v.**

**Maçã verde:** Termo usado em análise sensorial para descrever na cerveja o odor/aroma de fruta verde ou ácida, geralmente associada à maçãs verdes. Geralmente é indesejado na cerveja, um *off-flavor*, mas aceito em pequenas concentrações em alguns estilos. Originado pela presença de acetaldeído em concentrações acima do limiar de detecção, o qual pode ser formado pelas próprias leveduras. Diversos fatores contribuem para maior produção de acetaldeído, como: temperaturas elevadas de fermentação; superinoculação de leveduras; baixa qualidade das leveduras etc. Ver **Acetaldeído.**

**Macro-oxigenação:** Injeção de oxigênio gasoso ($O_2$) no início da fermentação, correspondendo ao processo de oxigenação do mosto cervejeiro. Ver **Oxigenação/Oxigenação do mosto.**

**Malato:** Forma desprotonada/ionizada do ácido Ácido málico. Ver **Ácido málico.**

***Malt color unit/MCU:*** Termo em inglês para Unidade de Cor de Malte (UCM). Ver **Unidade de Cor de Malte.**

**Malta gaseificada:** Corresponde a bebida não alcoólica Malta que foi gaseificada artificialmente com dióxido de carbono ($CO_2$). Ver **Malta.**

**Malta:** Termo usado para indicar bebida não alcoólica produzida com mosto de cevada malteada ou extrato de malte e água, a qual passa por processo de cocção. Opcionalmente, pode conter lúpulo, adjuntos cervejeiros e outros ingredientes de origem vegetal ou animal outro de uso alimentar. Pode ser ou não gaseificada artificialmente (malta gaseificada). Ver **Cevada**; **Malte**.

**Maltaria:** Local onde se realiza a malteação de cereais, como a cevada e o trigo. Ver **Malteação**.

**Maltase:** Ver **Alfa-glicosidase/α-glicosidase.**

**Malte:** Nome genérico dado para todo grão de cereal que passou por processo de malteação, usado comumente no processo de fabricação de cerveja e outras bebidas fermentadas. O principal malte utilizado na produção cervejeira é o malte de cevada. Há outros de uso comum, como malte de trigo, malte de arroz, malte de centeio e malte de aveia. Ver: **Malteação**; **Mosturação**.

**Malte ácido/acidificado:** São maltes que contribuem para a acidificação da mostura (redução do pH). Podem ser naturalmente acidificados por lactobacilos (que geram ácido lático) e utilizados para reduzir naturalmente o pH da água cervejeira com alta alcalinidade, corrigindo o pH da mostura, além de trazer características inerentes do malte acidificado em questão, que geralmente tem coloração castanha/marrom.

**Malte base:** Termo utilizado para denominar os maltes que podem ser utilizados em grande percentual no mosto cervejeiro, podendo chegar até 100 %, decorrente de seu alto poder diastático (capacidade enzimática de hidrolisar o amido presente no mosto). Na malteação, são secos em temperaturas geralmente menores, variando de acordo com o tipo, garantindo maior atividade enzimática nos grãos (ex. Malte Pilsner). Ver **Poder diastático.**

**Malte cara:** Tipo de malte, definido como malte especial, também chamado de *caramalt*, o qual, após processo de malteação, passa por um processo de secagem, propiciando que ocorra a reação de Maillard e a Caramelização. Pode apresentar pouco ou nenhum poder diastático. São exemplos: Caraaroma, Cara Ruby, Cara Gold e Cara Blond. Ver **Malte especial**; **Reação de Maillard.**

**Malte cristal:** Um dos tipos de malte especial que durante o seu processo de secagem é intensificado as reações de caramelização. Este malte confere ao perfil de malte da cerveja notas de caramelo, uva-passa, ameixas secas e também pode conferir notas doces ou que remetam a mel. A cor fornecida por esse malte pode ser entre tons âmbar até marrons. Também contribui no aumento do corpo da cerveja.

**Malte de vento:** Também conhecido como malte de sol, corresponde a um tipo de malte claro/pale, o qual é seco pela exposição ao sol e vento, após a malteação. Geralmente usado em cervejas no estilo Witbier (cerveja de trigo estilo Belga). Ver **Malteação**.

**Malte defumado:** São maltes especiais que passaram por algum tipo de processo de defumação, podendo-se utilizar diferentes tipos de madeiras ou até mesmo turfa. Resultarão no odor/aroma e sabor defumado nas cervejas, sendo típico nas *Smoked beers* (Ale) ou *Rauchbier* (Lager alemã).

**Malte especial:** São os maltes que passaram para algum processo adicional na malteação, para além da maceração, germinação e secagem padrão. Normalmente são utilizados em menor percentual no mosto, devido a menor atividade das enzimas em seus grãos. Proporcionam cor, sabor e corpo à cerveja. Podem ser submetidos a diferentes processos de secagem em temperaturas mais elevadas ou tostagem em diferentes graus, o que pode reduzir a atividade enzimática e, até mesmo, eliminar toda atividade, como nos maltes torrados. Ver **Reação de Maillard; Caramelização.**

**Malte tostado/Malte preto:** Tipo de malte, definido como malte especial. Após a malteação, passa por fornos para torrefação em diferentes níveis (temperatura mais elevadas que dos *caramalts*). Esses maltes contribuem na cerveja com a coloração, além de aromas tostados, de chocolate, entre outros. Não apresentam poder diastático e devem ser usados em pequenos percentuais na mostura. São exemplos: Malte *Black*, Chocolate, Carafa (I, II e III). Ver **Malte especial.**

**Malte verde:** Consiste no grão de cereal que passou pelas fases de umidificação e germinação, durante a malteação, e está pronto para secagem ou tostagem.

**Malteação:** Processo no qual se estimula a germinação das sementes dos cereais e, quando a maior parte dos grãos tiver germinado, o processo é interrompido e os grãos são secos. Esse processo é importante pois diversas enzimas são produzidas ou ativadas, além de ocorrerem importantes modificações nas biomoléculas do grão. Além disso, a malteação é importante para a formação do sabor dos maltes. Os estágios gerais/básicos são: maceração; germinação; secagem. Há maltes que passam por torra úmida e outros que, após secagem, passam por torra seca. Dependendo do tipo de malte é possível levá-los para fornos com diferentes temperaturas ou mesmo defumá-los. Os grãos de cereais mais comumente malteados são: cevada, trigo, arroz e aveia. O local onde a malteação é realizada é geralmente chamado de maltaria.

**Malteria:** Ver **Maltaria**.

**Maltose:** Dissacarídio (carboidrato) composto de duas glicoses ligadas por meio de uma ligação glicosídica α-1,4. No mosto, a composição dos carboidratos é cerca de 90 % do total de sólidos dissolvidos sendo, entre os açúcares fermentescíveis, a maltose o mais abundante (entre 43 a 45 %).

**Maltotetrose:** Oligossacarídio (carboidrato) composto por quatro glicoses ligadas por meio de ligação glicosídica α-1,4 entre as glicoses. Este é um açúcar normalmente não fermentescível pelas leveduras cervejeiras, contribuindo para a composição do corpo e dulçor residual nas cervejas. Ver **Corpo**.

**Maltotriose:** Trissacarídio (carboidrato) composto por três glicoses ligadas por meio de ligação glicosídica α-1,4 entre as glicoses. Este açúcar é o segundo de maior concentração presente no mosto (entre 11 a 13 %), fermentescível pelas leveduras cervejeiras, contribuindo para aumento do teor alcoólico da bebida, entretanto, só é consumido após a levedura utilizar a sacarose, glicose, frutose e maltose, embora possa ocorrer algum grau de sobreposição.

*Malzbier:* Tipo de cerveja escura e doce, com baixo teor alcoólico (0,5-1,5 % ABV), fermentada em baixa temperatura, criada na Alemanha por Ferdinand Glaab, tendo sido considerada, tradicionalmente, como um tônico/energético. No Brasil, atualmente, trata-se de uma cerveja do estilo Lager com adição de caramelo e xarope de açúcar após a filtração, geralmente com até 4 % de álcool.

**Manômetro:** Instrumento usado para medir a pressão de gases e líquidos em recipientes fechados. Utiliza-se, comumente, em tanques de carbonatação ou em garrafas para acompanhar a pressão.

**MAPA:** Sigla do Ministério da Agricultura, Pecuária e do Abastecimento da República Federativa do Brasil. No meio cervejeiro, diz-se que a cerveja tem ou não MAPA para indicar se a mesma apresenta ou não registro no Ministério para produção e comercialização da bebida.

**Maraschino:** Ver **Amêndoas**.

*Märzen/Märzenbier:* Nome em alemão (março) de um estilo de cerveja lager, de cor âmbar, com um sabor limpo, tostado e maltado com leve amargor e um final seco. A versão Amber Lager alemã (no estilo vienense da época) foi originalmente servida na Oktoberfest em 1872 e durou até 1990, quando a Festbier foi adotado como padrão para o festival de cerveja.

**Marzipan:** Ver **Amêndoas.**

*Mash hopping:* Termo em inglês usado para se referir à lupulagem no mosto/na mosturação. Consiste em uma técnica de lupulagem, pouco utilizada, na qual se adicionam lúpulos na panela de mosturação.

*Mash-in/Mashing-in/Mashing:* Ver **Mosturação.**

*Mash-lauter tun/MLT:* Termo em inglês para a tina usada para a mosturação, assim como para a clarificação e a lavagem do malte. Ver *Lautering.*

*Mash-out:* Uma das etapas do *lautering*, cujo objetivo principal é parar a atividade enzimática na mosturação, após a sacarificação, fixando o perfil de açúcares estabelecido durante a rampa de mosturação. Contribui também com a redução da viscosidade do mosto, contribuindo com as etapas de clarificação e lavagem. Ocorre por elevação da temperatura do mosto (76-78 °C) por cerca de 10 minutos. Ver *Lautering.*

*Mash-tun:* Termo em inglês para tina de mosturação. Local onde ocorre a mosturação. Pode ser de diversos tamanhos e materiais, assim como com diferentes fontes de calor. Ver **Mosturação.**

*Mashing-off:* Sinônimo de *mashing-out*. Ver **Mashing-out.**

*Mass/Maß:* Tradicional canecão de cerveja alemão, de um litro, confeccionado com vidro ou cerâmica. Antigamente se usava o termo *Maß* como uma medida de volume austro-bávara para cerveja (1,069 L). Como era um canecão/jarro (*Krug*) com uma medida (*Maß*), passaram a chamá-lo de *Maßkrug* e, posteriormente, de forma simplificada (*Maß*).

**Maturação:** Processo que ocorre após fermentação primária da cerveja, geralmente em temperatura diferente da temperatura de fermentação primária, visando alterar o metabolismo das leveduras para a melhoria dos sabores e aromas da cerveja. Também chamada de fermentação secundária. Geralmente ocorre entre 8 e 10 °C abaixo da temperatura de fermentação, mas pode variar por estilo. As cervejas podem passar por condicionamento após a maturação, como em barris de carvalho ou outra madeira ou mesmo em garrafas de vidro. A maturação e o condicionamento podem ocorrer de forma concomitante em um mesmo local. Ver **Condicionamento.**

**Maturação em barril:** Ver **Condicionamento em barril.**

**Max Reess:** Cientista alemão (1845-1901), botânico e micologista. Trabalhou na definição e descrição do gênero *Saccharomyces* e descreveu em 1870, pela primeira vez, a levedura de cerveja de baixa fermentação (Lager), nomeando a espécie em homenagem a Louis Pasteur (*Saccharomyces pastorianus*). Em 1883 o pesquisador Emil Christian Hansen também a descreve, acreditando-se tratar de uma nova espécie, nomeando-a de *S. carlsbergensis.* Há evidências de que sejam da mesma espécie. Ver **Emil Christian Hansen**; **Lager**; *Saccharomyces pastoriamnus.*

**MCU:** Sigla em inglês para *malt color unity* (unidade de cor de malte). Ver **Unidade de Cor de Malte.**

**Medição do grau de satisfação:** Método de análise sensorial do tipo hedônica/afetiva utilizada para se avaliar, utilizando-se escalas ordenativas (uso de termos ou ícones de faces) para indicar a satisfação do consumidor sobre um alimento/bebida.

**Medicinal:** Termo usado no meio cervejeiro para um *taint*, odor/aroma/sabor, gerado a partir de compostos fenólicos clorados, com destaque para o clorofenol, resultantes, geralmente, de resíduos de cloro contaminante. Também descrito como gosto de *band-aind.* Ver **Clorofenol;** *Taint; Off-flavor.*

**Meio de cultivo**: Em microbiologia, corresponde ao conjunto de compostos nutrientes usados para o crescimento de microrganismos, podendo ser sólido (como usado em placas de Petri) ou líquido. Os meios de cultivo podem ser classificados de acordo com seu uso em gerais (não seletivos), seletivos e diferenciados. Por exemplo: o meio de Sabouraud pode ser usado para cultivo de leveduras e demais fungos, contendo menor concentração de nutriente e pH mais ácido; o meio MacConkey pode ser usado como diferencial para crescimento de bactérias gram-negativas.

*Megasphaera*: Gênero de bactérias Gram-negativa, cocos anaeróbios estritos, multiplicam-se na cerveja entre 15 e 37 °C, crescem em meio com até 4 % ABV de etanol, gerando odores pútridos/fezes (sulfureto de hidrogênio e outros metabólitos sulfurados) na bebida contaminada. A M. *cerevisiae* é uma das espécies representativas do gênero para o processo cervejeiro, podendo gerar ácido butírico, ácido acético, ácido isovalérico, ácido capróico e acetoína. Ver **Ácido capróico.**

**Melanoidinas:** Polímeros altamente coloridos que são considerados os responsáveis pelo escurecimento característico da reação de Maillard. A formação destes compostos ainda não é completamente elucidada, porém algumas propostas são aceitas: 1) que a sua estruturação se dê pela ligação de várias unidades de moléculas dos produtos da reação de Maillard, como furanos, pirróis ou ambos; 2) que podem ser formados a partir de produtos de degradação de açúcares nos estágios iniciais da reação de Maillard e 3) podem ser formados pela ligação cruzada entre cromóforos de baixa massa molecular (como o hidroximetilfurfural, por exemplo) com proteínas incolores de alta massa molecular. Ver **Reação de Maillard.**

**Melibiase:** Enzima da classe das hidrolases (EC 3.2.1.22), também chamada de α-galactosidase ou α-D-galactosídeo galactohidrolase. Hidrolisa ligações α-1,6-glicosídicas de melibiose e rafinose (entre outros), liberando D-galactose. Esta enzima pode ser encontrada em leveduras Lager *Saccharomyces pastorianus*, entretanto, não são encontradas em *Saccharomyces cerevisiae*. Ver **Melibiose; Rafinose.**

**Melibiose:** Carboidrato dissacarídio, composto por uma galactose e uma glicose unidos por uma ligação glicosídica α-1,6 (não confundir com lactose, na qual a ligação entre a galactose e a glicose é β-1,4). Pode ser formado a partir da degradação da rafinose. Sua hidrólise ocorre por meio da enzima α-galactosidase. Destaca-se que *Saccharomyces cerevisiae* não consegue hidrolisar Melibiose, enquanto *Saccharomyces pastorianus* sim, sendo esta uma das formas de diferenciar essas duas espécies. Ver *Saccharomyces pastorianus.*

**Mercaptano: 1.** Termo usado em análise sensorial para descrever o odor/aroma de lixo e esgoto, considerado um *off-flavor*, gerado pela autólise da levedura ou mesmo por microrganismos contaminantes. **2.** Quimicamente, mercaptano é um termo geral para os compostos organosulfurados, tióis, ou seja, que apresentam um carbono com uma sulfidrila (–SH) ligada. Tem-se o composto etanotiol como referência, sendo a concentração típica na cerveja entre 0 e 0,5 µg/L e o limiar de detecção de sabor de 1 µg/L. Ver *Pectinatus.*

**Mesofílico:** Ver **Mesófilo.**

**Mesófilo:** Termo usado para designar microrganismos que se proliferam em temperaturas entre 25 e 40 °C, correspondendo à maior parte dos microrganismos. Nesta faixa se encontram as leveduras Ale (*Saccharomyces cerevisiae*), assim como diversos contaminantes da cerveja.

**Mestre(a) cervejeiro(a):** Considera-se mestre cervejeiro o profissional altamente qualificado para a produção cervejeira, podendo ser responsável desde a criação das receitas até a supervisão do processo de fabril e controle de qualidade da produção e produto final. O mestre cervejeiro tem amplo conhecimento sobre os insumos, processo de produção, controle de qualidade, inovações e tecnologias cervejeiras e estilos cervejeiros. Assim, desempenha papel primordial no perfil e identidade da cerveja produzida. No Brasil, não há regulamentação específica para uso desta designação pelo profissional, sendo que o MAPA exige que o profissional responsável pela produção seja graduado em alguma das áreas autorizadas para atuação como responsável técnico (por exemplo engenheiro de alimentos, químicos, biólogos, biotecnólogos, tecnólogos em alimentos ou bebidas etc.). Frequentemente, profissionais com maior experiência e/ou formação específica (graduação ou pós-graduação) de mestre cervejeiro ou tecnologia cervejeira, acabam por usar muitas vezes esta designação. Entretanto, países com tradição cervejeira mais longa, como a Alemanha, exige-se que o profissional tenha formação específica para usar esta designação (em alemão: *braumeister*). É importante ficar atento às mudanças, pois a legislação está em constante transformação.

**Metálico:** Descritor utilizado em análise sensorial para descrever dois tipos de defeito que ocorrem em cerveja. O primeiro é um *off-flavor*, causado pela oxidação da cerveja, normalmente durante o envelhecimento, mediante contato com oxigênio. O segundo defeito é uma contaminação causada por agente externo (*taint*), a partir da exposição a elementos metálicos ferrosos, transmitindo seu sabor à cerveja. De forma simplificada, quando o defeito é causado por contaminação, o aroma metálico pode ser percebido ao se esfregar um pouco de espuma da cerveja no dorso da mão. Quando o defeito é um *off-flavor*, ao se repetir o procedimento não se sente cheiro metálico. Apresenta limiar de detecção de 1 mg/L. Ver ***Taint***.

**Metiltio-metano:** Ver **Dimetilsulfeto/Dimetilsulfureto/DMS**.

**Método *Champenoise*:** Nome da técnica de segunda fermentação na própria garrafa, usado na fabricação de vinhos espumantes na região de Champagne (indicação geográfica). Também chamado de método natural ou clássico. Acredita-se que foi desenvolvido pelo monge beneditino Dom Pérignon (1638-1715). As garrafas são mantidas em estantes nas caves e passam por um processo de descanso, incluindo rotações periódicas da garrafa (¼ volta), geralmente diárias, e inclinação gradativa da mesma para retirada da borra. Usado tipicamente na produção de vinhos espumantes.

Fora da região de Champagne recebe o nome de método *Traditionelle*. Há alguns estilos de cerveja que usam esse método. Ver **Método *Traditionelle*.**

**Método *Charmat*:** Nome da técnica de segunda fermentação em tanques de aço inox pressurizáveis (chamados de autoclaves). Usado na fabricação de vinhos espumantes, como técnica alternativa e mais barata ao método de *champenoise*. Inventado pelo enólogo italiano Federico Martinotti (1895) e patenteado pelo francês Eugène Charmat (1907). Alguns tipos de cerveja podem ser fabricados se beneficiando desta técnica, com as cervejas *Brut*. Ver **Método *champenoise*; Método *Traditionelle*.**

**Método de Gram:** Ver **Coloração de Gram.**

**Método de Rager:** Um dos métodos usados para cálculo da estimativa de IBUs (*International bitterness unit*) em uma receita, desenvolvido por Jackie Rager. Neste, caso a gravidade específica do mosto ultrapasse 1,050 g/mL antes da fervura, faz-se necessário um ajuste da gravidade [AG= (gravidade – 1,050)/0,2]. O cálculo é similar ao método de Tinseth, usando-se o (AG) e uma tabela diferente de percentual de utilização. Neste método se considera: massa de lúpulo em gramas (Lup); % de utilização (Ut); % de α-ácidos em decimais (aa); volume de cerveja em litros (VC); e o ajuste da gravidade (AG): $IBU = \dfrac{Lup \times Ut \times aa \times 1000}{VC \times (1 + AG)}$. Ver **IBU.**

**Método de Tinseth:** Um dos métodos usados para cálculo da estimativa de IBUs (*International bitterness unit*) em uma receita, desenvolvido por Glenn Tinseth. Neste se considera: massa de lúpulo utilizada em gramas (Lup); % de utilização – fator correspondente entre gravidade específica e tempo de fervura (Ut); percentual de α-ácidos em decimais (aa); volume de cerveja em litros (VC): $IBU = \dfrac{Lup \times Ut \times aa \times 1000}{VC}$. Ver **IBU.**

**Método *Spectrum*:** Método de análise sensorial descritiva, também chamada de escala universal (*universal scale*), usada para descrever as características do alimento/bebida a partir de uma ferramenta descritiva universal com referências absolutas, utilizáveis para todo tipo de produto. Utiliza-se um conjunto de descritores (aspecto, odor, textura na boca, gosto), com uma escala de 0-15. Ver **Métodos descritivos.**

**Método *Traditionelle*:** Nome da técnica de segunda fermentação na própria garrafa, com técnica específica, equivalente ao método *champenoise*, entretanto fora da região de indicação geográfica de Champagne. Usado tipicamente para produção de vinhos espumantes, entretanto, tem-se mostrado como uma possibilidade na produção de algumas cervejas, como a *Biére Brut* (como exemplo comercial, a Cerveja *Deus – Brut des Flandres*). Ver **Método *champenoise*.**

**Métodos descritivos:** Conjunto de métodos de análise sensoriais que focam na identificação descritiva das características sensoriais complexas e multidimensionais reconhecidas pelos avaliadores na cerveja. Dentre os testes: perfil de sabor (*flavor*); perfil de textura; análise descritiva quantitativa (ADQ®); perfil de livre escolha; perfil *flash*; perfil convencional (ISO 11035:1994); método *Spectrum*.

**Métodos discriminativos:** Conjunto de métodos de análise sensoriais que permitem a identificação de diferenças globais ou de um atributo na cerveja. Dentre as globais: teste triangular; teste dois-em-cinco; teste duo-trio; teste de diferença simples; teste de A – não A; teste de diferença do controle; teste de semelhança. Dentre as por um atributo: teste de diferença direcional; teste de ordenação.

**Métodos hedônicos ou afetivos:** Conjunto de métodos de análise sensoriais que visam reconhecer a reação subjetiva dos provadores/consumidores sobre a cerveja. Incluem testes de aceitabilidade e de preferência. Os testes podem ser quantitativos ou qualitativos, sendo que a ABNT NBR ISO 11136:2016 estabelece conceitos gerais para testes hedônicos. Podem ser usadas para avaliação do potencial mercadológico do produto, aceitação de novos rótulos, avaliação da melhoria de produtos etc. Entre os testes qualitativos estão os grupos focais (*focus group*) e as técnicas etnográficas. Entre os quantitativos, pode-se dividir em testes de preferência (pareado, ordenação e ordenação múltipla) e de aceitação (aceitabilidade, avaliação hedônica, escala JAR – *Just About Right*, avaliação dos atributos, hedônica e intensidade). Recomenda-se o mínimo de 60 provadores para os testes de preferência e 112 para os de aceitação.

***Metschnikowia*:** Gênero de leveduras não-Saccharomyces da ordem *Saccharomycetales* e família Metschnikowiaceae, que podes ser utilizadas como levedura alternativa na produção cervejeira, com cepas comerciais para as espécies *Metschnikowia pulcherrima* (Levulia Pulcherrima) e *Metschnikowia reukaufii* (WLP4650, *Metschnikowia reukaufii*). Podem ser utilizadas em fermentações mistas, sendo que algumas cepas produzem altas concentrações de ésteres de acetato e β-damascenona. No geral, apresenta baixa atenuação, algumas cepas entre 20 e 25 %.

**Mevalonato:** Ver **Ácido mevalônico.**

**Micotoxinas:** São substâncias tóxicas ao homem e demais animais, podendo ser carcinogênicas, teratogênicas e mutagênicas, produzidas por vários fungos. Podem ser produzidas nos grãos decorrentes de problemas na colheita, estocagem, transporte, processamento e armazenagem, destacando, neste caso, as aflatoxinas produzidas pelos gêneros *Alternaria*, *Aspergillus*, *Cladosporium*, *Fusarium* e *Rhizopus*. São exemplos de micotoxinas: aflatoxinas, ocratoxinas, esterigmatocistina, patulina, rubratoxina B, ácido penicílico, citrina, zearalenona e tricotecenos.

*Micrococcus*: Gênero de bactérias Gram-positiva, do filo Actinobacteria, classe Actinomycetes, ordem Micrococcales, família Micrococcaceae. Geralmente não são patogênicas, sendo possíveis contaminantes da cerveja, com destaque para *Micrococcus kristinae*, atualmente nomeado de *Rothia kristinae* (mesma família). As bactérias do gênero são comumente aeróbias estritas, entretanto, *Rothia kristinae* pode crescer em meio anaeróbio, sendo este crescimento mais comum em cerveja de baixa concentração de etanol e lúpulo e pH acima de 4,5 (em meios mais ácidos e com mais etanol seu crescimento é inibido).

**Microscópio de luz/óptico:** Instrumento óptico composto por múltiplas lentes de aumento que possibilita a visualização de pequenas estruturas, como células. Provavelmente, criado por dois holandeses (séc. XVI d.C.), Zacharias Janssen (acredita-se que seu pai Hans Janssen também contribuiu). Ao longo do século 17, Antoni van Leeuwenhoek aprimorou a construção do microscópio, com o qual descreveu as primeiras células individualizadas. O microscópio foi fundamental para os trabalhos envolvendo a identificação e seleção das leveduras, assim como de alguns de seus contaminantes (nesse caso, bactérias). Para se observar e quantificar leveduras, utiliza-se uma Câmara de *Neubauer*, visualizando-se com aumento próximo de 600x (vezes). Destaca-se que a realização da técnica de iluminação de Kölher garante melhor qualidade da imagem. Ver **Câmara de Neubauer**; **Contagem de células/de leveduras**; **Iluminação de Köhler.**

**Míldio:** Doença na planta de lúpulo causada por um oomiceto (*Pseudoperonospora humuli), Downy Mildew*, encontrado globalmente nas plantações e uma das principais doenças. Trata-se de um microrganismo filamentoso e unicelular. A primeira observação da doença se deu no Japão em 1909. O tratamento inclui a remoção das partes afetadas e o uso de antifúngicos.

**Milheto-pérola:** Sinônimo de milheto. Ver **Milheto.**

**Milheto**: Planta (gramínea) da família Poaceae, espécie *Cenchrus americanus* (*syn.* hetorotípico *Pennisetum glaucum*). Destaca-se que há outras espécies que também recebem o nome de milheto. Nativo do continente Africano. Pode-se utilizar seus grãos de cereais, malteados ou não, na fabricação de cerveja. Comparativamente ao arroz, milho e sorgo, apresenta menor teor de carboidratos e maior de proteínas, sendo livre de glúten. Ver **Cereal; Glúten, Poaceae.**

**Milho:** Planta gramínea da família Poaceae, subfamília Panicoideae, tribo Andropogoneae, subtribo Tripsacinae, espécie *Zea mays*, a qual fornece grãos de cereais que são extremamente utilizados na produção cervejeira, tendo em vista seu menor custo e alto teor de amido. Sua adição na produção praticamente não traz adições de sabores ou corpo. Pode proporcionar cervejas mais leves e límpidas, principalmente estilos *lagers* e light *lagers*. Pode ser usado na fabricação de cerveja sem glúten.

*Millet*: Palavra em inglês para milheto. Ver **Milheto.**

**Mio-inositol hexaquisfosfato:** Ver **Ácido fítico.**

**Mirceno:** Um dos óleos essenciais presentes no lúpulo, sendo (quimicamente) um monoterpeno. É o principal, mais abundante e volátil encontrado na maioria das variedades de lúpulo em níveis de concentração que podem variar de 0,3 até 60 % do total do óleo essencial. Destaca-se pelos odores/aromas florais, cítricos e de pinus. Durante a secagem e o armazenamento (aeróbico) do lúpulo a maior parte do mirceno evapora (63,9 °C) e uma menor parte oxida, sendo efetivamente todo perdido quando adicionado ao mosto fervente. Obtém-se uma concentração de mirceno na cerveja em uma faixa identificável de sabor (30-100mg/L) somente quando estas são lupuladas pela técnica de *dry hopping*. Em excesso pode ocasionar aroma ácido e sensação áspera/desagradável na cerveja. Lúpulos nobres tendem a apresentar maior proporção de humulenos em relação aos mircenos. Ver **Razão humuleno/mirceno.**

*Mittelfrueh/Mittelfrüh*: Lúpulo nobre alemão, com leve aroma floral, picante, usado frequentemente em cervejas *Lager* de estilos bávaros. Produzido na região de Hallertau, uma das mais importantes do mundo no cultivo de lúpulo. Ver **Lúpulo nobre; Hallertau/Holledau.**

*Mix sparge:* Termo em inglês para lavagem mista. Refere-se a etapa de lavagem do mosto, após mosturação e *mash-out*, visando retirar o máximo possível de açúcares residuais nos grãos. Nesta técnica, combinam-se a lavagem contínua (*fly sparge*) e por batelada (*batch sparge*). Ver *Fly sparge*; *Batch sparge*.

**mL:** Símbolo da unidade de volume mililitro (milésima parte do litro). Isso significa que 1 L = 1000 mL.

**Moagem:** Ação de esmagar os grãos permitindo que o endosperma amiláceo fique exposto e possa ser hidratado quando for imerso na água cervejeira, facilitando assim o processo de extração realizado pelas enzimas do malte. A técnica de moagem a ser adotada depende do método de mostura e filtragem utilizadas. A moagem deve ser realizada em condições que preservem a estrutura das cascas quando estas forem necessárias para a construção de um leito de filtragem na tina de filtração (ou tina filtro) da cervejaria ou na panela do cervejeiro caseiro que usa fundo falso ou *bazooka*.

**Modificação/Modificação do malte:** Ver **Grau de modificação.**

**Mofado:** Ver **Mofo.**

**Mofo: 1.** Descritor em análise sensorial para o odor/aroma ou gosto de mofo/mofado/ bolor, tendo como referência o 2,4,6-tricloroanisol. Considerado um indesejado na maior parte dos casos (*off-flavor*), pode se originar da proliferação de contaminantes no mosto (mofo preto de pão e/ou míldio) ou do contato com áreas muito úmidas. Deve-se avaliar o local de estocagem (umidade e temperatura), validade dos insumos, meios/origens de contaminações. Além disso, ter atenção no uso de malte defumado com turfa. **2.** Designação para fungos filamentosos, havendo alguns benéficos e outros prejudiciais para saúde humana. Ver **Mofo preto do pão.**

**Mofo preto do pão:** Fungo filamentoso, um bolor, da espécie *Rhizopus stolonifer*, família Mucoraceae. Prolifera-se comumente em superfícies de alimentos (aparência de bolor/mofo), como pão, grãos e frutas. Quando contaminam os insumos cervejeiros, podem originar o *off-flavor* de mofo/bolor, tendo como referência sensorial o composto 2,4,6-tricloroanisol, com limiar de detecção entre 1,4 a 4,6 ng/L (no geral, 5 ng/L). Ver **Mofo.**

**Moinho de rolos:** Ferramenta usada para moer/esmagar os grãos de cereais (malteados ou não) usados na produção de cerveja, consistindo de dois ou mais rolos rugosos posicionados paralelamente, sendo os grãos direcionados ao espaço entre esses, resultando no esmagamento dos grãos. Pode ser manual ou movido por motores. Sendo bem regulado, poderá ter um bom resultado para exposição do amido, sem danificar em excesso as cascas do malte, facilitando posteriormente a filtragem do mosto, melhorando o rendimento do extrato e evitando a extração de excesso de taninos. Ver **Friabilidade.**

**Moinho Guzzo:** Ferramenta usada para moer os grãos, geralmente manual, podendo ser adaptado para algum tipo de motor, consistindo de discos que trituram os grãos.

Pode moer de maneira excessiva, contribuindo para maior presença de taninos no mosto e diminuindo a filtrabilidade do mosto. Ver **Friabilidade.**

**Mol/Moles:** Unidade de medida do Sistema Internacional de Unidades (SI) usada para expressar a quantidade de matéria de partículas elementares como átomos, íons, elétrons, moléculas etc. Tem-se que 1 mol de uma matéria apresenta $6,02 \times 10^{23}$ entidades elementares dessa matéria. Por exemplo, 1 mol de ferro contém $6,02 \times 10^{23}$ átomos de ferro (tomando como referência apenas o elemento químico). Ver **Molar/M**.

**Molaridade:** Concentração molar ou concentração em quantidade de matéria. Razão da quantidade de matéria do soluto (em mol) pelo volume da solução (em litros), expressa na unidade mol/L. Ver **Mol.**

**Monoetilenoglicol/MEG:** Sinônimo de etilenoglicol. Ver **etilenoglicol**.

**Monossacarídios:** São os tipos mais simples de carboidratos, compostos de uma cadeia simples de carbonos com hidroxilas (–OH) e hidrogênios ligados, salvo um carbono que pode apresentar um grupo aldeído (aldoses) ou um grupo cetona (cetoses). Usa-se, comumente, o sufixo –ose em seus nomes. Podem ser classificados de acordo com o número de carbonos (triose: 3, tetrose: 4, pentose: 5, hexose: 6 etc.). Os monossacarídios mais comuns, no meio cervejeiro, são: glicose e frutose. Os monossacarídios podem estar ligados para formar cadeias por meio de ligações glicosídicas (ex.: amilose é uma cadeia polimérica de glicoses). Ver **Carboidrato; Oligossacarídios; Polissacarídios.**

**Monoterpenos:** São compostos químicos da classe dos terpenos (cíclicos ou ramificados), sintetizados a partir do ácido mevalônico. Apresentam o equivalente a duas unidades de isopreno (5 carbonos) em sua constituição. Estão presentes nos óleos essenciais dos lúpulos. Podem ser alifáticos (ex.: mircenos) ou cíclicos (ex.: $\alpha$-pineno e $\beta$-pineno). Cada composto resultará em diferentes odores/aromas e sensações na cerveja de acordo com a técnica de lupulagem. Ver **Ácido mevalônico; Isopreno; Mirceno**.

**Mosto filtrado:** Solução resultante da mosturação, ou seja, do processo de extração dos açúcares fermentescíveis (mosto doce). Após ser fermentado, o mosto passa a ser cerveja, podendo ser maturado e carbonatado.

**Mosto não filtrado:** Suspensão ou solução dos maltes moídos (*grist*) em água.

**Mosturação:** Processo no qual o conjunto de grãos moídos (*grist*), imerso na água cervejeira, passará diversas temperaturas para que as enzimas presentes no malte (principalmente as hidrolases) possam agir sobre as biomoléculas (como amido, proteínas e β-glucanos), resultando no mosto com carboidratos menores, incluindo os fermentescíveis e não fermentescíveis, além de outras biomoléculas importantes para a atividade dos microrganismos durante a fermentação. Comumente, usam-se os termos em inglês *mash-in, mashing-in ou mashing*.

*Mrakia gelida*: Um dos raros fungos basidiomicetos (filo Basidiomycota) com potencial uso na produção cervejeira. Em sua forma anamórfica, apresenta-se como levedura. Em sua forma teleomórfica, tem a capacidade de formar hifas, das quais podem surgir os basídios. Caracteriza-se como psicrófilo (vive em temperaturas mais frias). Seu possível uso se destaca na produção de cerveja de baixo teor alcoólico.

**Murcha de verticilagem:** Uma das doenças que ocorre nas plantas de lúpulo, causada pela espécie de fungo fitopatogênico *Verticillium albo-atrum*, um ascomiceto. A primeira observação descrita no lúpulo se deu na Inglaterra (1924). A infecção resulta no amarelamento das folhas, sendo necessário, para o controle, a remoção das partes afetadas e o uso de antifúngicos.

**Musgo irlandês:** Usado comumente durante a fervura do mosto como agente clarificante (coadjuvante de tecnologia de fabricação), auxiliando na aglutinação de proteínas, restos de lúpulo, taninos etc., melhorando a formação do *trüb*. Foi um dos primeiros agentes clarificantes usados na fase quente da produção cervejeira (década de 1960). Apesar do nome musgo, trata-se de uma macroalga: *Chondrus crispus*. Age de forma semelhante ao *Whirlfloc*. Ver **Clarificante;** *Trüb*; *Whirlfloc*.

**NAD⁺:** Forma no estado oxidado do NADH (nicotinamida adenina dinucleotídio). Esta coenzima participa das reações para formação de ATP nas células (glicólise), incluindo nas leveduras. Durante a glicólise, as enzimas reduzem o NAD⁺ em NADH. No contexto da fermentação, os microrganismos oxidam o NADH para se obter novamente o NAD⁺ e este voltar a participar na glicólise. Ver **ATP; NADH.**

**NADH:** Sigla para a coenzima nicotinamida adenina dinucleotídio, no estado reduzido, a qual está relacionada diretamente com a produção de ATP – energia – para as células, incluindo as leveduras. Pode se apresentar no estado oxidado (NAD⁺) ou reduzido (NADH). Durante a via glicolítica, o NAD⁺ recebe prótons (H⁺) e elétrons advindos da oxidação da glicose, formando NADH e este poderá ser oxidado por vias anaeróbias (fermentação) ou aeróbias (cadeia de transporte de elétrons). Ver **Fermentação; Glicólise.**

**Nefelômetro:** Instrumento laboratorial, também chamado de turbidímetro, usado em análises nefelométricas, ou seja, para avaliar a turbidez de um líquido, determinando a concentração de partículas insolúveis que ficam suspensas em líquidos a partir da quantificação da intensidade da luz que dispersam. Cerveja com maior turbidez (*haze*, c*hill haze*) apresentam maior quantidade de partículas insolúveis suspensas. Ver **Turbidez**.

***Nibs*** **de cacau:** São pequenos pedaços triturados de amêndoas de cacau torradas (sem casca) que podem ser inseridas em diversas etapas da produção da cerveja, como durante a maturação, visando agregar sabores do cacau às cervejas. Pode ser usado, por exemplo, em Porters e Stout, além de outros estilos.

**Nicotinamida adenina dinucleotídio:** Ver **NADH**.

**Ninkasi:** Antiga deusa sumeriana da cerveja (5000 a 3000 a.C), nascida na água corrente, filha de Enki (deus da criação, água, conhecimento) e Ninti (deusa da vida). Considerada a deusa de toda criação, a deusa preparava a cerveja para servir aos outros deuses.

**Nitrato:** Ânion inorgânico ($NO_3^-$) considerado um contaminante da água cervejeira, com limite máximo de 44 ppm. Pode ser oriundo do ciclo do nitrogênio, pelas plantas, ou da lixiviação de fertilizantes usados na agricultura. Nas condições da fermentação pode ser convertido em nitrito, o qual é tóxico para as leveduras, interrompendo a fermentação. O nitrato, em concentrações elevadas, também gera problemas para a saúde em humanos.

**Nitrito:** Ânion inorgânico ($NO_2^-$) considerado um contaminante da água cervejeira, com limite máximo de 3 ppm. Pode ser formado a partir da redução de nitratos. A ingestão contínua ou em maior concentração é considerada tóxica para maior parte dos animais. O nitrito pode oxidar o ferro presente nas hemoglobinas, oxidando o $Fe^{2+}$ em $Fe^{3+}$, formando a metahemoglobina que não consegue transportar $O_2$.

**Nitrogênio amínico livre:** No contexto cervejeiro, corresponde ao total de compostos nitrogenados solúveis e que podem ser utilizados pelas leveduras, também chamado de *free amino-nitrogen* (FAN). Referem-se aos nitrogênios presentes em aminoácidos livres, pequenos peptídios (dipeptídios e tripeptídios) e íons de amônio ($NH_4^+$). São importantes para a proliferação das leveduras. Originam-se na malteação e mosturação a partir da degradação das proteínas pelas proteases. Deve-se ter, pelo menos, 150 mg/L de FAN para uma boa fermentação, sendo o ideal entre 200-250 mg/L. Quando se deseja referir somente aos aminoácidos livres, denomina-se aminoácidos livres (*Free amino acids* – FAA). Ver **Aminoácidos livres**.

**Nitrogênio solúvel total:** Valor usado como parâmetro de controle de maltes, indicando o total de nitrogênio solúvel no malte (porcentagem em relação a massa). Seu valor indica o quanto modificado foi o cereal no processo de malteação. Quanto mais modificado, maior percentual de nitrogênio solúvel. Ver **Fração do Nitrogênio solúvel; Proteína; Proteína solúvel.**

**Nitrogênio total:** Valor usado como parâmetro de controle de maltes, indicando o total de nitrogênio presente nas proteínas solúveis e insolúveis (porcentagem em relação a massa). Corresponde a cerca do total de proteínas dividido por 6,25. Ver **Fração do Nitrogênio solúvel; Proteína; Proteína solúvel.**

**Nitrosamina:** Composto cancerígeno ($R_2N–N=O$) que pode ser formado no processo de produção dos maltes, durante a secagem/tostagem, pela exposição direta dos grãos aos gases da combustão. Os maltes devem ter baixas quantidades de nitrosaminas. Atualmente os processos de malteação utilizam secagem indireta, evitando o contato com gases de combustão e minimizando a formação de nitrosaminas.

**Nivalenol**: Micotoxina da classe dos tricotecenos produzida, principalmente, por fungos do gênero *Fusarium*, os quais podem contaminar grãos de cereais. Sua ingestão pode causar irritações na pele, vômito, problemas gástricos, imunossupressão etc. Ver **Desoxinivalenol/DON; Micotoxina; Tricoteceno.**

*No chill*: Termo em inglês para uma técnica de resfriamento da mostura, após fervura. Consiste na não utilização de qualquer método para o resfriamento rápido do mosto, deixando-o esfriar na panela/tina naturalmente. Dessa forma, o resfriamento ocorre de forma lenta e sem uso de água no processo, gerando economia de água. Entretanto, dependendo que como for realizada, pode aumentar muito o risco de contaminação, além disso, pode resultar na conversão de S-metil-metionina (SMM) em Dimetilsulfeto (DMS) no mosto, gerando o off-flavor que lembra milho cozido. Deve-se verificar a adequação do método de resfriamento com o estilo de cerveja desejado.

**Normal/N**: Forma de expressar a concentração de uma solução, indicando o número de equivalente-grama do soluto por litro de solução (normalidade: $N = n_{Equg}/V$).

*Novozymes Attenuzyme Pro*: Ver *Attenuzyme Pro.*

*Novozymes Ultraflo*: Ver *Ultraflo®.*

**Nozes:** Ver **Amêndoas.**

**Nucleação**: No âmbito da formação da espuma na cerveja, corresponde ao processo pelo qual as bolhas de gás carbônico se formam em cervejas carbonatadas, contribuindo para a liberação de odores e para a qualidade da espuma.

**Número *EC***: Ver *EC.*

**Nutrientes**: São compostos que podem ser usados durante a fase de propagação das leveduras, sendo constituídos por compostos primordiais ao seu crescimento, como sais minerais (ex. fosfato diamônico, vitaminas (ex. vitamina B1), aminoácidos, carboidratos entre outros. Usados, por exemplo, na propagação a partir de *starter* ou diretamente no mosto após inoculação. Deve-se avaliar as condições do meio de crescimento das leveduras para se indicar a necessidade do uso ou não de nutrientes específicos. Ver **Fosfato diamônico.**

***Obesumbacterium proteus:*** Bactéria Gram-negativa que pode contaminar o mosto durante a inoculação das leveduras. Convivem por todo processo fermentativo, crescendo junto com a levedura cervejeira, resultando em menor atenuação e cerveja com pH alto, originando sabores frutados e outros fora do padrão. Ver **Gram-negativa.**

***Obesumbacterium:*** Gênero de bactérias Gram-negativa que podem contaminar o mosto cervejeiro durante a inoculação das leveduras, sendo mais comum a *Obesumbacterium proteus*. Pertencem ao filo *Pseudomonadota*, classe *Gammaproteobacteria*, ordem *Enterobacterales* e família *Hafniaceae*. Ver **Gram-negativa; Obesumbacterium proteus.**

**Ocratoxina:** Consiste em um grupo de sete substâncias, micotoxinas, sendo derivadas de isocumarina (grupo amida ligado ao grupo amino da fenilalanina), sendo a Ocratoxina A a mais tóxica aos organismo humano. Podem ser encontradas em grãos, como de milho, aveia, trigo e cevada, quando o controle e prevenção para o crescimento/proliferação de fungos é deficitário. Podem ser produzidas por, pelo menos, sete espécies de *Penicillium*, seis de *Aspergillus*, destacando *P. cyclopium*, *P. viridicatum* e *P. palitans*. Há diversos trabalhos indicando nefropatologias associadas a esta micotoxina. No Brasil, o limite máximo tolerado de Ocratoxina A em cereais para posterior processamento é de 20 µg/kg. Ver **Micotoxinas.**

**Odor fecal/fezes:** Um *off-flavor*, provavelmente por contaminação por bactérias do gênero *Pantoea*, como *P. agglomerans* (*syn.* heterotópico *Enterobacter agglomerans*), além de diversos coliformes (gêneros *Citrobacter, Enterobacter, Escherichia* e *Klebsiella*), indicando que, provavelmente, houve falha na sanitização em algum dos processos frios (pode ser oriunda de outras fontes também). Ver **Fase fria; Enterobacter.**

**Odor:** Segundo a NBR ISO 5492:2017 é denominado a propriedade sensorial perceptível pelo órgão olfativo quando certas substâncias voláteis são aspiradas via ortonasal. O odor será a primeira percepção sensorial quando a cerveja é levada próxima ao nariz, onde os compostos voláteis estimularão diferentes receptores do epitélio olfativo de acordo com seus limiares de percepção específicos. Não confundir com o termo aroma. Ver **Análise sensorial, Aroma.**

**Oenococcus oeni**: Espécie de bactérias Gram-positiva da família Lactobacillaceae que frequentemente contamina cervejas durante seu processo de fabricação, gerando ácido lático e diacetil. Considera uma bactéria ácido lática (BAL). Homofermentativa com crescimento entre 15 e 21 °C e pH entre 3,0 e 4,5 (melhor entre 3,0 e 3,5). Realiza fermentação malolática, ou seja, converte ácido málico em ácido lático, dessa forma, é comumente usada em fermentação mista de vinho. Pode ser usado na produção de alguns estilos de cervejas, como *sours* (ácidas) e *lambics*. Ver **Homofermentativa**.

**Off-flavor**: Gostos e odores/aromas indesejados na cerveja, variáveis por estilo, podendo ser produzidos por compostos decorrentes dos insumos, erros na produção, mesmo durante o transporte e armazenamento inadequados. Como exemplos: ovo podre, papelão, vômito, maçã verde, solventes etc.

**OG**: Termo em inglês para gravidade original (*Original gravity/OG*), usado comumente pelos cervejeiros. Ver **Gravidade original/GO**.

**Oídio**: Doença no lúpulo causada pelo fungo *Podosphaera macularis (syn. het. Sphaerotheca humuli)*, um ascomiceto, uma das principais doenças do lúpulo, ocasionando manchas cloróticas/esbranquiçadas nas folhas da planta. Os fungos podem residir nos cones, saindo do interior ao exterior, deteriorando este, o que ocasiona a perda de produtividade. Ver **Ascomiceto**.

**Øjvind Winge**: Importante cientista dinamarquês (1886-1964), formado em Ciências Biológicas na Universidade de Copenhagen. Trabalhando no Laboratório da cervejaria Carlsberg, Øjvind comprovou a reprodução sexuada (1935) e avançou nos trabalhos relacionados à genética das leveduras. Ver **Reprodução sexuada**.

**Óleos essenciais**: São um grupo de várias centenas de compostos com diferentes propriedades físico-químicas, biológicas e sensoriais. São secretados pelas glândulas de lupulina após o desenvolvimento das resinas e continuam sendo sintetizados até o momento da colheita, podendo representar cerca de 0,50 a 3,0 % da massa do lúpulo seco. A grande maioria dos óleos essenciais são pouco solúveis em meio aquoso e muito voláteis, evaporando ao serem aquecidos a altas temperaturas. Para maximizar o aproveitamento dos gostos e aromas dos lúpulos ricos em óleos essenciais (lúpulos de aroma) recomenda-se a sua adição na etapa final da fervura, durante o *whirlpool* ou a partir da técnica de *dry hopping*. Como exemplo dos compostos associados ao óleo de lúpulo, destaca-se os terpenos: mircenos (monoterpenos), humulenos (sesquiterpeno), cariofilenos (sesquiterpeno) e farnesenos (sesquiterpeno).

**Olfação ortonasal:** Ver **Odor.**

**Olfação retronasal:** Ver **Aroma.**

**Oligossacarídios:** São pequenas cadeias de carboidratos, lineares ou ramificadas, compostas por dois até cerca de vinte monossacarídios (um ou mais tipos), ligados por ligação glicosídica (α ou β). Os mais comuns são os dissacarídios (ex.: maltose, sacarose e lactose), além destes, encontram-se na mostura os trissacarídios (ex.: maltotriose) entre outros de tamanhos variados. Cadeias maiores serão polissacarídios. Ver **Carboidratos; Monossacarídios; Polissacarídios.**

*On-flavor:* Gostos e odores/aromas desejados na cerveja, variáveis por estilo, resultantes da escolha dos insumos e do processo produtivo. Como exemplos: caramelo, café, pêra, melão, floral, maracujá, nozes, cravo etc.

**Organoléptica:** Propriedades de substâncias capazes de atuar sobre algum dos órgãos dos sentidos, como audição, olfato, paladar, tato e visão. Atualmente é mais comum o uso do termo sensorial, como por exemplo, propriedades sensoriais. No meio cervejeiro, refere-se às sensações/propriedades sensoriais da cerveja, sendo esta o conjunto de sensações que a mesma desperta/produz no indivíduo, por sua aparência, aromas, gostos, sabores, tato etc.

*Original gravity/OG:* Ver *Gravidade original.*

*Oryza sativa:* Ver **Arroz.**

**Osmose inversa:** Sinônimo de Osmose reversa. Ver **Osmose reversa.**

**Osmose reversa:** Sistema que pode ser usado no tratamento de água, a partir do qual se separam pequenas moléculas (1 a 10 Å) da água, a partir do uso de membranas que permitem a água passar, mas não as moléculas alvo. Geralmente, utilizam-se pré-tratamento da água anterior à osmose reversa. Há cervejarias que realizam osmose reserva para eliminar os sais da água e, posteriormente, criar o perfil de água cervejeira desejada. Ver **Água desmineralizada; Desmineralização.**

*Over-pitching/Overpitching:* Termo em inglês para superincolulação. Ver **Superinoculação.**

**Ovo podre:** Termo usado em análise sensorial para descrever o odor de ovo podre na cerveja, um *off-flavor* em altas concentrações, originado pela presença de sulfeto de hidrogênio, o qual pode ser formado por leveduras velhas ou a partir da autólise destas, assim como por alguns contaminantes. Ver **Sulfeto de hidrogênio.**

**Oxidação:** Reação química de perda de elétrons de um composto, resultando na alteração do seu estado de oxidação. No contexto cervejeiro, tanto os ingredientes, quanto certos compostos presentes na cerveja podem sofrer oxidação (geralmente isso ocorre quando entram em contato com o oxigênio – agente oxidante. Esse contato pode ser proposital ou não, bem como benéfico ou prejudicial. Por exemplo, uma forma de remover os íons $Fe^{2+}$ (íon ferroso) da água cervejeira é oxidá-lo a $Fe^{3+}$ (íon férrico) e então decantá-lo na forma de hidróxido insolúvel (desejável e benéfico). Outro exemplo é a oxidação de ácidos graxos presente na cerveja em aldeído (trans-2-nonenal), sendo este o principal responsável pelo sabor de cerveja envelhecida (descrito como papelão). Portanto, controlar a exposição ao oxigênio é crucial em várias etapas da produção para garantir a qualidade e a estabilidade da cerveja. Ver **Papelão.**

**Oxigenação/Oxigenação do mosto:** Consiste na incorporação de oxigênio ($O_2$) ao mosto, contribuindo para a fase de proliferação celular das leveduras (fase *Log*). Quanto maior a densidade inicial do mosto (OG), maior a demanda de $O_2$, sendo que, em média, demanda-se entre 8-10 ppm (um mosto de 1.040 SG demanda 10 ppm, enquanto 1.093 SG de 22 ppm). Diferentes técnicas podem ser utilizadas, sendo: agitação simples (até 2,7 ppm); *splashing* (até 4 ppm); bomba com difusor e filtro bacteriológico – ar atmosférico (até 8 ppm); oxigênio puro borbulhado com difusor (depende do tempo/pressão – podendo atingir até mais de 20 ppm). A baixa oxigenação pode ocasionar a menor atenuação do mosto, assim como maior tempo para atenuação completa.

**Oxirredutase:** Nome de uma das classes de enzimas (EC1), as quais catalisam reações de oxirredução ($AH_2 + B \rightleftharpoons A + BH_2$). As enzimas oxirredutases podem ter em seu nome: desidrogenase, redutase, oxidase, oxigenase, peroxidase, catalase e dismutase. Um importante exemplo cervejeiro é a enzima álcool desidrogenase presente nas leveduras (ADH-1), a qual é responsável pela produção de etanol a partir de acetaldeído. Ver **Álcool desidrogenase/ADH; EC; Enzimas; Lactato desidrogenase/ LDH.**

**PA:** Abreviação de *pro analysis*/para análise, utilizada para indicar quem um composto apresenta alto grau de pureza, sendo informado no laudo do mesmo os contaminantes. Pode ser usado em experimentos educacionais ou análises químicas de rotina. Porém, não é indicado para uso alimentar ou medicinal. No Brasil, a Anvisa estabelece o uso alimentar intencional de reagentes com pureza FAO-OMS ou FCC. Ver **Grau de pureza do sal**.

**PA/ACS:** Sigla usada para indicar o grau de pureza de um reagente químico (PA: Para análise; ACS: American Chemical Society). Nos laudos dos reagentes são informados os valores máximos dos contaminantes e os teores mínimos dos materiais que o constituem. Apresenta maior pureza que os reagentes PA. São reagentes de alta pureza e qualidade, indicados para reações que demandam padronização oficial. No Brasil, a ANVISA estabelece o uso alimentar intencional de reagentes com pureza FAO-OMS ou FCC. Ver **ACS; Grau de pureza do sal; PA**.

**Pa/Pascal:** Unidade de pressão utilizada no Sistema Internacional de Unidades (SI), sendo equivalente a força de 1 N (Newton) exercida de forma uniforme sobre 1 $m^2$ (1 $N/m^2$). Pode ser usada em diversos manômetros para controle da pressão de tanques pressurizados, saída de gás de chopeiras etc. Há outras unidades de pressão, como o PSI etc. Conversões: 1 Pa = $10^{-5}$ bar; 1 Pa ≈ 0.000145 psi. Ver **Bar; Manômetro; PSI**.

**Panela de pressão:** Ver **Técnica da Panela pressão**.

**Papelão:** Descritor em análise sensorial para o odor/aroma ou gosto de papelão/papel molhado, tendo como referência o trans-2-nonenal ($C_9H_{16}O$). Há uma tendência em, quanto mais velha, maior o gosto/odor/aroma de papelão. A concentração típica na cerveja nova é menor que 50 µg/L e na velha acima de 200 µg/L. O limiar de detecção está entre 50-100 µg/L. Pode se originar a partir da: oxidação da cerveja; aeração pós fermentação; alta temperatura de armazenamento. Deve-se ter o cuidado de não fazer *splash* (efeito de cascata) durante a trasfega do mosto fermentado, usar *airlock* adequado, evitar armazenar por longo período, ter um bom local de armazenamento e, quando possível, envasar por contrapressão.

**Parada/s:** Também chamada/s de rampa/s de temperatura. Correspondem aos intervalos de tempo na mosturação, em uma certa temperatura. Ao controlar o perfil de temperatura e a duração dos períodos de repouso em temperaturas específicas (rampas de temperatura), o cervejeiro é capaz de influenciar na composição do mosto e na eficiência com que a extração dos compostos ocorre. São nas paradas que também serão definidos no mosto o teor de açúcares fermentescíveis e não fermentescíveis, os perfis de peptídeos e aminoácidos, as concentrações de nutrientes disponíveis para as leveduras, a capacidade de tamponamento, o que influenciará diretamente em algumas propriedades sensoriais da cerveja, como, por exemplo: corpo, transparência, formação e retenção de espuma, entre outros.

**Parada de acidificação:** Corresponde a uma das etapas da rampa de temperatura durante a mosturação, pouco utilizada atualmente, na qual se objetiva hidrolisar o fitato, por ação da enzima fitase, liberando-se o inositol e fosfatos inorgânicos, contribuindo para a acidificação da mostura. Ocorre na faixa de 40 a 55 °C, com pH ótimo em torno de 5,5. Sua utilização ocorre, principalmente, em mosturas com maltes pouco modificados, tendo sido comum em mosturas de Pilsens, com água muito mole. Em mosturas com percentual elevado de grãos com alto grau de modificação, torna-se desnecessária ou com muito baixo custo-benefício, frente às outras formas de se controlar o pH da mostura. De toda forma, como sua faixa acaba por sobrepor outras rampas, poderá haver atividade da fitase, concomitante às enzimas envolvidas nas paradas da β-glucanase, ferúlica e proteica. Ver **Fitase; Fitato.**

**Parada da produção de maltose**: Consiste em um tipo de parada de sacarificação, sendo uma das etapas da rampa de temperaturas durante a mosturação. Tem como objetivo a hidrólise (quebra) do amido no mosto em maltose prioritariamente (maior fermentabilidade). Ocorre entre 62 e 65 °C. Pode ser combinada com outras rampas de temperatura, de acordo com os objetivos pretendidos. Ver **Parada de sacarificação**.

**Parada de sacarificação:** Corresponde a uma das etapas da rampa de temperatura durante a mosturação, na qual se objetiva degradar (hidrolisar) o amido presente no mosto em açúcares fermentescíveis e dextrinas (não fermentescíveis). De acordo com as temperaturas, poderá obter diferentes concentrações de açúcares fermentescíveis e não fermentescíveis residuais, impactando no corpo, dulçor residual e teor alcoólico da cerveja. Por exemplo, na temperatura de 70 °C se obtém a sacarificação (dextrinização) no menor tempo (maior atividade de α-amilase). Ver **Alfa-amilase/α-amilase; Beta-amilase/β-amilase; Sacarificação.**

**Parada do β-glucano:** Corresponde a uma etapa da mosturação, podendo ser um dos passos da rampa de temperatura, principalmente quando adicionados maltes pouco modificados ou adjuntos com alta concentração de β-glucanos. Nesta parada agem as β-glucanases: endo-β-(1,3)-glucanase; endo-β-(1,4)-glucanase); β-glicosidases. Mantém-se a mostura entre 35 e 45 °C (tipicamente 45 °C), entre 15 e 20 minutos, para que as enzimas hidrolisem as ligações dos β-glucanos. O pH das enzimas que atuam nessa parada é 4,7, sendo que funcionará entre 4,5 e 5,5. Ver **β-glicosidases; β-glucanase.**

**Parada ferúlica/Parada do ácido ferúlico:** Corresponde a uma etapa da mosturação, podendo ser um dos passos da rampa de temperatura, típica em cervejas de trigo. Mantém-se a temperatura do mosto entre 43-45 °C, para que a enzima esterase de ácido ferúlico (feruloil esterase) seja ativada, gerando ácido ferúlico, o precursor do 4-vinyl-guaiacol (sabor de cravo), principalmente em malte de trigo. Nessa temperatura, a enzima fitase também tem boa atividade, degradando fitatos e formando ácido fítico, o que reduz o pH. Além dessas, a enzima β-glucanase também tem boa atividade. A parada tem melhores resultados na faixa de pH 5,7-5,8, geralmente por cerca de 10 minutos. Ver **Esterase de ácido ferúlico**.

**Parada proteica:** Corresponde a uma etapa da mosturação, podendo ser um dos passos da rampa de temperatura. Mantém-se a mostura entre 40 e 60 °C, para que as enzimas proteolíticas possam hidrolisar (romper) as proteínas no mosto. O resultado dependerá das enzimas atuantes: exopeptidases (40-50 °C), endopeptidases (50-60 °C), proteases (50-60 °C). Mosturas com maltes de maior teor proteico, pouco modificado, podem ter a parada entre 15 e no máximo 30 minutos, pois uma proteólise muito extensa pode prejudicar a formação e retenção da espuma da cerveja, deixar a cerveja com uma cor maior do que a esperada, pobre em corpo, porém com uma boa estabilidade coloidal. Grãos muito modificados não necessitam desta parada. Ver **Modificação.**

**Parede dupla:** No contexto cervejeiro, refere-se ao tipo de construção da parede dos tanques de fermentação e/ou maturação (geralmente nos tanques cilíndricos cônicos). Pode-se alocar serpentina metálica no espaço entre as paredes para circulação de gás ou líquido refrigerante. Ver **Tanque cilíndrico-cônico.**

***Parti-Gyle:*** Processo inglês, usado antigamente para se produzir mais de um estilo de cerveja a partir de uma única mosturação. No caso, retirava-se a primeira parte da mostura, mais concentrada – maior densidade (*gyle*), para fazer uma cerveja mais forte (maior ABV), seguindo-se com a mostura (*remashing*) e deixando-se o remanescente para levas seguintes, com menor concentração de açúcares e demais componentes do mosto. Ver *Gyle*.

**Pasteurização:** Técnica desenvolvida por Louis Pasteur para redução dos microrganismos presentes em alimentos/bebidas, como cerveja, vinho, leite etc. A técnica consiste em elevar as temperaturas específicas por determinados tempos. Muito utilizada após envase da cerveja, visando sua maior durabilidade (tempo de prateleira). Utiliza-se a Unidade de Pasteurização (UP) como medida quantitativa deste processo. De acordo com o estilo, pode-se variar entre 15 e 35 a pasteurização UP. Destaca-se que a pasteurização, assim como a técnica usada, influenciará no sabor da cerveja. Ver **Unidade de Pasteurização; Louis Pasteur.**

**Pasteurização de túnel:** Técnica de pasteurização usada em garrafas e latas, na qual os vasilhames passam por câmaras (túneis), borrifando-se água quente, elevando-se a temperatura da cerveja para 65 °C e, posteriormente, são resfriadas retornando à temperatura inicial, sendo que o ciclo completo do processo ocorre em cerca de uma hora, pasteurizando-se de 2.000 a 90.000 garrafas (dependendo do equipamento). Ver **Pasteurização.**

**Pasteurização *flash*:** Técnica de pasteurização na qual se aplicam temperaturas mais elevadas à cerveja (71-79 °C), comparadas à pasteurização comum, por 15-16 segundos. Conhecida também como um processamento "de curta duração em alta temperatura" (HTST). No processo *flash* a pasteurização da cerveja é realizada em linha e antes de ser envasada e portanto deve ser usada em conjunto com a tecnologia de enchimento estéril para evitar a contaminação pós-pasteurização. Ver **Pasteurização**.

**PDB:** Sigla em inglês para *Protein Data Bank* (banco de dados de proteínas). Corresponde a um banco de dados das estruturas de proteínas e ácidos nucleicos, as quais podem ter suas estruturas modeladas em 3D, além de apresentar diversas informações estruturais sobre as mesmas. Os arquivos PDB podem ser encontrados na internet, para as mais diversas moléculas, e visualizados em aplicativos como o *Jmol* e no próprio site do PDB. Neste glossário, diversas das enzimas apresentam códigos de identificação (sigla PDB: código) que podem ser usados para acessar as estruturas das mesmas em https://www.rcsb.org.

**Peagômetro:** Instrumento laboratorial digital para medição do pH de uma solução, também chamado de pHmetro e peagâmetro. Destaca-se que o peagômetro deve ser calibrado em soluções específicas antes de seu uso para maior precisão (geralmente pH 4,01; 7,00; 10,00 – ver manual do equipamento). Alternativamente, pode-se utilizar fitas de papel ou soluções indicadoras para medição do pH, entretanto, apresentam menor precisão. Ver **pH.**

**Pectina:** Carboidrato de cadeia longa (polissacarídio), polímero de ácido galacturônico, sendo encontrado em diversos frutos e vegetais. Torna-se gelatinoso na presença de ácidos e açúcares sob aquecimento (reação de geleificação). A pectina é comumente usada como aditivo alimentar, podendo agir como geleificante, estabilizante e/ou espessante.

*Pectinatus*: Gênero de bactérias Gram-negativa, família Selenomonadaceae, bacilos móveis anaeróbios, que se multiplicam entre 15 e 40 °C, que podem contaminar a cerveja, sendo uma das principais responsáveis pela deterioração de cervejas não pasteurizadas (20-30 %). Geram alta turbidez na bebida, além do odor desagradável de ovo podre (combinação de vários ácidos graxos, ácido sulfídrico e metil mercaptana). Ver **Gram-negativo.**

*Pediococcus damnosus*: Espécie de bactérias Gram-positiva da família Lactobacillaceae que frequentemente contamina cervejas durante seu processo de fabricação, gerando ácido lático e diacetil. Homofermentativa com crescimento entre 25 e 40 °C, sendo que não se multiplica abaixo de 10 °C (há exceções). Também pode ser encontrada na fermentação de cervejas Lambic. Ver **Homofermentativa.**

**Pedra cervejeira:** Nome dado aos depósitos minerais, geralmente oxalato de cálcio, que ocorrem em equipamentos e tubulações de aço, formados principalmente por sais de cálcio. São porosos e propiciam pontos para desenvolvimento de microrganismos contaminantes. Utiliza-se comumente o termo em inglês *beer stone*.

**Pedra de carbonatação:** Ver **Pedra difusora.**

**Pedra difusora:** Equipamento, geralmente de inox, com porosidade variada, utilizado para aeração/oxigenação de mosto antes da fermentação, assim como para incorporação de $CO_2$ à cerveja durante a carbonatação forçada. No caso do uso para oxigenação do mosto, recomenda-se o uso de filtro bacteriológico (quando com bomba comum). Para a carbonatação forçada, utiliza-se cilindro de $CO_2$ com manômetro para controle da pressão.

**Peixinho:** Ver **Barra magnética.**

**Película:** Refere-se a uma fina película formada sobre a superfície da cerveja ou mosto em fermentação, indicando uma possível contaminação por bactérias da família *Acetobacteraceae* (*Acetobacter* spp. e *Gluconobacter* spp.). Geralmente tal efeito acompanhará odores/aromas e gostos resultantes da fermentação acética. Ver **Acetobacteraceae;** *Actobacter;* *Gluconobacter.*

***Pellet*** **T45:** São *pellets* de lúpulo que apresentam cerca de 45 % dos componentes não resinosos encontrados nos cones florais/estróbilo, como celulose, proteínas etc. Também chamado de tipo 45. Durante sua produção, os α-ácidos e óleos são concentrados mecanicamente, retirando-se grande parte das fibras do estróbilo/cone, dessa forma, aumentando-se o teor de lupulina. Ver **Estróbilo;** *Pellet.*

***Pellet*** **T90:** São *pellets* de lúpulo que apresentam cerca de 90 % dos componentes não resinosos encontrados nos cones florais/estróbilo, como celulose, proteínas etc. Também chamado de tipo 90. São produzidos pela prensa dos cones florais processadas/moídas do lúpulo. A maior parte dos lúpulos é comercializada como *pellets* do tipo 90 (T90). Ver **Estróbilo;** *Pellet.*

***Pellet*:** Termo em inglês para designar o formato que são prensadas as flores femininas dos lúpulos, assemelhando-se a pequenos cilindros. Tem a vantagem de ocupar menor espaço de armazenamento, comparado com as flores/cones de lúpulo, além de maior durabilidade. Grande parte dos lúpulos encontrados no comércio estão na forma de *pellets* T90 (cerca de 90 % dos componentes não resinosos) ou T45 (cerca de 45 % dos componentes não resinosos). Ver *Pellet* **T45/Tipo 45**; *Pellet* **T90/Tipo 90**.

**Percentual de aproveitamento**: Ver **Percentual de utilização**.

**Percentual de utilização:** Está relacionado com o percentual de utilização do lúpulo, no sentido do aproveitamento de seu potencial para o amargor, ou seja, na isomerização dos α-ácidos. Corresponde ao fator dado pela relação entre a gravidade específica e o tempo de fervura. Para uma mesma gravidade específica, quanto maior o tempo de fervura, maior o percentual de utilização (a partir de 60 minutos o crescimento do percentual se reduz). Utiliza-se este percentual no cálculo do IBU (*International Bitterness Unit*), como pelo método de Glenn Tinseth: IBU = (L × %Ut × α-ácidos × 1000)/VC, sendo L: massa de lúpulo utilizada em gramas; %Ut: percentual de utilização; α-ácidos: percentual de α-ácidos em decimais; VC: volume da cerveja em litros.

**Perfil convencional:** Método de análise sensorial descritivo, baseada na análise descritiva quantitativa/ADQ, a partir da qual se quantificam grandezas sensoriais complexas pela determinação e quantificação de descritores adequados pré-construídos e testados. Ver **Análise descritiva quantitativa/ADQ; Métodos descritivos.**

**Perfil de água cervejeira:** Corresponde ao conjunto de concentrações dos principais sais desejados para a água de produção cervejeira, usada na mosturação. Cada perfil resultará em resultados da mosturação e fermentação diferentes, gerando características sensoriais distintas. Cada perfil de água será mais adequado para cada estilo de cerveja. Há alguns perfis famosos, como água de Burton, Dortmund e Viena.

**Perfil de livre escolha/PLE:** Método descritivo de análise sensorial, similar ao método de análise descritiva quantitativa/ADQ, entretanto, não se apresenta a lista de atributos ao avaliador, deixando que o próprio elabore sua lista de descritores. Ver **Análise descritiva quantitativa/ADQ; Métodos descritivos.**

**Perfil de sabor/*flavor*:** Método descritivo de análise sensorial (qualitativa e semi-quantitativa) utilizada para descrever os odores/aromas e sabores. Para descrever todos os atributos, pode-se utilizar o teste de Análise descritiva quantitativa. Ver **Análise descritiva quantitativa/ADQ; Métodos descritivos.**

**Perfil de textura:** Método descritivo de análise sensorial que considera a textura, podendo ser dividida em conjuntos de atributos, como, no caso de bebidas, relacionados à viscosidade, carbonatação, corpo e *afterfeel* (sensação residual). Ver **Métodos descritivos.**

**Perfil *flash*:** Método descritivo de análise sensorial, baseado no método de perfil de livre escolha e no método de análise comparativa, também chamado de perfil livre *flash*. Nesse teste integram-se em uma única etapa a familiarização com o produto, construção dos atributos e classificação dos mesmos. Ver **Perfil de livre escolha/ PLE; Métodos descritivos.**

**Perfil livre *flash*:** Ver **Perfil *Flash*.**

**Período *Lag*:** Ver **Fase *Lag*/latência/adaptativa.**

***Perlage*:** Termo usado para designar as finas bolhas de gás carbônico, formadas no copo, após a bebida ser servida, sendo que, quanto menores forem, melhor. Origina-se da palavra *Perle* (pérolas) em francês.

**Peróxido de hidrogênio:** Composto químico ($H_2O_2$), comumente chamado de água oxigenada. Apresenta alto poder de oxidação, com diversas finalidades, inclusive para sanitização. É um dos componentes para fabricação do ácido peracético usado na sanitização, por exemplo, de garrafas. Ver **Ácido peracético**.

**PEAD:** Sigla para polietileno de alta densidade. Em inglês HDPE (*high-density polyethylene*). Pode ser usado em diversas aplicações comerciais, como baldes, tambores/bombonas, caixas d'água etc. É atóxico, com alta estabilidade térmica e resistência física. É uma opção mais barata para o cervejeiro caseiro adquirir equipamentos e utensílios produzidos com este material em suas produções, como: fermentadores, baldes, pá cervejeira etc., em comparação com o aço inox.

**PET:** Sigla de polietileno tereftalato, um tipo de plástico usado comumente em garrafas, as quais podem ser usadas para fabricar, p.ex., *growlers* e *KEGs* de cerveja.

**pH:** Corresponde ao potencial hidrogeniônico, na qual se avalia a acidez de uma solução a partir da concentração de $H^+$, usando-se uma escala de 1 a 14. Considera-se o pH 7 neutro, ácido acima deste e alcalino abaixo deste. $pH = - Log [H^+]$. No caso de ácidos fracos, usa-se: $pH = pK_a + Log ([A^-]/[AH])$, sendo $[A^-]$ a concentração da base conjugada e $[AH]$ a concentração da forma protonada. Pode ser mensurado, por exemplo, por meio de peagômetro, tiras de pH/papel indicador ou soluções indicadoras de pH. A escala de pH foi inventada pelo dinamarquês Søren Peter Lauritz Sørensen (Bioquímico) em 1907, no laboratório da cervejaria Carlsberg. Ver **pK**$_a$; **pHmetro**; **Solução tampão**.

**pH ótimo:** Corresponde ao pH em torno do qual uma enzima apresenta maior atividade. Fatores que interferem no pH da mostura, por exemplo, alteraram as atividades das enzimas presentes, resultando na alteração das concentrações dos produtos finais presentes na mostura. Dessa forma, deve-se ajudar o pH da mostura para o pH das enzimas-alvo desejadas.

**pH *Stabilizer 5.2*:** Composto (tampão) utilizado durante a mosturação para manter (tamponar) o pH do mosto em torno de 5,2. Ver **Solução tampão**.

**pHmetro:** Termo popular para peagômetro. **Ver Peagômetro**.

***Phorodon humuli:*** Ver **Pulgão do lúpulo**.

***Physica Sacra:*** Nome do livro produzido pela abadessa Hildegarda de Bingen, em 1153 d.C, no qual se descreveu o uso do lúpulo como insumo da cerveja e sua importante propriedade antiséptica: "... *putredines prohibet in amaritudine sua ...*" (... o amargor dificulta a sua podridão ...) Ver **Hildegarda de Bingen/***Hildegard von Bingen***.

**Picância:** Uma das sensações trigeminais (associadas ao tato) que podemos ter na cavidade oral, semelhante a sensação de pimenta na boca, entretanto, de muito suave para suave em alguns estilos de cerveja. Dentre as substâncias, destacam-se as alcalóides (como capsaicina) e alguns cariofilenos do lúpulo. Presente na cerveja como resultado, principalmente, da adição de alguns tipos de lúpulos. Ver **Sensações trigeminais.**

**Picante:** Descritor em análise sensorial para a sensação de picância na cavidade oral, sendo uma das sensações trigeminais. Pode ser originado de compostos presentes nos óleos essenciais dos lúpulos, como nos cariofilenos, assim como pelo eugenol e outros compostos (ex. capsaicina). Ver **Cariofileno; Eugenol; Picância, Sensações trigeminais.**

***Pichia*:** Gênero de leveduras não-*Saccharomyces* ou selvagens, ordem Saccharomycetales, família Pichiaceae, no qual se encontram algumas espécies não convencionais para uso na produção cervejeira. Algumas das espécies, por exemplo, podem ser utilizadas na produção de cerveja de baixo teor alcoólico (ex.: *Pichia terricola*) ou para se potencializar a produção de ésteres (*Pichia kluyveri*). Ver ***Pichia kluyveri*.**

***Pichia kluyveri*:** Levedura não-*Saccharomyces*, não convencionais ou selvagens, ordem Saccharomycetales, família Pichiaceae, que pode ser utilizada na produção de cerveja sem álcool. Tem seu uso difundido na produção de vinho (contribuindo em complexidade de sabores e aromas) e geralmente é consorciado com a *Saccharomyces cerevisiae*. Ainda em fase de experimentações na produção de cerveja. A sua principal característica é ser maltose negativa, isto é, seu metabolismo não consome este que é o principal açúcar do mosto, processando somente açúcares simples como glicose e frutose e consequentemente, produzindo pouca quantidade de álcool (entre 0,1 e 0,2 % v/v). São leveduras que produzem quantidades significativas de ésteres, sendo portanto, mais indicadas para produção de cervejas do estilo belga ou de trigo. Ver **Pichiaceae.**

**Pichiaceae:** Família de fungos ascomicetos (leveduras), do filo Ascomycota, Subfilo Saccharomycotina, classe Saccharomycetes, subclasse: Saccharomycetidae, ordem Saccharomycetales (mesma ordem que o gênero *Saccharomyces*). Diversas espécies de leveduras não-*Saccharomyces* usadas na produção cervejeira fazem parte desta família, destacando-se os gêneros *Brettanomyces* e *Pichia*. Ver ***Brettanomyces; Pichia*.**

**Pigtail**: Termo em inglês para uma pequena espiral com registro, feita com tubo de inox ou outro material, o qual é conectado ao tanque de maturação/carbonatação para retirada de amostras da cerveja, sem que a mesma forme muita espuma. A tradução literal do termo seria "rabo de porco", decorrente da similaridade do formato.

**Pils**: Sinônimo de Pilsen. Ver **Pilsen/Pilsener/Pilsner**.

**Pilsen/Pilsener/Pilsner**: Cerveja de fermentação de fundo/baixa (Lager), origi-nada na região da Boémia (tcheco: Čechy; alemão: Böhmen), atualmente República Tcheca, na cidade de Pilsen (Plzeň). Foi o primeiro estilo de cerveja pale-lager pro-duzido e comercializado, em 1842, por Josef Groll, originando a mundialmente conhecida *Pilsner Urquell*. Caracteriza-se pelo uso de: malte claro Pilsner (base); água mole; lúpulo Saaz; leveduras Lager. Ver **Josef Groll.**

**Pint**: Copo tradicional inglês, muito usado nos *pubs*. Seu nome se originou em uma unidade de volume do Sistema Imperial Britânico, correspondendo a ⅛ de galão. O pint inglês (*nonic pint*) tem 568 mL e o americano (*shaker pint*) tem 473 mL.

**Piruvato descarboxilase**: Enzima da classe das liases (EC: 4.1.1.1; PDB: 2VK8), presente no citosol das leveduras cervejeiras (entre outros organismos), que atua sobre o piruvato, descarboxilando este, liberando $CO_2$ e acetaldeído. Esta enzima atua com a coenzima tiamina pirofosfato (TPP), além do magnésio ($Mg^{2+}$) como cofator. Esta enzima é a principal responsável pela liberação do $CO_2$ durante a fermentação. Ver **Fermentação alcoólica/etanólica.**

**Piruvato**: É a forma desprotonada do ácido pirúvico ($pK_a$ = 2,49), correspondendo à sua base conjugada. Na maior parte dos organismos/microrganismos apresenta-se como piruvato (desprotonado). Ver **Ácido pirúvico.**

**Pitching rate**: Ver **Taxa de inoculação.**

**Pitching**: Ver **Inoculação.**

**Pivo**: Palavra em tcheco para cerveja.

**Pivovar**: Palavra em tcheco para cervejaria.

**Piwo**: Palavra em russo (пиво) e polonês (piwo) para cerveja.

**Piwowar**: Palavra em polonês para cervejaria.

**pK$_a$:** Corresponde ao valor do cologaritmo da constante de dissociação ácida (pK$_a$ = - Log K$_a$), indicando, assim como Ka, a força ácida. Quanto mais fraco é um ácido, maior seu valor de pK$_a$. A partir da fórmula de Henderson–Hasselbalch pH = pK$_a$ + Log (A$^-$/HA), tem-se que, quando o pH do meio corresponder ao valor de pk$_a$ do ácido, haverá 50 % das formas protonadas (HA) e 50 % desprotonadas (A$^-$). Aplicando esse conhecimento aos sistemas tampões, sua maior eficiência será quando o pH do meio for igual ao pk$_a$. Ao observar os ácidos fracos, como os formados durante a fermentação, atente-se aos seus valores de pk$_a$. Ver **Constante de dissociação ácida; Tampão.**

**Placa de toque:** Instrumento laboratorial consistindo de uma base com pequenas cavidades côncavas circulares, podendo ser de cerâmica ou plástico. Usada durante a mosturação para realização dos testes com iodo e mosto, para controlar a hidrólise/degradação do amido durante a brassagem, a partir da cor da reação. Ver **Teste do iodo.**

**Plato/°P:** Unidade usada na quantificação da densidade da cerveja. Consiste em uma medida indireta para se quantificar os açúcares presentes no mosto. Um grau Plato (1 °P) corresponde a 1 g em massa de sacarose em 100 g de solução (1 % m/m). O nome da unidade é em homenagem ao cientista alemão Fritz Plato (1858-1938), o qual fundamentou seus estudos nas experiências realizadas por Karl Joseph N. Balling. Ver **Balling; Gravidade específica.**

**Poaceae:** Família de plantas da classe Magnoliopsida, subclasse Petrosaviidae, ordem Poales. São angiospermas (plantas com flores) e monocotiledôneas (apenas um cotilédone na semente), com cerca de 793 gêneros e 10.000 espécies. Apresentam inflorescência com flores agrupadas em espiguetas, reunidas em panículas e frutos como cariopses. Muitas das plantas dessa família são conhecidas como gramíneas, sendo que diversas espécies apresentam sementes que são utilizadas como insumo cervejeiro. Destacam-se nesta família, com fins cervejeiros, as espécies: *Avena sativa* (aveia), *Avena byzantina* (aveia), *Hordeum vulgare* (cevada), *Oryza sativa* (arroz), *Secale cereale* (centeio), *Sorghum bicolor* (sorgo), *Triticum aestivum* (trigo); *Zea mays* (milho).

**Poço termométrico:** Acessório usado em baldes/tanques de fermentação, panelas/caldeirões e cozinhas de brassagem, consistindo em um tubo de inox (geralmente) com uma extremidade fechada. O acessório é inserido nesses com a finalidade de posicionar o sensor do termostato em melhor posição, garantindo um controle mais preciso da temperatura e isolando o meio do instrumento de medição.

**Poder diastático:** Refere-se à capacidade do malte em converter o amido (amilose e amilopectina) em açúcares fermentescíveis, por meio do conjunto de enzimas capazes de degradar este (enzimas amilolíticas), com destaque para α–amilase e β–amilase. Recomenda-se que a mostura tenha, pelo menos, 30 °L (graus Lintner) para que a sacarificação ocorra minimamente de forma satisfatória. Calcula-se o poder diastático a partir dos poderes diastáticos de cada malte e das respectivas massas. Considerando: $°L_{batelada}$: poder diastático total em °L da batelada; $°L_{grão}$: poder diastático de cada grão em °L; $Massa_{grão}$: massa de cada grão em quilos; $Massa_{total}$: massa total dos grãos em quilos, calcula-se: $°L_{batelada} = \dfrac{\sum (°L_{grão} \times Massa_{grão})}{Massa_{total}}$. Ver **Grau Lintner/°L.**

**Poder revigorante do lúpulo:** Ver *Hop creep*.

*Podosphaera macularis*: Ver **Oídio.**

**POF:** Sigla para o termo em inglês *phenolic off-flavour*, referindo-se ao sabor desagradável gerado por compostos fenólicos. Os POF podem ser originados das matérias-primas, como maltes e lúpulos, ou podem ser produzidos em maiores concentrações por leveduras $POF^+$ durante a fermentação. Alguns estilos de cerveja se beneficiam de quantidades moderadas de POF, como os estilos de trigo alemão e belga. Pode-se caracterizar uma levedura como $POF^+$, quando produz concentrações de compostos fenólicos perceptíveis, e como $POF^-$, quando não produz compostos fenólicos em concentrações perceptíveis. São exemplos: 4-vinil-guaiacol; 4-Etil-guaiacol; 4-Etil-fenol; 4-vinylphenol. Ver **4-Vinil-guaiacol.**

**pOH:** Corresponde a concentração de íons hidroxila ($OH^-$) presentes na solução, usado para indicar a alcalinidade do meio. Também chamado de potencial hidroxiliônico. Ver **pH.**

**Polietileno de alta densidade:** Ver **PEAD.**

**Polietileno tereftalato:** Ver **PET.**

**Polifenol/polifenóis:** São substâncias químicas que constituem uma ampla categoria de compostos naturais, amplamente presente nas plantas, que se caracterizam pela presença de múltiplas unidades fenólicas (hidroxilas ligadas a anéis aromáticos). Apresentam diversas subclasses, como flavonoides, ligninas, ácidos fenólicos e estibelenos. Na produção cervejeira, os polifenóis podem ser advindos dos insumos, como o malte e lúpulo. Os taninos e os flavonoides são exemplos de polifenóis e podem, na cerveja, resultar no *off-flavor* de adstringência, além de contribuir para a aparência enevoada da bebida (*haze*). Destaca-se que diversos polifenóis estão relacionados com a ação antioxidante e podem contribuir com a estabilidade da cerveja e melhoria da saúde em humanos. Ver **Flavonoides,** *Haze*.

**Polimento:** Termo utilizado na indústria cervejeira para a filtração final da cerveja, visando sua clarificação, a partir de filtros específicos para o processo, antes do engarrafamento.

**Polissacarídios:** São compostos polimérico, com cadeias longas, lineares ou ramificadas, compostas por monossacarídios (um ou mais tipos), ligados por ligação glicosídica ($\alpha$ ou $\beta$), podendo conter de centenas a milhares de unidades monossacarídicas ligadas. O amido (amilose e amilopectina), celulose e glicogênio são exemplos de polissacarídios. Ver **Carboidratos; Monossacarídios**.

**Polivinilpolipirrolidona:** Agente clarificante, um coadjuvante de tecnologia de fabricação que pode ser usado na maturação ou durante a filtração da cerveja, antes do envase. Pode ser encontrado comercialmente com diversos nomes, como *Polyclar*, *Polygel*, PVPP etc. Trata-se de um polímero sintético solúvel em água (polivinilpolipirrolidona – INS 1201), com partículas carregadas positivamente que atuam, principalmente, na floculação de polifenóis. Em *homebrewing* (caseiro), utiliza-se PVPP descartável, mas é muito comum o uso de PVPP regenerável em escala industrial. O PVPP é usado em um filtro específico, após o filtro de terra; após o uso é regenerado por meio do tratamento com soda cáustica e utilizado novamente. Ver **Adsorção; Adsorvente.**

**Polyclar:** Ver **Polivinilpolipirrolidona.**

**Polygel:** Ver **Polivinilpolipirrolidona.**

**Ponto de evaporação dos terpenos:** Ver **Evaporação dos óleos essenciais.**

**Pontos de gravidade:** Ver **Unidades de gravidade.**

**POP:** Ver **Procedimento Operacional Padrão.**

*Post-mix***:** Tipo de barril de inox pressurizável que pode ser usado para armazenar cerveja. Geralmente são encontrados com 10 e 19 litros e apresentam uma abertura superior maior que os barris comuns (KEG). Ver **KEG.**

**Posthumulona/post-humulona:** Um dos α-ácidos presentes no lúpulo, em pequenas quantidades (1-5 %), na fração da resina mole, que contribui com o amargor na cerveja, a partir de sua isomerização durante a fervura. Ver **alfa-ácidos/α-ácidos.**

**Postlupulona/post-lupulona:** Um dos β-ácidos presentes no lúpulo, na fração da resina mole. Praticamente não contribui com o amargor na cerveja. Ver **Beta-ácidos/β-ácidos.**

**Potencial hidrogeniônico:** Ver **pH.**

*Pound force per square inch*: Ver **psi**.

*Powdery mildew of hops:* Termo em inglês para a doença Oídio que ocorre nas plantas do lúpulo. Ver **Oídio.**

**ppb:** Sigla de "partes por bilhão", uma medida de concentração, equivalente à micrograma por litro (µg/L), usado para indicar a concentração de um composto em meio aquoso. Usado também para massas (µg/kg).

**ppm:** Sigla de "partes por milhão", uma medida de concentração, equivalente à miligramas por litro (mg/L), usado para indicar a concentração de um composto em meio aquoso. Usado também para massas (mg/kg).

**Prehumulona/pre-humulona:** Um dos α-ácidos presentes no lúpulo em pequena quantidade (1-10 %), na fração da resina mole, que contribui com o amargor na cerveja, a partir de sua isomerização durante a fervura. Ver **alfa-ácidos/α-ácidos.**

**Prelupulona/pre-lupulona:** Um dos β-ácidos presentes no lúpulo (1-3 %), na fração da resina mole. Praticamente não contribui com o amargor na cerveja. Ver **Beta-ácidos/β-ácidos.**

*Premium*: Termo subjetivo usado para designar cervejas produzidas com insumos (destaque aos maltes e lúpulos) de qualidade superior.

*Priming*: Algum tipo de açúcar fermentescível que pode ser adicionado durante o envase da cerveja, para geração de gás carbônico na própria garrafa ou barril por refermentação. Pode-se usar o próprio mosto, açúcar invertido, cana-de-açúcar, melaço, mel ou outra fonte de açúcar. Deve-se determinar o volume de $CO_2$ desejado (V) e conhecer o volume residual de $CO_2$ na cerveja $(V_o)$ para se calcular a quantidade de *priming*. Calculando: $Priming_{Sacarose}\left(\frac{g}{L}\right) = \frac{V-Vo}{0,286}$,

$Priming_{Glicose,dextrose}\left(\frac{g}{L}\right) = \frac{V-Vo}{0,27027}$. Ver **Volume de CO$_2$; Quantidade de água para** *priming*.

**Procedimento Operacional Padrão/POP:** Sigla para "Procedimento operacional padrão", comumente utilizada na indústria cervejeira, designando documentos/fichas que estabelecem procedimentos padrões que devem ser seguidos na cervejaria/micro-cervejaria, visando garantir a sanidade e a qualidade na bebida. Os POPs representam uma das práticas incluídas nas Boas práticas de fabricação/BPF. Ver **Boas práticas de fabricação/BPF.**

**Processador ultrassônico:** Sinônimo de sonicador. Ver **Sonicador.**

**Prodooze BG:** Solução de enzimas comerciais contendo β-glucanases (alta eficiência). Hidrolisam (rompem) as ligações das cadeias de β-glucanos (atuam similarmente as xilanases e arabinoxilanases), tendo como consequência a redução da viscosidade do mosto, a melhoria da circulação/filtração, além de contribuir com a exposição das cadeias do amido para atuação das enzimas amilolíticas. Além disso, contribuem com a liberação do ácido ferúlico. Como são específicas para β-glucanos, não afetam a espuma da bebida. Apresentam ampla faixa de temperatura e pH para funcionamento, sendo: entre 30 e 80 °C (melhor entre 68 a 72 °C); entre os pH 4,6 e 6,5 (melhor entre 5,6 e 6,0).

**Prolamina:** Grupo de proteínas presentes em diversos cereais, constituindo uma das frações do glúten, apresentando maior quantidade dos aminoácidos glutamina e prolina. Há diferentes prolaminas, por exemplo: hordeína na cevada; gliadina no trigo; secalina no centeio, avenina na aveia). A fração de prolaminas do trigo, cevada e centeio estão relacionadas, principalmente, com a doença celíaca. Ver **Glúten.**

**Proliferação:** Ver **Fases de crescimento.**

**Prolil endopeptidase ácida:** Trata-se de uma endopeptidase (EC 3.4.21.xx) que hidrolisa ligações peptídicas no interior de oligo e polipeptídios/proteínas. Pode ser usada para degradação de proteínas que causam turvação da bebida (*haze*), assim como para degradação do glúten (uso crescente para este fim). Produzida a partir de cepa de *Aspergillus niger* modificada geneticamente. Ver **Brewer Clarex®.**

**Propagação:** Refere-se ao ato de multiplicar ou reproduzir algum microrganismo ou organismo vegetal. No contexto de microrganismos, refere-se à proliferação/multiplicação das leveduras. Comumente se faz o uso de *starters* (propagação controlada) para inoculação no tanque com mosto para fermentação primária. No contexto vegetal, refe-se a reprodução e/ou multiplicação da planta por: propagação vegetativa (assexuada), na qual se obtém uma nova muda de uma planta, por meio de estacas, raízes, rizomas, gemas etc; propagação por sementes (sexuada). Ver **Propagação vegetativa, *Starter*.**

**Propagação controlada:** Ver *Starter*.

**Propagação por sementes:** Refere-se ao ato de multiplicar um organismo vegetal por meio de suas sementes. Esta é uma das principais técnicas utilizadas na agricultura para se ter plantações em larga escala, sendo muito utilizada para a produção de cereais como cevada, trigo, aveia e centeio.

**Propagação vegetativa:** Refere-se ao ato de multiplicar um organismo vegetal. No caso do lúpulo, as principais técnicas de propagação vegetativa são por meio de rizomas e por estacas. Ver **Estacas herbáceas; Rizomas.**

**Propanol:** Substância orgânica ($C_3H_7OH$), um álcool, também chamado de n-propanol ou álcool n-propílico, isômero de posição do isopropanol. Composto por uma cadeia linear com três carbonos e um grupo $-OH$ (hidroxila) no primeiro carbono. Pode ser gerado a partir do metabolismo das leveduras, considerado um álcool superior (álcool fusel). Sua produção é estimulada quando há concentração excessiva de aminas livres (FAN) no mosto, além disso, a produção varia com a cepa de levedura escolhida, resultando em um off-flavor na cerveja. Ver **Álcool de Fúsel; Propanol.**

**Propilenoglicol:** Composto químico, um álcool, com fórmula $C_3H_6(OH)_2$, também chamado de propano-1,2-diol. Apresenta ponto de fusão baixo (- 59 °C), solúvel em água, podendo ser usado como anticongelante no líquido usado para o resfriamento da mostura (*chillers* de placas), em tanques refrigerados ou chopeiras. Pouco usado nas microcervejarias por sua maior viscosidade quando comparada com outros glicóis. Pode ser utilizado também na indústria de cosméticos, alimentar, entre outras. Não é tóxico para seres humanos (deve-se garantir que não tenha contaminantes tóxicos). Consulte as instruções normativas e leis vigentes antes de utilizá-las. Ver **Anticongelante; Dietilenoglicol; Etilenoglicol; Glicol.**

**Propionato:** Corresponde a forma desprotonada (ionizada) do ácido propiônico ($pk_a = 4,87$), correspondendo à sua base conjugada. Ver **Ácido propiônico.**

**Proteases:** Conjunto de enzimas proteolíticas que hidrolisam (rompem) as ligações peptídicas de cadeias polipeptídicas (como de proteínas), principais atuantes na parada proteica. As enzimas tiol-dependentes correspondem às principais proteases, com atividade ótima em pH entre 3,0 e 6,5), sendo responsáveis por cerca de 90 % da atividade proteolítica durante a parada proteica. A atividade remanescente se dá, principalmente, por metaloproteases, com atividade ótima em pH entre 5,0 e 8,5. Além dessas, há outras enzimas, como serino-proteases e aspartato-proteases. No geral, a temperatura ótima se situa entre 50 e 60 °C (comumente 52 °C) e pH ótimo entre 3 e 6,5. Ver **Parada proteica.**

***Protein Data Bank***: Ver **PDB.**

**Proteína:** São biomoléculas poliméricas (macromoléculas) compostas por uma ou mais cadeias de aminoácidos unidos por ligações peptídicas (polipeptídios). São muito diversas com relação à sua estrutura e função, sendo extremamente importante para diversas funções biológicas, tais como: estrutural, imunológica, transporte, enzimática, regulatória/hormonal, energética etc. Destaca-se que a maior parte das enzimas são proteínas com função catalítica. Estão presentes nos grãos de cereais em diferentes percentuais, sendo importante para manutenção da espuma (proteínas de médio peso molecular). Além disso, a hidrólise de proteínas durante a mosturação disponibiliza aminoácidos para as leveduras usarem durante a fermentação. Ver **Enzimas.**

**Proteína solúvel:** Corresponde ao total de proteínas solúveis no malte em relação à massa total do mesmo (valor em porcentagem). Seu valor indica o quanto modificado foi o cereal no processo de malteação. Quanto mais modificado, maior o teor de proteínas solúveis. Ver **Proteína total; Fração do Nitrogênio solúvel.**

**Proteína total:** Valor usado como parâmetro de controle de maltes, indicando o total de proteínas solúveis e insolúveis presentes (porcentagem em relação a massa). Ver **Proteína solúvel; Fração do Nitrogênio solúvel.**

**Proteína Z:** Trata-se de uma proteína presente na cevada (*Hordeum vulgare*), uma albumina, com cerca de 40 kDa, presente em duas isoformas (Z4 e Z7), sendo a Z4 a mais abundante na cevada (80 %). Apresenta resistência à degradação por proteases e desnaturação por temperatura no processo cervejeiro, dessa forma, está presente na cerveja finalizada, entre 20 e 170 mg/L, acreditando-se que esta contribui na estabilidade da espuma. Ver **Albumina.**

**Proteólise:** Reação enzimática de degradação de proteínas em oligopeptídios e aminoácidos. Por exemplo, os maltes apresentam enzimas proteolíticas que podem degradar as proteínas durante a parada proteica. Ver **Parada proteica.**

**Pry-off:** Tampinha metálica, geralmente com 26 mm, com interior plastificado, usada para tampar garrafas de vidro na etapa de envase da cerveja. Modelo para uso com abridor de garrafa (não é possível abrir girando). Para abertura manual, girando-se a tampinha, utiliza-se o modelo *twist-off*. Ver **Twist-off.**

**Pseudo-hifa:** são estruturas alongadas, formadas por conjuntos de células de fungos unicelulares, como nas leveduras. À medida que se multiplicam, permanecem unidas, dando a aparência de uma hifa. Ver **Hifa.**

**Pseudoperonospora humuli:** Ver **Míldio.**

**Psi:** Sigla para unidade de pressão libra-força por polegada quadrada – $lbf/in^2$ (*pound force per square inch*). Pode ser usada em diversos manômetros para controle da pressão de tanques pressurizados, saída de gás de chopeiras etc. Há outras unidades de pressão, como o Pascal (Pa), usado no Sistema Internacional de Unidades (SI) e o bar. Conversão: 1 psi ≈ 6894,757 Pa; 1 psi = 0,0689476 bar. Ver *bar* **(unidade); Manômetro; Pascal.**

**Psicrófilo:** Termo usado para designar microrganismos que se proliferam em temperaturas entre 5 e 20 °C, sendo que entre 12 e 15 °C se desenvolvem melhor.

**Psicrotrófico:** Termo usado para designar microrganismos que se proliferam em temperaturas entre 5 e 35 °C. Eles podem crescer lentamente em temperaturas mais baixas, mas geralmente a temperatura ótima é mais elevada que a dos organismos psicrófilos (entre 25 e 30 °C). Nesta faixa se encontram alguns dos contaminantes e inóculos da cerveja (*Pseudomonas* spp., *Lactobacillus* spp.), que são capazes de viver e proliferar na temperatura de maturação ou mesmo no armazenamento a frio. Ver *Pseudomonas; Lactobacillus.*

**Puka:** Um tipo de *Chicha*, bebida fermentada a partir de mandioca tostada. Substitui-se a saliva (que contém amilase) por bolores (*Monilia sitophila, Rhizopus stolinifer* e *Fusarium* spp.) para degradar o amido, colocando-se para fermentar posteriormente com levedura *Saccharomyces cerevisiae*. Ver **Chicha.**

**Pulgão do lúpulo:** Também chamado de *Damson-hop aphid*, trata-se de um pulgão da espécie *Phorodon humuli*, animal artrópode da classe Insecta, ordem Hemiptera, família Aphididae (um afídeo), principal praga da planta de lúpulo no hemisfério norte. Comumente, usam-se inseticidas piretróides no combate (devem ser usados sob orientação e com cautela para se evitar desenvolvimento de resistência e impactos ambientais), assim como redução populacional por meio de controle biológico com joaninhas.

**Pureza do sal:** Ver **Grau de pureza do sal.**

**Puro malte:** Ver **Cerveja puro malte.**

***Quadrupel/quadruppel***: Um dos tipos de cerveja trapista belga (alguns consideram um estilo), também chamada de *Abt*. Apresentam elevado teor alcoólico (10 % ou mais), são bem encorpadas, com sabores intensos e com coloração mais intensa quando comparada a *Dubbel* ou *Tripel* (ambas trapistas belga). Ver **Dubbel**; **Trippel**; **Trapista.**

***Quaff***: Termo usual em inglês para "beber em grandes goles" ou "tomar em um gole/trago".

**Qualidade do grão de cevada:** Consistem em parâmetros usados para garantir a qualidade da cevada malteada, como: variedade única por lote, germinação mínima (96 %), ausência de indícios de germinação pré-colheita, concentrações de proteínas entre 11 e 12,5 % (peso seco), teor de umidade máxima em 13 %, forma e tamanho da semente, ausência de doenças ou micotoxinas (ver limites estabelecidos por lei), sem danos por geada, integridade do grão (sem casca ou casca quebrada), ausência de odores, insetos etc.

**Quantidade de água para *priming***: Refere-se ao volume de água necessário para diluir o *priming*, para carbonatação da cerveja (principalmente as caseiras), considerando a massa total de *priming* (ex.: sacarose, glicose, maltose, mel, extrato de malte seco – DME) e a gravidade específica final (em pontos) da cerveja, visando reduzir o impacto no ABV da bebida a partir de sua diluição. Uma possível forma de se calcular é: Água = ((Massa$_p$ × 0,035274)/pontos OG) × 10,883048; sendo massa em gramas e o resultado em litros. Ver ***Priming*; Unidades de gravidade.**

**Quefir:** Bebida fermentada por uma colônia de microrganismos (grão de quefir), incluindo bactérias (como dos gêneros *Lactobacillus* e *Bifidobacterium*s) e fungos (como leveduras do gênero *Saccharmyces*), comumente de leite, podendo ser também de água açucarada, sucos etc. É possível produzir cerveja de Quefir, podendo esta conter compostos com possíveis efeitos probióticos. A primeira cerveja de quefir comercial no Brasil, registrada no MAPA, foi a Simbiose, da cervejaria Senhorita (Paraguaçu-MG). Também escrita como Kefir/Kéfir/Kephir. Ver **Cerveja de Quefir.**

**Queijo:** Refere-se ao odor/aroma de queijo (descritor sensorial) que pode ser encontrado em cervejas, geralmente indesejável, um *off-flavor*, o qual pode ser originado do uso de lúpulos velhos ou por fermentação propiônica por microrganismos contaminantes. Ver **Ácido isovalérico**; **Fermentação propiônica**.

**Queijo velho:** Ver **Isovalérico**; **Queijo**.

**Queimado:** Descritor em análise sensorial para o odor/aroma ou gosto de algo queimado ou tostado/torrado. Pode ser desejado e intencional, tendo origem em grãos (malteados ou não) tostados (quando maior a tosta, mais intenso). Quando não intencional e desagradável (*off-flavor*), pode estar relacionado com a presença de sulfeto de hidrogênio (odor de fósforo queimado). Ver **Sulfeto de hidrogênio.**

**Quelação:** Ver **Quelantes**.

**Quelantes:** São compostos/moléculas capazes de se ligar quimicamente com íons metálicos, formando complexos solúveis em água (quelatos) e retirando-os de solução. Por exemplo, pode-se usar quelantes para reagir com o excesso de ferro e cobre presentes na água.

**Quinoa:** Planta da espécie *Chenopodium quinoa*, família Chenopodiaceae, nativa dos Andes (América do Sul). Pode ser usada na mostura, adicionando nutrientes para a levedura, além de sabores na cerveja. Algumas cervejas comerciais, como a Baden Baden 5, utilizam esse grão, além de outros (amaranto, aveia, cevada, quinoa e trigo). Ressalta-se que o grão não contém glúten.

**R-Enzima:** Ver **Limite-dextrinase.**

**Radiação Ultravioleta:** Ver **Ultravioleta/UV.**

**Radículas:** Primeiras raízes da cevada ou outro cereal produzidas durante a malteação. São removidas após a secagem no final do processo de malteação junto com as espículas. Ver **Malteação.**

*Radler:* Bebida alcoólica constituída de uma mistura de cerveja com algum tipo de refrigerante, meio a meio, sendo mais comum o uso de refrigerante de limão. Originada em 1922 na Alemanha, na região da Baviera, em Deisenhofen (ao sul de Munique), por Franz Xaver Kugler. Em inglês é nomeada como *Shandy*. Ver *Shandy*.

**Rafinose:** Carboidrato trissacarídio, também chamado de melitriose ou melitose, formado pela ligação glicosídica entre os monossacarídios galactose, frutose e glicose. A degradação da rafinose pela enzima α-galactosidase gera D-galactose e sacarose (glicose-frutose). Destaca-se que *Saccharomyces pastorianus* (levedura para lagers) é capaz de hidrolisar melibiose e rafinose, enquanto *Saccharomyces cerevisiae* não. Ver **Melibiose.**

**Rager:** Ver **Método de Rager.**

**Rampa isotérmica:** Termo usado para indicar uma técnica de mosturação, a qual consiste no uso de uma única temperatura para a mosturação (Ex.: 66 °C por 80 minutos para ação conjunta da alfa e beta amilases, resultando em uma cerveja de médio corpo). Após a rampa isotérmica, procede-se com a inativação enzimática (*mash-out*) e demais etapas até a fervura. Indicada para produções simplificadas e sem o uso de insumos que exijam temperaturas diferentes, como trigo, aveia etc.).

**Rampas de temperatura:** Ver **Parada/s.**

*Randall:* Termo em inglês que designa uma técnica de lupulagem. Nesta, utiliza-se o compartimento de um filtro (como de água, com carcaça plástica rosqueável/removível), o qual é preenchido com lúpulo e faz-se a cerveja (pronta) passar por ele, antes de ser servida na torneira. A técnica foi desenvolvida na *Dogfish Head* em 2002, por Sam Calagione.

***Raoultella terrigena*:** Nome atual da espécie de bactéria *Klebsiella terrigena*. **Ver Klesiella.**

**Raque:** Ver **Ráquis**.

**Ráquis:** Nome do eixo central do cone floral/estróbilo do lúpulo. Na ráquis que se ficam os pares de flores (10 a 30) da inflorescência do lúpulo. Ver **Estróbilo, Lúpulo.**

***Ratebeer*:** Sistema *on-line* de avaliação (*web*, Android e iOS) e ranqueamento de cervejas, criado em 2000 por Bill Buchanan, sendo um dos mais acessados em todo mundo (https://www.ratebeer.com).

**Razão água:malte:** Correspondente a relação/razão do volume de água (L) inserida na primeira fase da mosturação, com relação a massa de grãos (kg) – L/kg. Considera-se a razão ideal para 4 L:1 kg (considerando atividade enzimática e fluidez para circulação do mosto), sendo o mínimo indicado de 2,7 L:1 kg. Abaixo do mínimo haverá dificuldade na circulação do mosto, além de menor eficiência das enzimas (com destaque às sacarificantes).

**Razão BU:GU:** Ver **BU:GU.**

**Razão de amargor relativo:** Ver **Índice de amargor relativo.**

**Razão humuleno/cariofileno:** Razão entre o percentual dos óleos essenciais humulenos e cariofilenos (%Humulenos/%Cariofilenos) presentes no lúpulo. Usado como indicador de qualidade de lúpulos aromáticos, sendo que os de melhor qualidade apresentam razões maiores que 3,00. O uso dessa razão não apresenta consenso, sendo que alguns cervejeiros consideram esse um requisito para lúpulos nobres.

**Razão humuleno/mirceno:** Razão entre o percentual dos óleos essenciais humulenos e mircenos (%Humulenos/%Mircenos) presentes no lúpulo. Usado como indicador de qualidade de lúpulos aromáticos, sendo que os de melhor qualidade apresentam razões maiores que 1,00.

**Razão humulona/cohumulona:** Razão entre os percentuais dos dois principais α-ácidos presentes no lúpulo, sendo eles a humulona e cohumulona (%Humulona/%Cohumulona). São os dois principais responsáveis pelo amargor da cerveja (quando isomerizados), entretanto, acredita-se que o excesso de cohumulona resulta em uma sensação ríspida e desagradável no amargo (*harsh*), por isso, acredita--se que um bom lúpulo de amargor deve ter essa razão próxima ou maior que 1,00. Ver **Harsh.**

**Razão sulfato/cloreto:** Os sulfatos podem contribuir com o amargor da cerveja e os cloretos com o dulçor, dessa forma, a razão entre estes pode ajudar a indicar o caráter final da bebida: Supermaltoso (0-0,4); Muito maltoso (0,4-0,6); maltoso (0,6-0,8); balanceado (0,8-1,5); levemente amargo (1,5-2,0); Amargo (2,0-4,0); muito margo (4,0-9); extremamente amargo (>9).

**Reação de Benedict:** Teste químico, usando-se solução contendo sulfato de cobre (reagente de Benedict), para identificação de moléculas redutoras em uma solução. Permite avaliar a presença de açúcares redutores, como por exemplo os açúcares fermentescíveis (glicose, maltose, maltotriose). Destaca-se que a sacarose, assim como o amido, não são redutores, gerando resultado negativo na reação de Benedict (coloração azulada). Tal reação foi descrita pelo químico estadunidense Stanley Rossiter Benedict em 1908.

**Reação de Fehling:** Reação química, usando-se solução contendo óxido de cobre (II) – reagente de Fehling, para identificação de presença de moléculas redutoras. Usa-se esta reação para determinação do poder diastático do malte. Um malte tem uma potência diastática de 100 °L (grau Lintner) se 0,1 mL de uma infusão clara de 5 % do malte, atuando em 100 mL de uma solução de amido a 2 %, a 20 °C, por uma hora, produz açúcares redutores suficientes para reduzir completamente 5 mL de solução de Fehling. A reação foi descrita pelo químico alemão Hermann von Fehling em 1848. Ver **Grau Linter/°L.**

**Reação de Maillard:** Reação química entre aminoácidos/proteínas e carboidratos redutores (como maltose e glicose) que ocorre sob aquecimento, resultando na formação de cor (melanoidinas), assim como na geração de antioxidantes e compostos voláteis com sabor ativo. Tal reação ocorre no processo de preparação dos maltes especiais, principalmente os *caramalts*, como os maltes Caramunich, Carahell etc., assim como na fase quente da produção de cerveja. Tal reação foi descrita pelo cientista Louis Camille Maillard em 1912. Ver **Caramalt.**

*Recirculating Infusion Mash System/RIMS*: Sistema de infusão de mostura com recirculação, no qual o mosto é recirculado por tubos, usando-se bombas, passando pelo elemento de calor e retornando para a tina de mosturação (sistema de mosturação por infusão recirculante). Uma adaptação ao RIMS consiste no uso do aquecimento por meio de chama ou resistência diretamente na panela/tina de mosturação. Esta panela poderá conter um fundo falso e/ou *bazooka*, para facilitar a recirculação do mosto na mesma panela. Geralmente o aquecimento direto pode influenciar um pouco na cor e sabor da bebida por efeito de caramelização. Ver ***Heat exchange recirculating mash system/HERMS***.

**Redemoinho:** Ver ***Whirlpool***.

**Refratômetro de luz:** Instrumento usado para quantificar o índice de refração de luz, a partir do qual se infere a concentração de açúcares em uma solução, usando-se escala de Brix (°B) e, a partir desta, calcula-se a gravidade específica (SG) e Plato (°P). Ver **Brix/°B.**

**Refrigerante:** Ver **Gás refrigerante.**

**Régie/°R:** Medida usada na França para densidade da cerveja, correspondendo à razão da massa de 50 $cm^3$ de um líquido (em 15 °C), pela massa de um mesmo volume de água (em 4 °C). °R = (SG − 1,000)*100, sendo SG a gravidade específica em g/mL.

**Regulação do catabolismo de açúcares:** A regulação do catabolismo dos açúcares pelas leveduras e outros microrganismos pode ocorrer por diferentes mecanismos, destacando: Efeito Crabtree (redução da taxa de respiração em resposta a adição de glicose em meio com $O_2$); Efeito Crabtree *Long-term* (supressão das vias aeróbias de oxidação da glicose); Efeito Pasteur (redução da taxa da glicólise em condições aeróbias); Efeito Kluyver (uso obrigatório de dissacarídios em condições aeróbias); Efeito Custer (estimulação da fermentação da glicose em condições aeróbias). Em cada mecanismo haverá diferentes mecanismos para estimular ou inibir a glicólise, fermentação e vias aeróbias para produção de ATP. Ver **Efeito Crabtree; Efeito Custer; Efeito Kluyver; Efeito Pasteur.**

**Reidratação do fermento:** Técnica utilizada na utilização de leveduras secas (liofilizadas), visando a reidratação das leveduras para uso posterior no *starter* ou inserção diretamente no fermentador. Geralmente, recomenda-se hidratar o fermento na proporção 1:10 (para cada 1 g de fermento, 10 mL de água), pulverizando-o sobre a água. A reidratação sem agitação por 10-15 minutos garante maior viabilidade quando comparada com agitação.

***Reinheitsgebot*:** Antiga lei de pureza da cerveja alemã, criada na Baviera em 1516 pelo duque Guilherme IV da Baviera. A lei determinava o preço de venda de cerveja em diferentes regiões da Baviera, estabelecendo ainda que a produção de cerveja deveria usar apenas malte de cevada, lúpulo e água (não se tinha conhecimento das leveduras nessa época). Aparentemente a lei foi criada para evitar competição por insumos normalmente utilizados por outros alimentos, como o trigo e sorgo utilizados na produção de pães. Há ainda quem entenda que a legislação tenha sido criada para servir como barreira de entrada para cervejas de outras regiões da Alemanha, que usavam outros insumos além dos citados nesta lei. Apesar de ter sido revogada em 1987, ainda hoje é usada por muitas cervejarias, inclusive brasileiras, como sinônimo de qualidade. Destaca-se que muitas escolas cervejeiras e estilos, apesar de não seguirem a tradição desta lei, produzem cervejas de altíssima qualidade. Assim como, seguir a *Reinheitsgebot* não significa, necessariamente, cerveja de qualidade. É importante ressaltar que hoje, mesmo na Baviera, produz-se muita cerveja que não segue a *Reinheitsgebot*. Cervejas de trigo (*weissbier*), *por exemplo, são tradicionais da Bav*iera e usam trigo em sua composição.

**Renda:** Ver ***Belgian lace/Brussels lace.***

**Reprodução assexuada:** Corresponde ao processo de reprodução do ser vivo sem que ocorra união de gametas, dessa forma, sendo idêntico, geneticamente, ao sucessor. Pode ocorrer em diversos organismos, como por exemplo, nas leveduras (brotamento) ou vegetais (propagação vegetativa). Ver **Brotamento; Propagação vegetativa; Reprodução sexuada.**

**Reprodução sexuada:** Corresponde ao processo de reprodução de um ser vivo em que há união/fusão de gametas, ocorrendo na maioria dos animais, plantas superiores, inclusive parasitos e fungos (como leveduras). No caso das bactérias, não há produção de gametas na reprodução sexuada, sendo que esta ocorre por conjugação, em que as bactérias trocam material genético. A reprodução sexuada permite uma nova combinação de material genético, gerando diversidade genética. As leveduras podem reproduzir-se sexuadamente ou assexuadamente, sendo esta última a mais comum. A reprodução sexuada em leveduras foi comprovada pelo cientista dinamarquês Øjvind Winge (1935) no Laboratório da cervejaria Carlsberg. Ver **Reprodução assexuada.**

**Resfriamento/Resfriamento do mosto:** Uma das fases de produção da cerveja, consistindo na redução da temperatura do mosto após fervura, com posterior envio ao fermentador para inoculação de leveduras. Resfria-se, comumente, as Ales entre 15 e 22 °C e as Lagers entre 6 e 12 °C. Deve-se realizar o resfriamento rapidamente para evitar contaminações, para se ter um bom *cold break* e para evitar a formação de DMS. Pode-se usar diversas técnicas, incluindo o uso de *Chiller* de imersão, *Chiller* de contrafluxo ou *Chiller* de placas, sendo este último o mais eficiente. Ver **Chiller de imersão**; *Chiller* **de contrafluxo**; *Chiller* **de placas; DMS**.

**Resina:** Excreção não cristalina das plantas, presente nos cones de lúpulo, encontrando-se as frações das resinas moles e duras. Ver **Resinas duras; Resinas moles.**

**Resinas duras:** Fração da resina do lúpulo que é solúvel em metanol, não em hexanos, a qual contém polifenóis, lipídios, celulose, entre outros compostos. Dentre os polifenóis, a presença do xantumol/*xanthohumol* (chalcona prenilada) se destaca, por seus inúmeros efeitos bioativos, como: antioxidante, anti-inflamatório, antimicrobiano, hipoglicêmico e antiobesidade. Não há interesse na fração dura para o amargor da cerveja. Com o envelhecimento do lúpulo, as resinas moles tendem a formar resinas duras.

**Resinas moles:** Fração das resinas do lúpulo, na qual se encontram os α-ácidos (como humulona, cohumulona e adhumulona), β-ácidos (como lupulona, colupulona e adlupulona), óleos essenciais, além de outros componentes. São solúveis em hexanos.

**Respiração aeróbia:** Corresponde ao processo bioquímico em organismos para produção de ATP (energia metabólica) com utilização de oxigênio. Esse processo envolve diversas etapas, sinteticamente: a partir do piruvato, oriundo da glicólise, este seguirá do citosol para mitocôndria, onde é descarboxilado em acetil-CoA e utilizado no ciclo de Krebs (ciclo do ácido cítrico). As coenzimas reduzidas NADH e $FADH_2$ serão oxidadas na cadeia de transporte de elétrons, possibilitando a geração de um gradiente eletroquímico que viabiliza a fosforilação oxidativa, ou seja, a fosforilação do ADP em ATP, que poderá ser utilizado em muitas reações. Destaca-se que os intermediários dessas vias participam de diversos metabolismos. Destaca-se que o rendimento energético da respiração aeróbia é muito maior que o da respiração anaeróbia.

**Retrogosto:** Termo usado para se referir à sensação que persiste após a ingestão da cerveja, resultante da combinação das sensações do aroma de boca (retorno dos compostos voláteis o canal olfativo pelo sistema de olfação retronasal), dos gostos/sabores residuais. Corresponde ao termo *aftertaste* em inglês e aos termos sabor remanescente e sabor residual. Quando a sensação que persiste está relacionada aos aspectos físicos sensoriais, como adstringência, calor, refrescância (sensações táteis), denomina-se sensação residual (*afterfeel*). Ver **Afterfeel**; **Aroma**.

**Revitalização do fermento:** Técnica utilizada para revitalizar as leveduras presentes na lama/torta cervejeira (*slurry*). Indicada para lama nova, quando não se necessita multiplicar o número celular, mas apenas aumentar a vitalidade das células. Geralmente, adiciona-se mosto ou solução de DME 20 °P, na proporção de 0,5 mL para cada 10 mL de lama, mantendo este por 4-12 horas (sem aeração). Ver **Vitalidade.**

**RIMS:** Sigla para o termo em inglês *Recirculating infusion mash system*. Ver *Recirculating infusion mash system.*

**Rizoma:** Estrutura da planta, geralmente subterrânea, semelhante ao caule (haste horizontal), de onde podem surgir raízes e brotos, sendo importante na reprodução vegetativa ou assexuada de diversas plantas, como o lúpulo. Uma das formas de se plantar o lúpulo é usando o rizoma de uma planta sadia, dessa forma, garante-se que a nova planta terá o mesmo genoma (DNA) da planta original.

**Ropiness:** Termo em inglês usado para indicar quando a cerveja ou mosto em fermentação se torna viscoso decorrente da contaminação por bactérias, indicando a deterioração da bebida. Nesses casos, deve-se ter maior atenção ao processo de sanitização durante a fase fria de produção. Ver **Fase fria; Sanitização.**

**Rothia kristinae:** Ver *Micrococcus.*

**Run-off/runoff:** Termo em inglês usado pelos cervejeiros para indicar o esvaziamento das tinas, comumente usado para a tina de mosturação. Correspondente à etapa de drenagem do mosto durante a lavagem (*sparging*).

**Ruptura a frio:** Ver *Cold break.*

**Ruptura a quente:** Ver *Hot break.*

**Sabão:** Descritor em análise sensorial para o odor/aroma ou gosto de sabão. Considerado um *off-flavor* na maior parte dos estilos. Pode ser originado a partir do uso de sabão para lavagem dos baldes e fermentadores e da ausência ou enxágue ineficiente; da fermentação primária longa, pela degradação de ácidos graxos e formação do ácido caprílico. Ver **Ácido caprílico**.

**Sabor:** Pode-se considerar equivalente ao termo *flavor* em inglês. Corresponde a um atributo complexo, definido como uma experiência mista, mas unitária de sensações olfativas, gustativas e táteis percebidas durante a degustação. As sensações olfativas são descritas pelos odores via ortonasal e aromas percebidos via retronasal, as gustativas pelo reconhecimento dos gostos básicos no paladar e as sensações táteis, como a textura ou corpo, são perceptíveis em toda a cavidade bucal. O sabor também pode ser influenciado por efeitos térmicos, dolorosos e/ou cinestésicos. Ver **Aroma, Odor, Gosto, Sensações trigeminais**.

**Sabor remanescente:** Ver **Retrogosto**.

**Sabor residual:** Ver **Retrogosto**.

*Sabtiem*: Nome dado às mulheres que produziam cerveja na Babilônia e na Suméria, cerca de 4000 a.C. Eram consideradas pessoas de grande prestígio, com poderes praticamente divinos, decorrente dos efeitos que a cerveja resultava após sua ingestão.

**Sacarase:** Enzima da classe das hidrolases (EC 3.2.1.26, PDB 2OXB), também chamada de invertase, β-frutofuranosidase ou β-frutosidase, responsável por hidrolisar (romper) a ligação glicosídica da sacarose, liberando glicose e frutose. Apresenta atividade ótima na mostura em torno de 50 °C e pH 5,5, sendo inativada a partir de 55 °C. A sacarase também é comumente encontrada em leveduras, as quais utilizam esta enzima para degradação extracelular de sacarose para posterior absorção dos produtos (glicose e frutose).

**Sacarificação:** Uma das etapas da degradação do amido que ocorre durante a mosturação. Sucede as fases de gelatinização e liquefação, sendo resultado da ação contínua das enzimas que hidrolisam (rompem) as cadeias do amido (amilose e amilopectina) até sua completa degradação em açúcares fermentescíveis (como glicose, maltose e maltotriose) e não fermentescíveis – maiores (maltotetrose e demais oligossacarídios/dextrinas). Ocorre, principalmente, pela ação das amilases e limite-dextrinase. Ver **α-amilase; β-amilase; Degradação do amido; Limite-dextrinase**.

**Sacarímetro:** Instrumento laboratorial, correspondendo a um tubo de vidro com massa calibrada para indicar a concentração de açúcares em uma solução aquosa. Comumente, o instrumento é calibrado na temperatura de 20 °C. Geralmente, usa--se a escala em graus Brix (°B) ou graus Plato (°P). Instrumento similar pode ser construído usando-se escala de gravidade específica (densímetro ou hidrômetro). Ver **Densímetro**.

**Sacarômetro**: Ver **Sacarímetro**.

**Sacarose:** Dissacarídio (carboidrato) composto por uma glicose ligada a uma frutose por meio de uma ligação glicosídica α-1,4. Por ser um açúcar não redutor, não reagirá no teste de Benedict ou Fehling. É um açúcar fermentescível pelas leveduras cervejeiras, podendo ser hidrolisado pela sacarase. Ver **Sacarase.**

*Saccharomyces*: Gênero de leveduras (fungos), ascomicetos, unicelulares, com forma globosa ou elipsoidal (alongada/oval), ocorrendo de forma isolada ou em pares. Podem ocorrer pseudo-hifas e formação de asco com quatro ascósporos. De modo geral, apresenta tamanho entre 2,5-4,5 μm (eixo curto) e 10,5-20 μm (eixo longo). Apresenta reprodução assexuada (mais comum) e sexuada (conjugação). Dentro deste gênero há oito espécies (*S. cerevisiae*, e *S. paradoxus*, *S. mikatae*, *S. jurei*, *S. kudriavzevii*, *S. arboricola*, *S. eubayanus*, *S. uvarum*) e dois híbridos naturais (*S. pastorianus* e *S. bayanus*), sendo *S. cerevisiae* e *S. pastorianus* os mais usados na indústria cervejeira. O gênero foi proposto pelo alemão Franz Julius Ferdinand Meyen em 1838, sendo a espécie *S. cerevisiae* a primeira a ser descrita. A descrição da *S. pastorianus* ocorreu em 1870 por Max Reess, o qual também detalhou o gênero *Saccharomyces*.

*Saccharomyces carlsbergensis*: Espécie de fungo ascomiceto, a primeira levedura Lager isolada na história, por Emil Christian Hansen (1883), nos laboratórios da cervejaria Carlsberg. Foi considerada sinônimo de *S. uvarum* (1970). Posteriormente *S. uvarum* se constitui como espécie distinta, passando a *S. carlsbergensis* a ser sinônimo de *S. pastorianus* (1998). Considera-se que *S. pastorianus* é um híbrido natural de *S. eubayanus* com *S. cerevisiae*. Ver **Saccharomyces pasteurianus.**

*Saccharomyces cerevisiae:* Espécie de fungo ascomiceto, uma levedura, usada em fermentações de cervejas *Ales* (fermentação de topo), vinhos, pães etc. Pertence ao filo Ascomycota, classe Saccharomycetes, ordem Saccharomycetales, família Saccharomycetaceae. São capazes de metabolizar glicose, frutose, sacarose, maltose e maltotriose, mas não melibiose (não apresentam o gene MEL). Não apresentam mecanismo de transporte ativo para a frutose. Ver **Fungos; Ascomycota; *Ale*; Fermentação de topo.**

***Saccharomyces cerevisiae* var. *diastaticus*:** Corresponde a uma variedade da espécie de levedura *Saccharomyces cerevisiae*, a qual apresenta capacidade de hidrólise ("quebra") de dextrinas, a partir da secreção extracelular da exoenzima glicoamilase, também chamada de amiloglicosidase. Anteriormente era identificada como *Saccharomyces diastativus*. Esta capacidade enzimática resulta na hiperatenuação do mosto ou fermentação secundária com maior formação de gás carbônico. Pode aparecer como contaminante no processo. Foi isolada pela primeira vez em 1938 pelo alemão Franz Julius Ferdinand Meyen. Ver **Glicoamilase.**

***Saccharomyces pastorianus*:** Espécie de fungo, uma levedura, usada em fermentações de *Lagers* (fermentação de fundo/baixa), descrita pela primeira vez por Max Rees, em 1870. Pertence ao filo Ascomycota, classe Saccharomycetes, ordem Saccharomycetales, família Saccharomycetaceae. São capazes de metabolizar glicose, frutose, sacarose, maltose e maltotriose, assim como melibiose (apresentam o gene MEL). Apresentam mecanismo de transporte ativo para a frutose. Historicamente, foi chamada de *S. carlsbergensis* (por seu isolamento nos laboratórios da cervejaria Carlsberg), sendo *S. monacensis* também sinônimo. Acredita-se que a espécie é resultante da hibridização natural de *S. eubayanus* com *S. cerevisiae*. Biologicamente, dividem-se em dois grupos: Grupo I (Saaz), haploide (n); Grupo II (Frohberg), tetraploide (4n). Ver **Fungos; Ascomycota; *Ale*; Alta fermentação; Emil Christian Hansen; Max Reess.**

***Saccharomyces uvarum*:** Levedura do gênero *Saccharomyces*, reconhecida taxonomicamente como uma espécie distinta em 2017, tendo sido considerada anteriormente como uma variedade de *S. bayanus* (*S. bayanus* var. *uvarum*). São leveduras que fermentam em temperaturas mais baixas (fermentação de fundo), assim como *S. pastorianus* e apresentam capacidade de degradação de melibiose. Historicamente, houve trabalhos indicando *S. uvarum* como sinônimo de *S. carlsbergensis*. Ver ***Saccharomyces pastorianus*.**

**Saccharomycetaceae:** família de fungos (leveduras), do filo Ascomycota, classe Saccharomycetes, ordem Saccharomycetales, na qual estão presentes as principais leveduras de interesse cervejeiro, destacando-se os gêneros *Saccharomyces*, *Kluyveromyces*, *Lachancea* e *Torulaspora*. Ver **Saccharomyces.**

***Saccharomycodes ludwigii*:** Levedura não-Saccharomyces, da família Saccharomycetaceae (basiônimo: *Saccharomyces ludwigii*), que pode ser utilizada como levedura alternativa na produção cervejeira, apresentando cepa comercial (ex.: WLP618). Não é capaz de utilizar maltose, maltotriose e melibiose. Não é produtora de *off-flavors* fenólicos e pode ser utilizada na produção de cerveja de baixo teor alcoólico.

***Saccharum*: 1.** Um dos gêneros de espécies vegetais da família Poaceae, sendo a cana--de-açúcar um importante representante deste gênero. **2.** Termo em latim que pode ser usado como sinônimo de açúcar invertido. Ver **Açúcar invertido; Poaceae**.

**Sachê:** Termo usado para um pequeno saco/bolsa, no qual pode-se inserir ervas, perfumes etc. Pode-se fazer um sachê com material leve e fácil de sanitizar para colocação de lúpulo e posterior inserção no fermentador, como uma das técnicas de lupulagem. Ver ***Dry-hopping*.**

***Sahti*:** Bebida típica finlandesa, fermentada a partir de diversos cereais (cevada, centeio, trigo e aveia), malteados ou não, com odor/aroma característico de banana (acetato de isoamila). Tradicionalmente são inseridas bagas de zimbro como aromatizantes.

***Saison*:** Estilo de cerveja belga, com perfil bem aromático, final bem seco, bem carbonatada. Podem ser utilizados adjuntos em sua produção, como grãos cereais que não sejam cevada e especiarias para adicionar complexidade e como complemento para o proeminente caráter da levedura, que é frutado, condimentado porém, não excessivamente fenólico. As variações menos comuns incluem versões com menor ou maior teor alcoólico, assim como versões mais escuras e com carácter adicional de malte. As cervejas Saison são originárias da Valônia, parte da Bélgica que faz fronteira com a França, e produzidas dentro das fazendas, com ingredientes locais, para consumo dos agricultores durante o período de cultivo das lavouras (não confundir com *session*). Ver ***Session*.**

**Sal amargo:** Ver **Sulfato de magnésio.**

**Sal de cozinha:** Ver **Cloreto de sódio.**

**Sal de epsom:** Ver **Sulfato de magnésio.**

**Sala de brassagem:** Local da cervejaria ou microcervejaria onde são instalados os equipamentos para a fase quente da produção cervejeira, podendo ter várias configurações de equipamentos (cozinha monobloco, bibloco, tribloco ou quadribloco), com diferentes graus de automação, volumes de produção e sistemas de aquecimento.

**Sala de cozimento:** Sinônimo de sala de brassagem. Ver **Sala de brassagem**.

**Salgado:** Um dos gostos básicos, percebido pelo paladar, obtido a partir da interação das papilas gustativas com a maioria dos sais inorgânicos de baixo peso molecular, como o cloreto de sódio (NaCl). Na cerveja, origina-se, principalmente, dos sais presentes na água cervejeira. Apresenta concentração típica abaixo de 100 mg/L e limiar de detecção de 200 mg/L.

**Sanitização:** Ação/ações objetivando a redução significativa dos microrganismos presentes nos instrumentos/equipamentos de produção cervejeira, evitando contaminantes que possam alterar o sabor ou outra característica da cerveja. Deve sempre ser realizada em superfícies e materiais previamente limpos, atentando-se ao tipo de material para escolha do sanitizante e concentração adequada. Ver **Sanitizantes; Desinfetantes.**

**Sanitizante:** São produtos que possuem princípio ativo em concentração e tipo capaz de reduzir os microrganismos existentes na superfície de contato. São muito usados durante a produção cervejeira, desde para assepsia dos trabalhadores, como sanitização dos equipamentos. São boas características para os sanitizantes: baixo custo; ação rápida; dosagem fácil; solúveis em água; ser atóxicos; não ser corrosivo; não deixar resíduo; não serem irritantes; armazenamento estável; ser compatível com outros agentes químicos. O álcool 70 % (líquido ou gel), ácido peracético e o iodofor são sanitizantes de uso rotineiro, usados comumente em baldes, mangueiras, mãos (álcool 70 %) etc. Deve-se adequar a escolha do sanitizante com o objetivo pretendido e material que será aplicado. Ver **Ácido peracético; Álcool 70 %; Desinfecção; Desinfetante; Iodofor; Sanitização.**

*Sarcinae sickness***:** Ver **Doença da Sarcina.**

**Sazonal:** Designação para cerveja produzida em uma época específica do ano, como no verão, inverno, natal (alemão: *Weihnachtsbier*), páscoa (dinamarquês: *Påske øl*). Em inglês: *seasonal* (não confundir com *Saison*).

*Schoppen***:** Palavra do alemão alsaciano usada para designar um copo típico com volume de 500 mL ou somente um volume de 500 mL de líquido. A unidade antiga do *Schoppen* ou *Schoppe* tinha variações por regiões, assim como por anos, seguem alguns exemplos: *antes* de 1818, no geral, o *Schoppen* indicava um volume de 448 mL (*Frankfurt*); o *Schoppen* francês (*chopine*) 476,073 mL. Acredita-se que a palavra chopp/chope em português, para designar a cerveja tirada do barril, tem origem nesta (legalmente, no Brasil, denomina-se chopp a cerveja não pasteurizada). Ver **Chopp/Chope**.

**Schwarzbier:** Um estilo de cerveja alemã, uma Lager escura, com sabores torrados (mas suaves) derivados do malte, com um moderado amargor do lúpulo. Apresentam corpo leve, uma relevante sensação de secura no retrogosto e ausência de aspereza ou sabores queimados. O termo *Schwarzbier* em alemão significa "cerveja preta" (marrons/preta), embora às vezes seja referenciada como a "Pilsner escura".

**Seasonal:** Ver **Sazonal**.

**Seca/cerveja seca:** Em análise sensorial, refere-se a sensação na boca resultante do baixo corpo, com poucos carboidratos residuais e sem dulçor. Ver **Corpo.**

**Secagem de leveduras:** Processo para produção de leveduras secas, sendo muito comum para preparo de leveduras comerciais. Geralmente, após propagação das leveduras, remove-se o excesso de água por filtração a vácuo e, posteriormente, as mesmas passam por cama fluidizada de secagem, na qual se utiliza uma corrente de ar seco (30 a 37 ºC) até se atingir 95% de peso seco (5% de umidade). Há outras técnicas de secagem, como liofilização e *spray drying*, entretanto, com menor viabilidade celular.

**Secale cereale:** Ver **Centeio.**

**Secalina:** Proteína presente no centeio, uma prolamina, constituindo uma das frações do glúten, em conjunto com a fração de glutelina (secalinina no centeio). As prolaminas do glúten são as principais proteínas relacionadas com a doença celíaca, com destaque para as da cevada (hordeína), trigo (gliadina) e centeio (secalina). Ver **Glúten; Glutenina; Prolamina.**

**Secalinina:** Proteína presente no centeio e malte de centeio, uma glutelina, que em conjunto com a fração de prolaminas (secalina, no centeio) compõem o glúten do centeio. Destaca-se que é a porção das prolaminas as principais responsáveis pela doença celíaca. Ver **Glúten.**

**Schizosaccharomyces japonicus:** Levedura não-Saccharomyces, da família Schizosaccharomycetaceae que pode ser utilizada como levedura alternativa na produção cervejeira, apresentando cepa comercial (ex.: YH-156). Pode produzir odores frutados e ácido lático (depende de haver açúcares simples) e resultar em alta atenuação. Pode ser usada em conjunto com *Saccharomyces cerevisiae* na fabricação de cervejas no estilo sours, cervejas com frutas, cidra e hidromel.

**Sedimentação:** Sinônimo de floculação, quando relacionada ao processo de fermentação. Ver **Floculação.**

**Seis fileiras:** Ver **Cevada de seis fileiras.**

**Sela:** Termo usado em análise sensorial como descritor do odor/aroma que remete à sela, o qual pode ser resultante da fermentação por leveduras do gênero *Brettanomyces*. Ver *Brettanomyces*; **Lambic.**

**Selo salomônico:** Ver *Zoiglstern*

**Senescência:** Termo usado para indicar o envelhecimento natural dos seres vivos (também pode ser induzida). No ciclo de vida do lúpulo, corresponde à etapa na qual a planta perde suas folhas e a parte aérea começa a morrer. Essa etapa se inicia após o acúmulo de reservas energéticas no sistema radicular. Após a senescência, a planta sobreviverá com suas reservas até que se inicie uma nova brotação.

**Sensação organoléptica:** Ver **Organoléptica.**

**Sensação residual:** Ver *Afterfeel*.

**Sensações trigeminais:** Referem-se àquelas relacionadas ao sistema tátil de percepção sensorial (tato) - sistema trigeminal. Nos permite sentir o tato em si (como nas mãos), pressão, vibração, temperatura, posição das articulações, assim como adstringência e picância na boca.

**Sesquiterpenos:** São compostos químicos da classe dos terpenos, sintetizados a partir do ácido mevalônico. Apresentam o equivalente a três unidades de isopreno (5 carbonos) em sua constituição. Estão presentes nos óleos essenciais dos lúpulos. Podem ser alifáticos (ex.: farneseno) ou cíclicos (ex. humuleno e cariofileno. Cada sesquiterpeno do lúpulo resultará em diferentes odores/aromas e gostos na cerveja de acordo com a técnica de lupulagem. Ver **Ácido mevalônico; Cariofileno; Farneseno; Humuleno; Isopreno; Monoterpenos; Terpenos.**

**Session:** Designação para as cervejas produzidas se mantendo o padrão da maioria dos parâmetros do estilo escolhido (como cor e aromas), entretanto, geralmente, com menor teor alcoólico e mais suaves (não confundir com *Saison*).

**Set mash:** Termo em inglês usado para indicar condições que geram dificuldades de realizar a drenagem (*runoff*) durante a lavagem (*sparge*).

**Shandy:** Termo em inglês uma bebida à base de cerveja e algum refrigerante, tipicamente de limão – *lemon shandy* (50 % cerveja, 50 % limonada). Na Alemanha é chamada de *Radler*. Ver **Radler.**

**Shelf-life:** Termo em inglês para validade/ tempo de prateleira. Ver **Validade.**

**SI/Sistema internacional de unidades:** Corresponde a um sistema padronizado de unidades físicas, baseado no antigo sistema métrico, usado na maior parte do mundo. Criado a partir de sete unidades básicas: comprimento (metro, m); massa (quilograma, kg); corrente elétrica (ampere, A); temperatura termodinâmica (kelvin, K), quantidade de substância (mol, mol), intensidade luminosa (candela, cd). A partir das unidades básicas, obtém-se as unidades derivadas do SI, como força (newton, N), pressão (pascal, Pa), energia (joule, J), entre outras.

**Sifão:** No meio cervejeiro, principalmente caseiros, corresponde a um tubo plástico, com ou sem válvulas, o qual é utilizado para realizar a transferência de líquidos de um local para outro. Exemplo: realizar a transferência do balde de fermentação para o balde de maturação.

**Sílica:** Ver *Biofine clear*.

**SINDCERV:** Sigla para Sindicado Nacional da Indústria Cervejeira (Brasil). Fundado em 1948, apresenta cerca de 80 % de representatividade das cervejarias brasileiras.

**Síndrome da fermentação intestinal**: Ver **Síndrome da autocervejaria**.

**Síndrome da autocervejaria:** Consiste em uma condição rara que pode ocorrer em seres humanos, no qual microrganismos no sistema digestório fermentam carboidratos e produzem etanol e gás carbônico, elevando a concentração de etanol no sangue do indivíduo. Também conhecida como síndrome da fermentação intestinal, síndrome da fábrica de cerveja ou síndrome de *auto-brewery* (ABS). Geralmente está relacionada com a atividade das leveduras do gênero Saccharomyces e Candida, assim como de bactérias do gênero Klebsiella e outros gêneros. Acredita-se que a condição possa estar relacionada com um desiquilíbrio da flora intestinal, assim como outros mecanismos que possibilitam o crescimento descontrolado desses microrganismos a consequente fermentação etanólica. Cada caso deve ser avaliado individualmente para o tratamento, podendo consistir em restrição da ingestão de carboidratos e controle microbiano por antifúngicos ou antibióticos. Uma variação desta condição pode ocorrer na bexiga, denominada de síndrome de fermentação da bexiga.

*Single hop*: Termo em inglês para designar cervejas produzidas com apenas um tipo de lúpulo.

*Single malt and single hop/SMaSH*: Cervejas desenvolvidas com apenas um tipo de malte e um tipo lúpulo.

*Single malt*: Termo em inglês para designar cervejas produzidas com apenas um tipo de malte.

*Single vessel*: Termo em inglês que designa o equipamento para produção, cozinha cervejeira, em um único bloco/tanque (cozinha monobloco), ou seja, em um único tanque se faz da mosturação à fervura, podendo o resfriamento ser feito no mesmo (com *chiller* de imersão) ou por meio de *chiller* de contrafluxo ou de placas. Geralmente se tem um cesto no interior do tanque, no qual se insere o malte, facilitando a lavagem e retirada após a mosturação (podem existir outros esquemas de montagem).

**Sinônimo heterotípico:** Também chamado de sinônimo taxonômico. Usado na taxonomia para indicar espécies que foram reclassificadas em um único táxon, ou seja, quando se considera que uma espécie seja a mesma que outra, mantendo-se a espécie primeiramente descrita (resumindo, são nomes diferentes para uma mesma espécie). São indicadas pela sigla *syn. het.* ou pelo símbolo "=" e denominado de sinônimo subjetivo. Por exemplo, *Saccharomyces carlsbergensis* = *Saccharomyces pastorianus*, assim como, *Saccharomyces monacensis* = *Saccharomyces pastorianus*.

**Sinônimo homotípico:** Também chamado de sinônimo nomenclatural. Usado na taxonomia para indicar espécies que foram reclassificadas como de outro gênero ou mesmo categorias taxonômicas distintas, indicado pela sigla *syn. hom. ou pelo símbolo "≡" e denominado de sinônimo objetivo. Por exemplo, Saccharomyces rosei ≡ Torulaspora delbrueckii, assim como, Candida colliculosa ≡ Torulaspora delbrueckii.*

**Sinônimo nomenclatural:** Ver **Sinônimo homotípico.**

**Sinônimo objetivo:** Ver **Sinônimo homotípico.**

**Sinônimo subjetivo:** Ver **Sinônimo heterotípico.**

**Sinônimo taxonômico:** Ver **Sinônimo heterotípico.**

**Sistema CIP:** Ver **CIP.**

**Sistema COP:** Ver **COP.**

**Sistema coloidal:** Ver **Colóide**.

**Sistema de brassagem de um único recipiente:** Ver *Single vessel*.

**Sistema de mosturação por troca de calor recirculante:** Ver *Heat exchange recirculating mash system/HERMS.*

*Sistema de mosturação por infusão recirculante:* Ver *Recirculating Infusion Mash System/RIMS.*

**Sistemas sensoriais:** Correspondem aos sistemas corporais que nos permitem perceber/sentir o ambiente externo, interno, movimentos e posição corporal, a partir de células especializadas para cada tipo de percepção, sendo eles: gustação; olfação; visão; audição; tato.

**Sítio ativo:** Corresponde a região da enzima na qual o substrato específico interage para formar o complexo enzima-substrato, permitindo que a reação ocorra. Acredita-se que a interação enzima-substrato no sítio ativo se dá pelo modelo do encaixe induzido. É uma região composta por grupos R de aminoácidos, além de outros elementos como cofatores. Essa região tem conformação específica, o que limita a interação a um número muito pequeno de compostos. Alterações no pH, temperatura e interações da enzima com algumas moléculas podem alterar a afinidade do sítio ativo pelo substrato, explicando assim os valores ótimos de temperatura e pH ótimo para atividade enzimática. Ver **Enzimas.**

*Six-row barley:* Termo em inglês para cevada de seis fileiras. Ver **Cevada de seis fileiras.**

*Skunk/Skunking*: Ver *Light-struck/Lightstruck.*

*Sluggish fermentation*: Termo em inglês para fermentação lenta. Ver **Fermentação lenta.**

*Slurry*: Ver **Lama**.

*SMaSH*: Ver *Single malt and single hop*.

*SMM/S-metil-metionina:* Composto organossulfuroso presente no malte, principalmente nos maltes claros, que é um precursor para síntese de DMS (dimetilsulfeto). O SMM é convertido em DMS no mosto cervejeiro quente (80-90 °C), principalmente, durante a fervura do mosto. O DMS apresenta o odor/aroma/gosto de milho verde e é considerado um *off-flavor* em muitos estilos de cerveja. Ver **DMS**.

*Snifter*: Taça para cervejas aromáticas, complexas e alcoólicas. Apresenta-se baixa, bojuda e com boca fechada, semelhante a taça de conhaque.

**Solução tampão:** Sistema formado por um ácido fraco e sua base conjugada. Atuam em soluções aquosas minimizando alterações no pH quando adicionadas pequenas quantidades de ácido ou base. Funcionam doando prótons ($H^+$), quando adicionadas pequenas quantidades de bases e recebendo prótons, quando adicionadas pequenas quantidades de ácidos. Naturalmente, formam-se sistemas tampões no mosto cervejeiro, entretanto, também se pode inserir tampões para se manter o pH do mosto em um pH alvo específico.

**Solvente: 1.** Termo usado na química para indicar compostos capazes de dissolver um soluto. Ex.: a água, um solvente polar, é capaz de dissolver o soluto cloreto de sódio (sal de cozinha). **2.** Termo usado como descritor em análise sensorial para o odor/aroma ou gosto de solvente ou acetona, similares ao de alguns ésteres, como o acetato de etila. Pode ter origem na própria fermentação (temperaturas elevadas), por contato com equipamentos de PVC da produção ou por contaminantes. Deve-se avaliar na produção os possíveis erros que levam as origens citadas. Ver **Acetato de etila.**

*Sommelier* **(masculino)/** *Sommelière* **(feminino):** No caso da cerveja, *Beer Sommelier/ Sommelière*. São especialistas da bebida em questão, conhecendo sua história, estilos, escolas cervejeiras, características sensoriais de cada estilo, harmonização, forma de serviços, mercado entre outras questões envolvendo a bebida. Ver **pH** *Stabilizer* **5.2.**

**Sonicação:** Agitação em soluções realizadas a partir da energia de ondas ultrassônicas emitidas por algum equipamento, como sonicador. Pode-se realizar sonicação da cerveja para remoção do gás carbônico da mesma, previamente a algum teste laboratorial (como mensuração de cor, atenuação aparente ou amargor). Ver **Sonicador; Ultrassom.**

**Sonicador:** Equipamento laboratorial, em formato de haste, para introdução em soluções para sonicação da mesma, ou seja, emissão de ondas ultrassônicas com diversas finalidades, como de retirar o gás de cervejas previamente a outros testes, como mensuração de cor, atenuação aparente e amargor. Ver **Ultrassom.**

**Sorgo:** Planta (gramínea) da família Poaceae, espécie *Sorghum bicolor* (*syn*. heterotípico *Sorghum vulgare*), da qual se pode utilizar seus grãos de cereais, malteados ou não, na fabricação de cerveja, principalmente nas cervejas livres de glúten. Ver **Glúten.**

*Sour***: 1.** Termo em inglês para azedo. Refere-se a percepção ácida/azeda, podendo ser gerado por contaminantes, neste caso a percepção é um *off-flavor*, ou de forma intencional. Pode ser gerado por bactérias selvagens ou inoculadas, incluindo *Lactobacillus* spp. e *Pediococcus* spp., como ocorre nas cervejas Lambic, *Berliner weisse*, *Catharina Sour* ou de Quefir. Também pode ser gerado por leveduras, como por inoculação de *Lachancea thermotolerans*. **2.** Termo em inglês para o gosto ácido/azedo, indicando-se o descritor para análise sensorial da bebida. Ver **Gosto ácido.**

**Søren Peter Lauritz Sørensen:** Importante químico dinamarquês (1868 - 1939) responsável por desenvolver a escala de pH (1909) enquanto trabalhava no Laboratório da cervejaria Carlsberg, como uma forma de quantificar a acidez e alcalinidade do mosto e cerveja. Sørensen descreveu dois métodos para quantificar o pH usando a escala que construiu, um baseado em eletrodos e o outro por comparação de cores usando diversos indicadores químicos. Ver **pH.**

*Sparge***:** Termo em inglês para lavagem dos grãos do mosto. A lavagem tem como objetivo retirar o máximo possível de açúcares restantes dos grãos, podendo ser contínua (*fly sparge*), por batelada (*batch sparge*) ou mista (*mix sparge*). Uma das etapas do *lautering*. Ver *Lautering*; **Lavagem.**

*Specific Gravity*/**SG:** Ver **Gravidade específica/GE.**

*Speise***:** Termo em alemão se referindo ao mosto retirado após resfriamento (sem inoculação de fermento) e guardado para ser usado na fase de carbonatação, desta forma, não se faz necessário adição de açúcares de milho ou cana, respeitando-se a *Reinheitsgebot.*

*Spelt***:** Palavra em inglês para espelta. Ver **Espelta.**

*Sphaerotheca humuli***:** Ver **Oídio.**

*Spin vinator*: Ver *Vinator*.

**Splash**: Técnica utilizada, geralmente pelo cervejeiro caseiro, para incorporação de oxigênio ao mosto resfriado, durante o envio ao fermentador. Para tanto, faz-se com que o mosto tenha uma queda lenta, de certa altura, propiciando o efeito "cachoeira". Espera-se com isto chegar a cerca de 4 ppm de $O_2$. Cervejas de maior densidade demandam maiores concentrações iniciais no mosto de oxigênio, exigindo-se outras técnicas de oxigenação. Ver **Oxigenação/Oxigenação do mosto.**

**SRM**: Ver *Standard reference method.*

**Standard reference method/SRM**: Consiste em um dos métodos para quantificação da coloração da cerveja ou seus insumos (maltes e alguns adjuntos), obtido a partir da absorção da luz em espectrofotômetro de luz visível (leitura em $\lambda$ = 430 nm). Para cubeta de 1 cm: SRM = 12,7 × Diluição × $Absorbância_{430nm}$. O EBC é outra unidade de cor que pode ser calculada a partir do SRM ($Cor_{EBC}$ = 1,97 × $Cor_{SRM}$). Ver **EBC; Espectrofotômetro; Lovibond.**

**Starter**: Consiste em uma cultura inicial de leveduras em meio nutritivo, geralmente realizada em frasco Erlenmeyer, com o objetivo de ativar e multiplicar (propagar) as leveduras para posterior inoculação no balde/tanque de fermentação. A partir da taxa de inoculação, deve-se calcular o número de células necessárias para o lote em produção, para dimensionar corretamente o *starter*. Geralmente se utiliza no starter mosto ou extrato de malte (DME) com gravidade específica em torno de 1,038.

**Strain**: Termo em inglês para estirpe/cepa. Ver **Cepa.**

**Strike water temperature/SWT**: Ver **Temperatura da água de infusão.**

**Strike water**: Termo em inglês para água de infusão. Ver **Água de infusão**.

**Stuck fermentation:** Termo em inglês para fermentação presa. Ver **Fermentação presa.**

**Stuck sparge:** Termo em inglês para o entupimento do sistema de recirculação durante a lavagem dos grãos. A principal causa é a falha na moagem dos grãos, com excesso de material particulado fino.

**Subinoculação:** Termo usado para indicar a inoculação de leveduras abaixo/muito abaixo da taxa de inoculação indicada para o estilo (em inglês, *underpitching*), o que resultará em resultados diferentes do esperado, inclusive menor atenuação dos açúcares fermentescíveis e maior tempo para fermentação, assim como aumento da fase *Lag* de proliferação. Pode favorecer também a proliferação de fungos e bactérias contaminantes. Ver **Taxa de inoculação; Superinoculação.**

**Sulfato/s:** São compostos químicos que apresentam o ânion sulfato ($SO_4^{2-}$) em sua composição, geralmente bem solúveis em água, como os seguintes sais, usados na água cervejeira: como $CaSO_4$ (sulfato de cálcio); $MgSO_4$ (sulfato de magnésio). Em termos sensoriais, os íons sulfatos produzem uma sensação de secura e adstringência no paladar. Também aumentam a sensação do amargor, tanto no gosto quanto no sabor residual (*aftertaste*), mesmo com níveis constantes de iso-humulona, causando uma impressão de que a cerveja tem um gosto mais amargo do que realmente possui. A razão entre os sulfatos e cloretos presentes na água cervejeira pode ser ajustada para se realçar ou reduzir o amargor. Ver **Razão sulfato/cloreto.**

**Sulfato de cálcio hidratado:** Composto inorgânico ($CaSO_4.H_2O$), também chamado de gipsita ou *gypsum*, um sal usado na água cervejeira para aumentar a dureza da água (pelo aumento da concentração do cálcio), assim como a do sulfato que produz um aumento da sensação de amargor do lúpulo. A forma anidra tem massa molar de 136,142 g/mol e a diidratada de 145,15 g/mol ($Ca^{2+}\approx23$ %; $SO4^{2-}\approx56$ %). O cálcio também é importante para atividade da α-amilase, contribui com a redução da viscosidade do mosto, diminui a extração de taninos e auxilia na floculação das leveduras ao final da fermentação. Com relação ao cálcio, de modo geral, recomenda-se cerca de 50 ppm para cervejas claras e entre 50 e 150 ppm para escuras. Para o sulfato, recomenda-se entre 50 e 150 ppm para cervejas pouco amargas e entre 150 e 300 para amargas. Altas concentrações de sulfato (acima de 400 ppm) pode resultar em amargor desagradável e adstringente.

**Sulfato de magnésio/Sal amargo/Sal Epsom/*Epsom salt*:** Composto inorgânico ($MgSO_4$), um sal usado na água cervejeira para aumentar o teor de magnésio (melhoria na atividade das leveduras e percepção de sabores) e sulfato (acentua o amargor do lúpulo, fazendo com que fique mais seco e nítido). A forma anidra tem massa molar de 120,415 g/mol ($Mg^{2+}\approx20$ %; $SO_4^{2-}\approx80$ %) e forma heptahidratada tem 246,47 g/mol. As contribuições positivas do magnésio são entre 10 a 20 ppm, em quantidades superiores a 70 ppm, podem contribuir com um sabor amargo e azedo e em concentrações superiores a 125 ppm conferirão ao líquido um efeito laxante e diurético.

**Sulfeto de hidrogênio:** Composto sulfurado ($H_2S$), o qual é considerado um *off-flavor* em altas concentrações na cerveja, com aroma que lembra ovo cozido, ovo podre, fósforo queimado e enxofre. Em baixa concentração, pode contribuir com o frescor da cerveja. Ocasionado pela produção elevada de sulfetos por leveduras velhas ou autólise destas ou mesmo por contaminantes. Encontrado nas cervejas entre 0,001-0,2 mg/L, com limiar de detecção de 4 µg/L (0,004 mg/L). Quando em solução aquosa é chamado de ácido sulfídrico – $H_2S$(aq).

**Sulfítico:** Termo relacionado a um *off-flavor* da cerveja (sabor/sensação desagradável), o qual se associa com odor de poluição, podendo irritar levemente as vias nasais. Está relacionado à concentração de sulfitos ($SO_3^{2-}$) presente na cerveja, podendo ser formado na fermentação de cervejas claras, assim como adicionado como antioxidante. Encontrado, geralmente, entre 3 e 20 mg/L. Ver **Sulfito de sódio.**

**Sulfito de sódio:** Composto inorgânico ($Na_2SO_3$), codificado como INS 221, pode ser usado como aditivo na cerveja (pouco usual), além de outros alimentos e bebidas. O INS 221 poderia desempenhar função de conservante, entretanto, na dosagem permitida em cerveja, desempenha função antioxidante. Ver **Antioxidantes.**

**Suor:** Termo usado em análise sensorial como descritor do odor/aroma que remete ao suor, o qual pode ser resultante da fermentação por leveduras do gênero *Brettanomyces*. Ver *Brettanomyces*; **Lambic**.

**Superatenuação:** Refere-se a redução da densidade final do mosto cervejeiro (atenuação aparente) acima do esperado devido ao consumo dos açúcares fermentescíveis e, em alguns casos, dos açúcares não fermentescíveis, resultando em um aumento na produção de álcool e na redução da sensação de corpo na cerveja. Geralmente ocorre devido à superinoculação (*overpitching*) ou à presença de contaminantes. Além disso, há microorganismos alternativos que podem ser usados intencionalmente para gerar a superatenuação, consumindo principalmente os açúcares não fermentescíveis que as leveduras cervejeiras convencionais não utilizam. Ver **Atenuação**; *Superinoculação*.

**Superinoculação:** Termo usado para indicar a inoculação de leveduras acima/muito acima da taxa de inoculação indicada para o estilo, o que gerará resultados diferentes do esperado, inclusive maior produção de ésteres indesejados e diacetil. Ver **Taxa de inoculação.**

**Surfactantes:** São moléculas orgânicas anfifílicas, ou seja, interagem com moléculas polares (como a água) e apolares, também chamados de tensoativos. Podem ser classificados em: aniônicos; catiônicos; não iônicos; anfóteros. Tensoativos aniônicos são comuns em detergentes (ex. lauril sulfato de amônio e lauril sulfato de sódio), enquanto os catiônicos em soluções sanitizantes (ex. sais halogenados quaternários de amônio).

***Taint:*** Termo em inglês utilizado para indicar sensações (como odores/aromas e sabores) indesejadas na cerveja, advindos de fontes externas. Relativo a gostos e odores/aromas indesejados na cerveja que ocorrem devido à contaminação durante produção, transporte ou armazenamento inadequados, decorrentes de substâncias externas aos insumos e processos, podendo ser veiculados por gases, líquidos ou sólidos. Como exemplos: metálico, clorofenol. Não confundir com *off-flavor*, pois este se refere às sensações indesejadas relacionadas ao processo, como aos insumos, fermentação etc. Ver ***Off-flavor***. **Tampão:** Ver **Solução Tampão**.

**Taninos:** São compostos polifenólicos de massa molar mais elevados, geralmente entre 500 a 3000 Da (podem ser maiores). Taninos podem se complexar com proteínas para formar compostos turvadores da cerveja (podem também se precipitar), também podem contribuir para a cor da cerveja, em parte devido à sua oxidação durante a mostura e a fervura do mosto. Além disso, a adstringência da cerveja pode ter origem dos taninos extraídos da casca do malte de cevada ou do lúpulo durante o processo de produção. Ver **Flavonóides, Polifenóis**.

**Tanoaria:** Arte da construção de tonéis de madeira por tanoeiros em diferentes formatos, tipos de madeira e técnicas de construção e tosta do interior. Entre as madeiras, pode-se utilizar: castanheiro (*Castanea sativa*); acácia (*Robinia pseudoacacia*); cerejeira *(Prunus* ssp.); carvalho americano (*Quercus alba*), carvalho francês (*Quercus robur* ou *Quercus petraea*); Amburana (*Amburana* ssp.); Jequitibá (*Cariniana* ssp.), entre outras. Dentre os formatos, são exemplos: barril padrão americano (180-200 L); barril cervejeiro britânico (164 L); barrica Cognac (300L). Destaca-se que o grau de tosta pode influenciar os sabores da cerveja. Ver **Tonel**.

**Tanoeiro:** Pessoa que produz tonéis de madeira (barris, dornas, etc.) a partir de técnicas de tanoaria. Muitos cervejeiros vêm procurando tanoeiros para produzir tonéis especiais (escolhendo a madeira, volume e grau de tosta) para maturar cervejas. Ver **Tanoaria; Tonel**.

**Tanque cilindro-cônico:** Tanque (plástico ou inox) para fermentação com corpo cilíndrico e base cônica, o qual pode ser construído com parede simples ou dupla para refrigeração, com capacidade de ser pressurizável ou não. Devido ao seu fundo cônico, facilita-se a sedimentação das leveduras e retirada da lama cervejeira após fermentação primária. Este tipo de tanque também pode ser usado na fermentação secundária/maturação. Ver **Inox; Parede dupla.**

**Tanque de fermentação:** Local/tanque onde ocorre a fermentação primária da cerveja. Há diversos modelos, sendo os de fundo cônico (cilíndrico-cônico) os mais utilizados na produção em maior escala. Os tanques variam em volume, material (geralmente em aço inoxidável para cervejaria/microcervejaria) e nas formas de resfriamento do tanque (autorrefrigeráveis ou não). Destaca-se que os tanques podem ser fechados (para Ales e Lagers) ou abertos (para Lambics).

**Tanque de fervura:** Sinônimo usado comumente para tina de fervura. Geralmente, no meio industrial, utiliza-se tina para a fase quente e tanque para a fria. Ver **Tina de Fervura.**

**Tanque de glicol:** Ver **Tanque de resfriamento.**

**Tanque de parede dupla:** São tanques que apresentam a parede de revestimento em dupla camada, de tal modo que viabilize-se algum sistema de resfriamento no tanque, como por serpentinas instaladas entre essas paredes. Geralmente são tanques cilíndricos de fundo cônico, podendo ser de aço inox ou algum tipo de polímero atóxico (alimentar). Ver **Parede Dupla; Tanque cilíndrico-cônico.**

**Tanque de resfriamento:** Também denominado como tanque isolado para sistema de frio ou banco de frio. Tanque autoresfriado contendo solução hidroalcoólica (etanol, glicol, propilenoglicol, etilenoglicol etc.) que é utilizada para circulação em sistemas de resfriamento de tanques de fermentação/maturação ou resfriadores de placas (*chiller* de placas). Etilenoglicol e dietilenoglicol, por sua toxicidade, têm sido proibido em diversas localidades, não sendo indicado seu uso. Ver **Líquido refrigerante; Parede dupla.**

**Tanque secundário:** Refere-se ao tanque onde a cerveja é maturada após a fermentação primária. Em alguns casos, principalmente em microcervejarias, utiliza-se o mesmo tanque para fermentação e maturação, purgando-se o fermento antes de iniciar a maturação.

***Tap beer:*** Ver ***Draft Beer*** ou ***Draught Beer.***

**Taxa de evaporação:** Corresponde ao percentual que o mosto evapora durante a etapa de fervura. Vários fatores influenciarão nesta, como quantidade de energia da fonte de calor (intensidade da fervura), tempo de fervura, pressão atmosférica, umidade relativa do ar e design do equipamento. Usa-se a taxa de evaporação para se estimar o volume pós-fervura e volume do lote. Geralmente, estima-se entre 10 a 15 % de evaporação em uma fervura de 90 minutos e entre 6 e 8 % para fervuras em torno de 60 minutos. Não se recomenda taxas de evaporação muito baixas, pois diversos processos da fase de fervura acabam por não serem muito eficientes, como a evaporação de DMS (dimetilsulfeto).

**Taxa de inoculação:** Refere-se a quantidade de leveduras (células) necessárias por volume e densidade inicial do mosto (medida em graus Plato). A taxa de inoculação varia de acordo com a densidade da cerveja, a cepa utilizada e as condições de fermentação. Para cervejas de média densidade é comum utilizar as taxas: para Ales, 0,75 bilhões × volume de mosto (L) × quantidade de açúcar (graus Plato); para Lagers, 1,5 bilhão × volume de mosto (L) × quantidade de açúcar (graus Plato). Ver **Viabilidade; Vitalidade.**

**Taxonomia:** Área da ciência que busca descrever, identificar, agrupar e classificar (hierarquicamente) os organismos vivos. De interesse cervejeiro, há chaves taxonômicas para identificação de espécies de leveduras, assim como de microrganismos contaminantes. Para os Fungos, as principais recomendações são indicadas pelo *International code of nomenclature for algae, fungi, and plants* (Código internacional de nomenclatura para algas, fungos e plantas). Na nomenclatura científica, podem-se encontrar nomes de espécies que sejam sinônimos homotípicos ou heterotípicos de outros catalogados, assim como podem ser basiônimos. Ver **Basiônimos; Sinônimo heterotípico; Sinônimo heterotípico.**

**Técnica da panela pressão:** Técnica utilizada para otimização da isomerização dos α-ácidos, ou seja, contribuição para o amargor da cerveja. Consiste em realizar a fervura do lúpulo em água levemente alcalina, em torno de pH 8, em uma panela de pressão, por cerca de 15 minutos. Destaca-se que, quanto maior a temperatura da fervura, mais rápida e eficiente será a isomerização dos α-ácidos. Dessa forma, a partir dessa técnica, com a fervura em torno de 120 °C, possibilita-se uma maior formação de iso-α-ácidos, em um menor tempo. Esse preparado pode ser adicionado à panela/tina de fervura, com isso, pode-se reduzir o tempo total de fervura com fins de isomerização dos α-ácidos, podendo-se focar nos lúpulos para gosto/odor/aromas. Além disso, por haver maior conversão de iso-α-ácidos, pode haver uma redução na quantidade utilizada. Ressalta-se que tal técnica deve ser realizada com cuidado, decorrente da temperatura e pressão da panela.

**Técnica de Gram:** Ver **Coloração de Gram.**

**Teleomorfo:** Termo utilizado para indicar a forma dos fungos ascomicetos com capacidade de reprodução sexuada.

**Temperatura da água de infusão/TAI:** Corresponde a temperatura da água a ser adiciona na mostura, visando-se atingir uma temperatura alvo, considerando-se o volume de água (L), a massa de malte (kg) e as temperaturas do malte e desejada na mostura. Em inglês se utiliza o termo *strike water temperature/SWT.* A seguir, uma fórmula simplificada, destacando que as propriedades térmicas do equipamento e ambiente também influenciam no resultado final. TAI = (0,41/R)*(T2-T1) + T2 Onde: R = razão de água (L):malte (kg); T1 = Temperatura do grão (°C); T2 = Temperatura alvo da mostura (°C). Ver **Água de infusão**; **Razão água:malte.**

**Temperatura de serviço:** São as temperaturas que as cervejas podem ser servidas. Destaca-se que, para cada estilo ou mesmo cervejas específicas (dentro de um mesmo estilo), podem-se ter temperaturas diferentes, visando ressaltar distintas características sensoriais ao consumidor. De modo geral: 0-4 °C para Pale lagers, cervejas sem álcool, com objetivo principal de refrescar; 5-7 °C para cervejas de trigo clara, Lambics de frutas e Gueuzes; 8-12 °C para Lagers escuras, Pale Ale, Amber Ale, trigo escuras, *Porter, Helles, Vienna, Tripel* e *Bocks*; 13-15 °C para *Ales Quadrupel, Strong Ale escuras, Stouts, Bocks* mais fortes (ex. *Eisbock* e *Doppelbock*), vários do estilos especiais belgas, incluindo os trapistas.

**Temperatura ótima:** Corresponde à temperatura em torno da qual a enzima apresenta maior atividade. Por exemplo, a β-amilase possui temperatura ótima entre 60-65 °C, enquanto a α-amilase entre 70-75 °C. Assim, alterações na temperatura do mosto alterarão as atividades das enzimas, resultando na alteração das concentrações finais dos produtos presentes na mostura. Dessa forma, deve-se ajustar a rampa de temperaturas para aquelas das enzimas-alvo desejadas. Ver **Parada/s.**

**Tempo de prateleira:** Ver **Validade.**

**Tenenet:** Deusa do Egito antigo associada ao parto, à fertilidade, ao renascimento e à produção de cerveja. Também chamada de Tjenenet, Tanenet, Tenenit e Zenenet, seu nome deriva de *Tenemu*, o qual significa "cerveja". Tenenet é mencionada no Livro dos Mortos, que data do período do Império Novo (1560.C. a 1170.C.), bem como em textos do período da dinastia ptolemaica (303 a.C. a 30 a.C.).

**Tensioativos:** Ver **Surfactantes**.

T 253

**Tensoativos:** Ver **Surfactantes**.

**Teor alcoólico:** Refere-se a concentração de álcool/etanol presente na cerveja, expressa comumente em percentual de volume de álcool por volume de solução (v/v, ABV). De acordo com o teor alcoólico, classificam-se as cervejas no Brasil: cerveja sem álcool, inferior ou igual a 0,5 % ABV (para se rotular como zero álcool, deve ser inferior a 0,05 % ABV); cerveja de teor alcoólico reduzido, maior que 0,5 % ABV e menor ou igual a 2 % ABV; cerveja, acima de 2 % ABV. Geralmente as cervejas comuns têm entre 2 e 4,9 % ABV, cervejas premium entre *5 a 8,9* % ABV, cervejas especiais entre 9 e 14 % ABV e extra-fortes acima de 15 %. Em alguns países, pode--se predizer o teor alcoólico em termos do extrato inicial de carboidratos presentes no mosto, por exemplo, na Alemanha (mosto em graus Plato): *einfachbiere* (muito fraca, 1,5-6,9 °P), *schankbier* (fraca, 7-11 °P), *vollbier* (médio, 11-16 °P) e *starkbier* (forte, acima de 16 °P); na Bélgica (com mosto em graus Plato): Categorias S (maior que 15 °P), I (11-13,5 °P), II (7-9°P), III (1-4 °P); na França (em graus *Régie*): *bière petite* (fracas – abaixo de 2 °R), *bière table* (2-2,2 °R), *bière bock* (3,3-3,9 °R), *bière de luxe* (maior que 4 °R), a partir de 1976 – *bière de choix* (4,4-3,6 °R), *bière spéciale* (5-7 °R – a mais forte). Ver **ABV; Plato/°P; Règie/°R.**

**Termamyl®:** Solução comercial de enzimas para sacarificação do amido presente na mostura, composta de α-amilase termorresistente, obtida de bactérias (*Bacillus licheniformis*). Atua em uma ampla faixa de pH (3,5 a 8,5) e temperatura (45 a 95 °C), com melhor atividade em torno do pH 5,5 e 6,6 e temperatura entre 87 e 90 °C. Pode ser usado em mosturas com maltes pouco modificados ou com grande quantidade de adjuntos sem poder diastático ou para acelerar a sacarificação. Apresenta efeito similar a Endozym Alphamyl SB1-AEB. Ver *Endozym Alphamyl* **SB1-AEB; Poder Diastático.**

**Terminal *ball-lock*:** Terminal para conexões de engate rápido de gás e líquido do tipo *ball-lock*, geralmente em aço inox, que pode ser instalado em recipientes, como *postmix*, keg e growler. Este terminal é incompatível com o conector *pin-lock*, a menos que sejam utilizados adaptadores. Ver **Conector *ball-lock*.**

**Terminal *pin-lock*:** Terminal para conexões de engate rápido de gás e líquido do tipo *pin-lock*, geralmente em aço inox, que pode ser instalado em recipientes, como *postmix*, keg e *growler*. Este terminal é incompatível com o conector *ball-lock*, a menos que sejam utilizados adaptadores. Ver **Conector *pin-lock*.**

**Termofílico:** Ver **Termófilo.**

**Termófilo:** Termo usado para designar microrganismos que se proliferam em temperaturas elevadas (50-60 °C), havendo alguns extremófilos (vivem em temperatura igual ou maior que 80 °C).

**Termômetro:** Instrumento utilizado na mensuração da temperatura, importantíssimo no processo cervejeiro, desde a mosturação, até a fermentação e maturação. Há diferentes tipos de termômetro, analógicos e digitais, diferentes acurácias/precisões, sendo que, para cada demanda, deve-se avaliar o tipo mais adequado.

**Termistor:** Componente eletrônico, um resistor, usado como sensor de temperatura conectado ao termostato para controle da temperatura em diversos equipamentos, como em tinas de mosturação, tanques de fermentação e câmaras frias. Há dois tipos de termistores, os NTC (*negative temperature coefficient*) e os PTC (*positive temperature coefficient*). Ver **Termostato.**

**Termostato:** Dispositivo eletrônico utilizado no controle de temperatura, o qual apresenta um sensor (termistor) que pode ser inserido no local que se deseja mensurar a temperatura. Pode-se configurar a temperatura desejada e o termostato controlará automaticamente o sistema de resfriamento ou aquecimento para manter a temperatura no valor determinado. Pode ser utilizado em vários equipamentos da produção cervejeira, como na tina de mosturação, tanques de fermentação, câmaras frias etc.

**Terpenóides:** Ver **Terpenos oxigenados.**

**Terpenos livres de oxigênio:** Ver **Terpeno.**

**Terpenos oxigenados:** São terpenos oxigenados (como átomo de oxigênio), componentes de óleos essenciais (como nos lúpulos), podendo apresentar diferentes funções químicas, como: epóxidos (epóxido de mirceno, epóxido de farneseno, epóxido de humuleno, epóxido de pineno, epóxido de cariofileno); álcoois (linanol, mircenol, pinenol, farnesenol, cariofilenol, humulenol; aldeídos (geraniol); cetonas (humolodienona); ácidos (ácido mircênico); ésteres (acetato de geraniol). Ver **Terpeno.**

**Terpenos:** classe de compostos químicos derivados do ácido mevalônico, hidrocarbonetos com a fórmula básica $(C_5H_8)_n$. Acreditava-se que seriam derivados do isopreno, adotando-se a classificação deste pelo número de resíduos de isopreno em sua constituição, a qual ainda é usada, por exemplo: dois resíduos – monoterpenos (mircenos); três resíduos – sesquiterpenos (farnesenos, humulenos, cariofilenos). Geralmente são produtos de metabolismos secundários de plantas. Constituem como principal grupo químico dos compostos aromáticos presentes nos óleos essenciais, como nos lúpulos.

Destaca-se que muitos são voláteis, sendo a volatilidade variável, por exemplo, mircenos são mais voláteis que humulenos. Geralmente tem baixa solubilidade em água ou etanol, e tendem a oxidar rapidamente. Ver **Ácido mevalônico; Isopreno; Monoterpenos; Sesquiterpenos**.

**Terra branca:** Ver **Terra diatomácea/Terra de diatomácea.**

**Terra de infusórios:** Ver **Terra diatomácea/Terra de diatomácea.**

**Terra diatomácea/Terra de diatomácea:** Material pouco consolidado oriundo de diatomitos (rochas sedimentares), composto de esqueletos de diatomáceas, rico em sílica. Há dois tipos, a calcinada e a de grau alimentício. Tem diversas aplicações, destacando o uso como elemento filtrante em diversos filtros para clarificação da bebida. Atenção para o uso da terra de diatomácea de qualidade alimentar (orgânica) nos processos cervejeiros. Também conhecida como Terra branca, Diatomito, Terra de infusórios. Ver **Diatomáceas; Filtração Diatomácea; Filtro de Diatomácea.**

**Terra molhada:** Ver **Terra.**

**Terra:** Descritor em análise sensorial para o odor/aroma ou gosto de terra/terra molhada, geralmente considerado um *off-flavor*. Tem-se como referência o composto 2-etil-fenol, sendo o limiar de detecção de 5 μg/L. Pode ser originado a partir de contaminantes presentes na água, assim como pela migração do composto gerado por microrganismos em superfícies úmidas.

**Teste de A – não A:** Método de análise sensorial discriminativo de diferença global/geral (não direcional), na qual se deve treinar o avaliador para saber o que é A e, posteriormente, apresentam-se amostras para que o mesmo avalie se é A ou não é A (teste de reconhecimento). Geralmente se utilizam 30 provadores ou 20 provadores qualificados, mas pode variar de acordo com os objetivos da pesquisa. Ver **Métodos discriminativos.**

**Testes de aceitação:** Métodos de análise sensorial quantitativos hedônico/afetivo usados para avaliar a aceitação ou rejeição do consumidor sobre amostras. São exemplos desse tipo de teste: aceitabilidade; avaliação hedônica; escala JAR (*Just About Rigth*); avaliação dos atributos; hedônica e intensidade. Recomenda-se o mínimo de 112 para os testes de aceitação, podendo variar de acordo com o teste. Ver **Métodos.**

**Teste de amido:** Ver **Teste do iodo.**

**Teste de diferença direcional:** Método de análise sensorial discriminativo, direcional, também chamado de comparação pareada ou escolha forçada entre duas alternativas. Usada para verificar diferenças em um determinado atributo. São apresentadas duas amostras que diferem entre si em algum atributo (ex. acidez, dulçor, amargor) e solicita-se que o avaliador indique a que apresenta maior intensidade. Comumente se utilizam 7 provadores peritos ou 20 provadores qualificados. Ver **Métodos discriminativos.**

**Teste de diferença do controle:** Método de análise sensorial discriminativo de diferença global/geral (não direcional), a partir do qual se avalia a existência de diferenças entre diversas amostras e uma referência (controle/padrão). A partir deste teste, pode-se estimar o grau da diferença das amostras com o padrão. Geralmente, recomenda-se entre 20 e 50 julgamentos, sendo que, opcionalmente, caso tenha poucos avaliadores, solicita-se aos mesmos a realização de replicações do teste. Ver **Métodos discriminativos.**

**Teste de diferença simples:** Método de análise sensorial discriminativo de diferença global/geral (não direcional), no qual o se apresentam ao avaliador duas amostras e solicita-se que seja avaliada se são iguais ou diferentes (50 % das duplas serão idênticas e 50 % diferentes). Geralmente se utilizam de 12 a 15 provadores, mas pode variar de acordo com o objetivo pretendido. Ver **Métodos discriminativos.**

**Teste de ordenação:** Método de análise sensorial discriminativo (ISO 8587:2006), direcional, usado para verificar diferenças em um determinado atributo. Apresentam-se diversas amostras ao avaliador, em ordem aleatória, solicitando-se que o mesmo coloque-as em ordem crescente de intensidade do atributo (ex. acidez, dulçor, amargor). Comumente se utilizam 5 a 8 provadores peritos, sendo melhor realizar o teste com mais de 16, mas pode variar de acordo com o objetivo pretendido. Ver **Métodos discriminativos.**

**Testes de preferência:** Método de análise sensorial quantitativos do tipo hedônico/afetivo usados para avaliar a preferência do consumidor sobre amostras. Podem ser pareados, por ordenação e por ordenação múltipla. Recomenda-se o mínimo de 60 provadores para esses testes. Como exemplo de aplicação, pode-se fazer um teste de preferência com várias cervejas, de um mesmo estilo ou não, para identificar a preferência do consumidor com relação às marcas de cerveja de um mesmo estilo ou de estilos diferentes. Ver **Métodos hedônicos.**

**Teste de semelhança:** Método de análise sensorial discriminativo de diferença global, visando provar que não há diferença perceptível entre dois produtos/cervejas. Por exemplo, quando se substitui um malte na receita e pretende-se manter o padrão sensorial). Ver **Métodos discriminativos.**

**Teste do iodo:** Teste qualitativo realizado durante a mosturação para verificação da degradação do amido pelas amilases (hidrólise). Consiste no uso do iodo ($I_2$), poucas gotas, em uma pequena amostra do mosto, que pode ser colocado em uma placa de toque. Uma vez que o iodo interage com as cadeias do amido, enquanto houver cadeias longas, haverá coloração azulada (para interação com a amilose) ou vermelho-violeta/vinho (para interação com a amilopectina) e, ao fim da sacarificação, a reação ficará amarelada. Existe ainda uma versão quantitativa deste teste, realizado com o apoio de um espectrofotômetro, baseado no mesmo princípio. Ver **Amido; Amilose; Amilopectina; Placa de toque.**

**Teste dois-em-cinco:** Método de análise sensorial discriminativo de diferença global/geral (não direcional), no qual o avaliador testará duas amostras de um tipo e 3 de outro e deverá separar as amostras em dois grupos. As amostras deverão ser combinadas em 20 possibilidades (ex. AAAABB, BBBAA, BABAB, ABABB). Geralmente se utilizam de 8 a 12 provadores. Ver **Método Discriminativo.**

**Teste duo-trio:** Método de análise sensorial discriminativo de diferença global/geral (não direcional), visando verificar se há diferenças significativas entre dois produtos/cervejas. Primeiramente se apresenta uma amostra e, posteriormente, outras duas amostras e solicita-se para o provador identificar a idêntica à primeira. Geralmente se utilizam 20 provadores. Padronizado pela ABNT NBR ISO 10399:2019. Ver **Métodos discriminativos.**

**Teste sensorial:** Ver **Análise sensorial.**

**Teste tetraédrico:** Método sensorial discriminativo de diferença global/geral (não direcional), visando verificar a diferença entre duas amostras com tratamentos diferentes. O avaliador receberá 4 amostras e deverá agrupar em dois grupos (duas amostras cada). Este método está em fase de normatização. Ver **Métodos discriminativos.**

**Teste triangular:** Método de análise sensorial discriminativo de diferença global/geral (não direcional), para se avaliar a diferença entre dois produtos que apresentam tratamentos diferentes em três amostras e em diferentes combinações e sequências (ex. AAB, ABB, BAA, BBA, BAB, ABA). Geralmente se utilizam de 20 a 40 provadores. Padronizado pela ABNT NBR ISO 4120:2013. Ver **Métodos discriminativos**.

***Tetranychus urticae***: Ver **Ácaro rajado**.

***The world guide to beer***: Primeiro guia de estilos de cerveja, publicado em 1977, tendo como autor o jornalista Michael Jackson (1943-2007), foi um dos primeiros a buscar categorizar e descrever os diferentes estilos de cervejas existentes no mundo.

***Tied house***: Termo em inglês no Reino Unido para designar um bar/estabelecimento que tenha contrato com uma cervejaria, a qual indica as cervejas que fazem parte da carta de bebidas. As *Tied house* se contrastam das *free houses*, uma vez que estas têm a liberdade de escolha de sua carta de bebidas. Há países que tal prática não é permitida.

**Tina de fervura:** Local onde se realiza a fervura do mosto clarificado, durante a fase quente de produção da cerveja. A mesma tina pode ou não ser utilizada para a realização do *whirlpool*. Também chamado de tanque de fervura.

**Tinseth:** Ver **Método de Tinseth**.

**Tipo 45:** Ver **Pellet 45**.

**Tipo 90:** Ver **Pellet 90**.

**Tira indicadora de pH:** São tiras/fitas usadas para mensuração do pH. Há diversos tipos de fitas, as quais podem mensurar diferentes faixas de pH e com diferentes escalas. São muito utilizadas no controle do pH da água e do mosto cervejeiro. Exemplo: Há fitas que indicam do pH 0 ao 12, com escala de 0,5 ou 1. Quando comparado com os peagômetros digitais, apresentam menor precisão. Ver **pH**.

**Tolerância ao etanol:** Característica que pode ser observada nas leveduras cervejeiras e importante para a escolha da cepa mais adequada para a inoculação no mosto. Diversos fatores influenciam na tolerância da levedura ao etanol, que podem resultar em cepas moderadamente resistentes (grande parte das leveduras – até 8 % v/v), até altamente resistentes (10-15 % v/v), havendo casos extremos (20 % v/v ou mais de etanol). Ver **Cepa**.

**Tonel:** Termo geral para os recipientes produzidos com aduelas (varas) de madeira, unidas por aros metálicos, em diferentes formatos (barris, dornas etc.), volumes e com diferentes técnicas de produção e tosta. Produzidos por tanoeiros a partir de técnicas de tanoaria, podendo-se usar diversos tipos de madeiras, de acordo com os objetivos, como: castanheiro (*Castanea sativa*); acácia (*Robinia pseudoacacia*); cerejeira *(Prunus* ssp.); carvalho americano (*Quercus alba*), carvalho francês (*Quercus robur* ou *Quercus petraea*); Amburana (*Amburana* ssp.); Jequitibá (*Cariniana* ssp.), entre outras. São exemplos: barril padrão americano (180-200 L); barril cervejeiro britânico (164 L); barrica (300L); Pipa de Porto (500L). Podem ser usados no armazenamento e/ou maturação de cervejas. Ver **Tanoaria; Tanoeiro.**

**Torpedo:** Ver *Hop torpedo*.

**Torrado:** Ver **Tostado.**

**Torta de levedura:** Ver **Lama.**

***Torulaspora delbrueckii*:** Levedura não-*Saccharomyces*, comumente utilizada consorciada com a *Saccharomyces cerevisiae* na produção de vinho, com potencial de uso na produção cervejeira, para conferir características aromáticas mais complexas à bebida. Seu basiônimo – nome original – é *Saccharomyces delbrueckii*. Possuem principalmente forma esférica, embora também ocorram nas formas oval e elipsóide, o tamanho da célula costuma ser menor que a *S. cerevisiae*. Reproduzem-se assexuadamente por brotamento e a reprodução sexuada pode ocorrer por esporulação. Há relatos que esta espécie de levedura era responsável pela fermentação de cervejas de trigo na região da Baviera (*Bavarian wheatbeer*) porém, atualmente é pouco explorada na produção de cerveja. Em ensaios, mostraram-se tolerantes a mosto cervejeiro de alta densidade e foram capazes de metabolizar maltotriose, além de serem bem tolerantes ao etanol e aos iso-$\alpha$-ácidos do lúpulo. O perfil aromático produzido possui caráter frutado e pouca produção de diacetil. Apresenta cepas comerciais (ex.: WLP603, Biodiva™).

**Tostado:** Descritor em análise sensorial para o odor/aroma ou gosto de cereais tostado/torrado. Desejável em diversos estilos de cerveja, como porters e stouts, tendo origem, geralmente, dos cereais (malteados ou não) tostados. Quanto mais tostado for o grão, mais ele contribuirá para o odor/aroma/gosto de torrado/tostado e para o escurecimento da coloração da cerveja.

**Toxina T-2:** Ver **Tricoteceno.**

**Trans-2-nonenal:** Ver **Papelão.**

**Transfega:** Palavra utilizada erroneamente para se referir à trasfega, que consiste no ato de passar um líquido de um local para outro. Ver **Trasfega.**

**Transferase:** Nome de uma das classes de enzimas (EC2), as quais catalisam reações de transferência de grupos químicos de uma molécula doadora para uma receptora $(A–X + B \rightleftharpoons A + B–X)$. As cinases/quinases são importantes transferases envolvidas no uso do ATP $(ATP + Y \rightarrow ADP + Y–P)$, presente em todos os seres vivos celulares. Um importante exemplo é a glicoquinase, enzima responsável pela primeira reação da glicólise, como nas leveduras. Ver **ATP**; **Enzimas**.

**Translocase:** Nome de uma das classes de enzimas (EC7), as quais catalisam reações de translocação de moléculas entre meios separados por membrana, ou seja, auxiliam na movimentação de moléculas através de membranas biológicas. Por exemplo: bactérias Gram-positivas usam, geralmente, translocases para excretar compostos no meio; as leveduras usam translocases para transportar glicose e maltose para o interior da célula. Ver **Gram-positivas**; **Enzimas.**

**Trapista:** Cervejas produzidas em algum dos mosteiros da ordem Trapista (ordem dos Cistercienses Reformados de Estrita Observância, em latim *Ordo Cisterciensium Strictioris Observantiæ*). São cervejas de fermentação de topo (Ale), com teor alcoólico entre 6 e 9 % (pode ser maior), geralmente com uso de adjuntos (especiarias, casca de laranja, *candy sugar* etc.) e pouco lupuladas (odor/aroma). Para usar o selo ATP (Autêntico Produto Trapista), a cerveja deve ser produzida em um dos 11 mosteiros trapistas autorizados, sendo seis na Bélgica, dois na Holanda, um na Itália, um na Áustria e um nos EUA.

**Trasfega:** Termo que indica a ação de passar/transferir o líquido de um local para outro. Por exemplo, realizei a trasfega do mosto do fermentador para as garrafas ou trasfeguei o mosto da tina para o tanque de fermentação. Popularmente se diz transfega.

**Treliça:** Tipo de estrutura que pode ser usada para o crescimento das plantas de lúpulo no campo, por sistema de condução vertical dos ramos da planta. Este modo favorece a exposição à luz solar, possibilita a ventilação e espaçamento adequados, assim como facilita o manejo das pragas e a colheita. Para o lúpulo, geralmente se prepara um cabo de sustentação esticado a cerca de 5 a 6 m de altura por postes, esticando-se os fios condutores em formato de V a partir do solo (onde se encontra a planta) até o cabo de sustentação. Ver **Lúpulo.**

**Tricoteceno:** Grupo de micotoxinas produzidas, principalmente, por fungos do gênero *Fusarium*, o qual pode ser produzido por estes em grãos de arroz, aveia, centeio, cevada, trigo, entre outros cereais. Destaca-se o desoxinivalenol (DON), o qual pode gerar irritações na pele, alterações neurológicas, hemorragia, aplasia medular e imunossupressão. No Brasil, o limite máximo tolerado de DON em grãos de trigo e cevada é de 1000 µg/kg e na cevada malteada de 750 µg/kg. Ver **Desoxinivalenol/ DON; Fusarium.**

**Trigo vermelho:** Sinônimo de Espelta. Ver **Espelta.**

**Trigo vermelho:** Ver **Espelta.**

**Trigo:** Planta da família Poaceae, uma gramínea, espécie *Triticum* spp., sendo a mais comum *Triticum aestivum*. Pode-se utilizar seus grãos de cereais, malteados ou não, na fabricação de cerveja. Utilizado especialmente na *Witibier* e *Weissbier* e suas derivações. Apresenta maior concentração de ácido ferúlico, o qual pode ser extraído durante a mosturação (parada ferúlica) para uso por leveduras e formação do 4-vinil--guaiacol (odor/aroma de cravo, típico em cervejas de trigo). Ver **4-vinil-guaiacol; Ácido ferúlico; Parada ferúlica.**

**Trigo mourisco:** Ver **Trigo sarraceno.**

**Trigo sarraceno:** Planta da família Polygonaceae, espécie *Fagopyrum esculentum*, também conhecida como trigo mourisco. Pode ser utilizada como insumo alternativo na fabricação de cervejas, incluindo cervejas sem glúten. Apresenta a relação amilose/amilopectina de seu amido próxima do arroz e milho.

**Trigo torrificado:** Ver **Trigo pré-gelatinizado**.

**Trigo pré-gelatinizado:** Corresponde ao grão de trigo que passa por tratamento térmico (cozimento) para pré-gelatinizar o amido presente no endosperma do trigo. Geralmente é prensado e comercializado na forma de flocos (flocos de trigo). Dessa forma, pode ser inserido no *grist* da mostura sem a necessidade de passar por rampa de gelatinização. Indica-se seu uso em alguns estilos de ales inglesas e na witbier, geralmente em até 30 % da massa total dos grãos. Seu uso contribui para a retenção da espuma e para o corpo da cerveja.

*Tripel:* Termo utilizado para um estilo de cerveja belga, originalmente popularizada pelo mosteiro trapista de Westmalle. Trata-se de uma cerveja ale, seca e alcoólica, com evidente amargor e pronunciado sabor do malte. Muito aromática, com presença de notas condimentadas, frutadas e de álcool que combinam com o caráter do malte, sendo uma bebida agradável ao paladar apesar do alto nível de álcool. Acredita-se que o termo Tripel pode ser advindo do uso de três maltes distintos na produção (ex.

cevada, aveia, trigo) ou pelo fato de se usar três vezes a quantidade usual de malte ou decorrente de possuir um teor alcoólico maior (usava-se a letra X para designar a quantidade estimada de álcool na cerveja – X: normal; XX: mais forte; XXX: extra-forte). Ver **Trapista.**

**Trissacarídio:** Carboidrato formado pela ligação glicosídica de três monossacarídios. Destacam-se na produção cervejeira a maltrotriose (glicose + glicose + glicose), a qual é fermentescível para a maiorparte das leveduras cervejeiras. Ver **Maltotriose**.

*Triticum* **spp.:** Ver **Trigo.**

**Trocador de calor:** Ver *Chiller* **de placas.**

*Trub/Trüb***:** Do alemão, *trüb* significa resíduos ou sedimentos. Genericamente, consiste em um material heterogêneo formado por proteínas coaguladas, complexos de proteínas-polifenóis, de material rico em lipídios, minerais e componentes insolúveis derivados de polifenóis e do lúpulo (este último, principalmente no *trüb* frio). Pode se formar durante a fervura do mosto (*trüb* quente/*hot break*) ou durante o resfriamento do mosto (*trüb* frio/*cold break*), resultando na decantação no fundo da tina de fervura dos compostos insolúveis (formação do cone de *trüb*), destacando-se os restos de lúpulos. A formação do *trüb* frio é melhorada com o *Whirlpool* (redemoinho ao fim da fervura) e com o uso de agentes floculantes, como Musgo irlandês (*Irish moss*) ou *Whirlfloc*. Ver **Cold break; Hot break; Musgo irlandês;** *Whirlfloc, Whirlpool.*

*Trub* **frio/***Trüb* **frio:** Ver *Cold break.*

*Trub* **quente/***Trüb* **quente:** Ver *Hot break.*

**Tubo Falcon**: Tubo cilíndrico com fundo cônico, graduado, com tampa de rosca e em diversos volumes (ex. 15 mL e 50 mL), geralmente de plástico. Podem ser usados em centrífugas, agitação em Vortex ou para armazenamento (ex. de leveduras). Comumente se comercializam leveduras líquidas em tubos Falcon.

*Tumbler*: Copo utilizado para servir cervejas de trigo da escola Belga, como *Witbier*. Apresenta-se com paredes retas, espessas e com fundo oitavado.

**Turbidez:** Trata-se de um parâmetro associado com a ausência de limpidez do líquido. Ela é definida pela presença de material coloidal em suspensão que geram um aspecto enevoado (*haze* ou *chill haze*) na cerveja. Pode ser quantificada a partir de um nefelômetro (turbidímetro). A turbidez não deve ser confundida/associada com o parâmetro de cor, que é referido ao material dissolvido no meio, pois uma cerveja pode apresentar cor, porém nenhum valor de turbidez. Ver **Nefelômetro**.

**Turbidímetro:** Ver **Nefelômetro**.

**Turvação:** Corresponde ao aumento de turbidez da cerveja, ou seja, de partículas em suspensão. Pode ser gerada por diferentes fatores, tais como complexos de proteína-polifenol, taninos, amidos, β-glucanos, terra diatomácea residual e até mesmo pela contaminação com microrganismos. Outros fatores também podem contribuir, como por exemplo, a adição de lúpulo pelo método de *dry hopping* e a presença de leveduras em suspensão (tradicionais *Hefeweizen* alemãs). Ver **Turbidez**.

*Twist-off:* Tampinha metálica, geralmente com 26 mm, com interior plastificado, usada para tampar garrafas de vidro na etapa de envase da cerveja. Esse modelo de tampinhas pode ser aberto com a mão, girando a mesma, assim como com abridor de garrafa. Geralmente usado em garrafas *long-neck*. Para abertura por meio de abridores, utiliza-se o modelo *pry-off*. Ver **Pry-off**.

*Two-row barleys:* Termo em inglês para cevada de duas fileiras. Ver **Cevada de duas fileiras**.

**Unidade formadora de colônia/UFC:** Corresponde à unidade de medida para se indicar a quantidade de células de leveduras ou bactérias viáveis, ou seja, capazes de se proliferar e formar colônias. Geralmente a UFC é usada nas informações presentes no rótulo de fermentos cervejeiros, sendo expressa por unidade de massa para os liofilizados (UFC/g) ou por unidade de volume para os líquidos (UFC/mL).

*Ullage*: Ver *Head-space/headspace*.

*Ultraflo®:* Solução comercial de enzimas (xilanases, β-glucanases, arabino-xilanase), usada para redução da viscosidade do mosto no início da mosturação, com aumento do rendimento do extrato, contribuindo para a melhor clarificação do mosto.

**Ultrassom**: São ondas sonoras de alta frequências (acima de 20.000 Hertz), as quais os humanos não conseguem ouvir. Podem ser usadas para diversas finalidades, como medição de distâncias, detecção de objetos, banhos de ultrassom e sonicadores para protocolos laboratoriais etc. No meio cervejeiro, pode-se usar banhos de ultrassom ou sonicadores para se remover grande parte do gás das cervejas previamente à medição de cor (por espectrofotometria) e da atenuação aparente. Ver **Banho ultrassônico; Sonicador.**

**Ultravioleta/UV:** Corresponde às radiações eletromagnéticas no comprimento de onda (λ: lambda) entre 100 nm e 380 nm, ou seja, menor que a luz visível e maior que dos raios-X. Pode-se utilizar espectrofotômetro, na faixa de emissão/detecção do ultravioleta, para quantificação dos iso-α-ácidos do lúpulo em IBU, usando-se técnica de extração com iso-octano e leitura em espectrofotômetro (comprimento de onda de 275 nm). Ver **Espectrofotômetro; Iso-octano.**

**Umami**: Corresponde a um dos cinco gostos básicos. O termo se origina da palavra japonesa umami (うま味), que significa gosto saboroso/delicioso (umai/うまい: delicioso; mi/味: gosto). Exemplificado com o sabor do glutamato monossódico. Ver **Gosto**.

**Umbela:** Termo botânico utilizado para um conjunto de flores (inflorescência), neste caso do lúpulo, que tem seus pedicelos partindo de um mesmo ponto, resultando na forma de um guarda-chuva.

*Underpitching/Under-pitching*: Termo em inglês para subinoculação. Ver **Subinoculação**.

**Unidade de carbonatação:** Ver **Volume de CO$_2$**.

**Unidade de cor de malte/UCM:** Unidade usada para estimar a cor do mosto, comumente se utiliza o termo em inglês *malt color unit* (*MCU*). Para tanto, considera-se a massa (libras) e a cor (grau Lovibond) de cada malte utilizado, por volume produzido (galões). O *MCU* total corresponde a somatória do MCU de cada malte adicionado ao mosto. MCU = (massa × Cor)/Volume; Usando-se o MCU, pode-se calcular a cor (SRM = 1,4922 × $MCU_{Total}^{0,6859}$).

**Unidade de Pasteurização/UP:** Corresponde a unidade utilizada no processo de pasteurização de alimentos. No processo cervejeiro, corresponde ao grau de pasteurização obtido em um minuto na temperatura de 60 °C. UP = $t_p$ x $1,393^{Tp-60}$, sendo $t_p$ o tempo de pasteurização (minutos) e $T_p$ a temperatura utilizada (°C). Usualmente se utiliza entre 15 e 35 UP, uma vez que a maior parte dos microrganismos contaminantes da cerveja são eliminados com 15 UP. Ver **Pasteurização; Louis Pasteur.**

**Unidades de amargor:** Ver *IBU/International bitterness unit.*

**Unidades de gravidade/GU:** Unidade usada para indicar a gravidade específica (SG) em números inteiros, expressando os dígitos significativos (dois últimos) da SG para efeitos de cálculo. Comumente, refere-se a esta a partir da sigla GU (*gravity units*), por exemplo: 1,043 SG = 43 GU). Tem-se que, aproximadamente, um grau plato é igual a um quarto do GU (1 °P = ¼ GU), por exemplo, 4 °P = 16 GU.

**Unitanque:** Termo usado para indicar o tanque cilindro-cônico (único) usado para fermentação e maturação. Pode se referir ainda ao processo realizado utilizando o mesmo tanque durante fermentação e maturação, sem que ocorra trasfega – Processo Unitanque.

*Universal scale:* Ver **Método** *spectrum.*

**Urina de gato:** Ver **Catty.**

**USP:** Sigla de *United States Pharmacopeia* usada para indicar o grau de pureza de um reagente químico (grau farmacêutico). Reagentes USP têm ou excedem as exigências da *United States Pharmacopeia*. No Brasil, a ANVISA estabelece o uso alimentar intencional de reagentes com pureza FAO-OMS ou FCC. Ver **Grau de pureza do sal.**

**v/v:** Abreviação que indica a fração do volume de um soluto em um volume de solução (volume por volume). Usado, comumente, para indicar o teor alcoólico de bebidas, correspondendo ao ABV da bebida (ex. 4,5 % v/v ou 4,5 % ABV). Ver **ABV**.

**Validade:** Corresponde ao tempo que a cerveja pode ser armazenada antes de se descaracterizar, ou seja, ter *off-flavors* ou mudanças em suas características físico-químicas. Cervejas pasteurizadas apresentam maior validade (tempo de prateleira). Além disso, outros fatores podem interferir na validade, como cor da garrafa, teor alcoólico, estilo da cerveja, quantidade de lúpulos, forma e temperatura de transporte, armazenamento etc.

**VDK:** Sigla para o termo em inglês *Vicinal diketones* (Dicetonas vicinais). Ver **Diacetil; Dicetonas/Dicetonas vicinais.**

**Vegetal**: Ver **Gramíneo.**

*Verticillium albo-atrum*: Espécie de fungo, um ascomiceto, que pode atacar plantas de lúpulo e ocasionar a doença Murcha de verticilagem. Ver **Murcha de verticilagem.**

**Via glicolítica:** Ver **Glicólise.**

**Viabilidade celular:** Corresponde ao percentual de células vivas em uma população. Pode-se verificar a viabilidade das leveduras corando-as com azul de metileno (células mortas ficam azuis; brotos podem aparecer azuis, entretanto, estão vivos) e fazendo-se a contagem no microscópio com câmara de contagem de Neubauer para maior precisão. $Viab._{Cel} = (Células_{vivas} \times 100)/(Células_{vivas} + Células_{mortas})$.

**Vias metabólicas:** Referem-se às sequências de reações bioquímicas (catabolismo e anabolismo), catalisadas por enzimas, que ocorrem nos organismos vivos. Destacam-se na produção cervejeira, por exemplo, a via glicolítica (glicólise) e vias fermentativas.

*Vicinal diketone/VDK*: Termo em inglês para dicetonas vicinais. Ver **Dicetona.**

*Vieux Lambic*: Termo em francês para "Lambic velha". Refere-se a uma cerveja lambic que teve um longo período de maturação, geralmente de uma a três anos em barril de madeira ou cerca de uma ano na garrafa. Ver *Lambic*.

**Vinagre:** Ver **Ácido acético.**

*Vinator*: Forma comum de se referir ao equipamento *Spin vinator*, o qual é utilizado por cervejeiros caseiros na sanitização de garrafas. Consiste em uma base cilíndrica, com um pino injetor com mola, no qual se posiciona a garrafa e se pressiona para que a solução sanitizante seja borrifada por toda garrafa, garantindo a maior cobertura da área internet para a sanitização adequada.

**Vinil-guaiacol:** Ver **4-vinil-guaiacol.**

**Viscosidade:** Uma das propriedades físicas associadas ao corpo da cerveja (a outra é a densidade). O aumento da viscosidade contribui para a sensação de boca, alterando as características de fluxo da saliva na cavidade bucal e, são produzidas por compostos presentes no líquido, principalmente β-glucanos de peso molecular acima de 300.000 Da e as dextrinas. A alteração da viscosidade da cerveja e do mosto em fermentação também pode ser decorrente da contaminação por bactérias (chamado de *roppiness*). Nesses casos, deve-se ter maior atenção ao processo de sanitização durante a fase fria de produção. Ver **Fase fria;** *Roppiness*; **Sanitização.**

**Vitalidade celular:** No caso das leveduras, relaciona-se com a capacidade fermentativa das mesmas. Entre os métodos de avaliação da vitalidade, pode-se usar o método de quantificação da acidificação do meio, como forma indireta de avaliar a vitalidade celular. A quantidade de glicogênio celular também pode ser usado como indicador da vitalidade.

**Vitamina C:** Ver **Ácido ascórbico.**

**Volume de $CO_2$:** Medida que indica a quantidade de $CO_2$ dissolvida na cerveja, indicando o nível de carbonatação da cerveja. Sendo que, medindo-se em 20 °C, 1 volume de $CO_2$ corresponde a 1 litro de $CO_2$ em um litro de cerveja. Cada estilo de cerveja tem uma faixa de $CO_2$ indicada, exemplo: *American Ales* entre 2,4 e 2,8 volumes de $CO_2$; *Weissbier* (trigo) entre 3 e 4 volumes de $CO_2$. Ver **Volume de $CO_2$.**

**Vômito de bebê:** Ver Ácido butírico; Leite azedo.

*Vorlauf*: Palavra alemã para o processo de recirculação do mosto, para clarificação, antes ou durante a etapa de *lautering*. Ver: **Recirculação; Clarificação;** *Lautering*.

**VZ-45 °C:** Ver **Índice Hartong.**

**w/v:** Abreviação, em inglês (*weight/volume*) que indica a fração de massa de um soluto em um volume de solução (massa por volume – m/v).

**w/w:** Abreviação, em inglês (*weight/weight*) que indica a fração de massa de um soluto em uma massa de solução (massa/massa – m/m). Usado, esporadicamente, para indicar o teor alcoólico de bebidas (percentual), correspondendo ao ABW da bebida. Ver **ABW**.

**Watt/W:** Unidade do Sistema Internacional de Unidades (SI) que indica potência em Joules por segundo (1 W = 1 J/s). Geralmente, utiliza-se essa unidade para indicar a potência dos sistemas elétricos envolvidos na produção, por exemplo resistências de aquecimento.

*Weihenstephan:* Nome de uma cervejaria na região da Baviera, na Alemanha, considerada a mais antiga (comercial), em atividade, do mundo. Acredita-se que sua produção remonta o ano de 769 d.C. e sua comercialização 1040 d.C., sendo atualmente gerenciada pela *Bayerische Staatsbrauerei Weihenstephan*.

*Weihnachtsbier*: Termo em alemão para designar as cervejas produzidas na época de natal (inglês: *Christmas beer*). Trata-se de uma cerveja sazonal, uma *Festbier*, geralmente com maior teor alcoólico (6-8 %), dulçor e corpo. Pode-se incluir algumas especiarias na receita.

*Weiss*: Termo em alemão usado para indicar cervejas ales de trigo, em especial para estilos da região da Bavária e sul da Alemanha.

*Weisse*: Termo em alemão para branco, usado para designar estilos de cerveja de trigo, como *Berliner Weisse*.

*Weizen*: Termo em alemão para trigo, sendo um sinônimo de *Weiss*.

*Wet hopping*: Refere-se ao estado fresco do lúpulo usado na lupulagem (cones florais), podendo este ser inserido em diversos momentos da produção e por diversas técnicas de lupulagem. Quando usado na fermentação ou maturação, usa-se o termo *wet dry hopping*. Pode-se também usar os termos *fresh hops* (lúpulos frescos), *green hops* (lúpulos verdes).

**Whirlfloc:** Tablete de agente floculante (carragena purificada de algas marinhas), um coadjuvante de tecnologia de fabricação que pode ser adicionado próximo ao fim da fervura, visando melhor formação do *trüb* (maior precipitação de proteínas de alta densidade). Age de forma similar ao Musgo irlandês (*Irish moss*). Ver **Carragena; Musgo irlandês.**

**Whirlpool hopping:** Técnica de lupulagem na qual se adicionam lúpulos durante a fase de *whirlpool*, visando ressaltar os gostos e odores/aromas.

**Whirlpool hopping:** Ver *Hop stand.*

**Whirlpool:** Técnica realizada ao fim da fervura, a qual consiste na criação de um redemoinho no recipiente/tina/caldeirão, visando gerar o acúmulo centralizado de *trüb* no fundo da panela/tina. Esse redemoinho do mosto ainda quente ajuda na clarificação, pois à medida que o mosto gira, as moléculas de água se movem muito rapidamente na parte mais externa e muito lentamente no centro da tina, forçando assim os sólidos suspensos a moverem-se lentamente em direção ao centro do redemoinho. Nesse caso, a força que impulsiona o movimento em círculo é uma força centrífuga.

**Wickerhamomyces:** Gênero de levedura não-*Saccharomyces*, da ordem Saccharomycetales e família Phaffomycetaceae. Para fins cervejeiros, destacam-se as espécies W. *Anomalus* e W. *subpelliculosus*. Apresentam potencial de aumentar os odores/aromas frutados. Há algumas cepas que podem ter atenuação reduzida, com possível uso na produção de cervejas de baixo teor alcoólico. A espécie W. *anomalus* apresenta cepa comercial (mix de microrganismos – ECY31 *Senne Valley*).

**Wind malt:** termo em inglês para Malte de vento/Malte de sol. Ver **Malte de vento.**

**William Sealy Gosset:** Importante químico e estatístico inglês (1876-1937), o qual foi responsável por desenvolver o teste estatístico t de Student, como forma de auxiliar o monitoramento da quantidade de leveduras no processo fermentativo enquanto trabalhava na cervejaria Guinness. Tal teste é muito utilizado até os dias atuais.

**Windisch-Kolbach/°WK:** Similar ao grau Lintner (°L), utilizado para quantificação da atividade enzimática do malte capaz de reduzir o amido em carboidratos simples. Indica o poder diastático do malte. Conversões: $°WK = (°L \times 3,5) - 16$ ou $°L = (°WK + 16)/3,5$. Ver **Grau Lintner/°L.**

**Xantumol/*Xanthohumol*:** Composto orgânico, uma chalcona prenilada, sendo esta classe de compostos a mais abundante presente nas glândulas de lupulina, representando cerca de 0,3 a 1,5 % do peso seco dos cones do lúpulo. Embora este, (juntamente ao desmetilxanthohumol), sejam majoritários nas resinas duras do lúpulo, apenas pequenas concentrações deles são encontradas na cerveja, pois grande parte é perdida durante o processo de produção. Durante a fervura do mosto ocorre a isomerização térmica do xanthohumol que é ciclizado em isoxanthohumol. Destaca-se por sua importância para a saúde, sendo que há estudos que indicam seus potenciais efeitos bioativos, como: antioxidante, anti-inflamatório, antimicrobiano, hipoglicêmico e antiobesidade sendo também eficazes, in vitro, contra diferentes tipos de câncer. Ver **Resinas duras**.

**Xarope de malte:** Ver **Extrato de malte**.

**Xenobióticos:** Compostos químicos, produzidos artificialmente ou naturalmente por microrganismos ou vegetais, considerados estranhos para alguns organismos, neste caso, para os humanos. Podem ter origem nos insumos ou decorrente da fermentação, principalmente quando há contaminantes, como a ocratoxina, produzida por *Aspergillus ochraceus* e *Penicillium verrucosum*. Ver **Micotoxinas**.

**Xilose:** Um carboidrato ($C_5H_{10}O_5$), monossacarídio do tipo aldose, componente de xilanos (polissacarídios) presentes na hemicelulose, componente da parede de células vegetais. Apesar de ser um monossacarídio, não é metabolizado pelas leveduras cervejeiras, como *Saccharomyces cerevisiae*. Atualmente há leveduras que foram geneticamente modificadas e que apresentam capacidade de fermentar xilose e produzir etanol.

**Young Kräusen**: Espuma cremosa que se forma no início da fase *Log*/exponencial de proliferação das leveduras, pela ação da fermentação e liberação de $CO_2$, formada por leveduras ativas, proteínas e compostos do lúpulo. Ver **Fase *Log*/exponencial/ crescimento;** *Kräusen*.

**Yuca:** Termo usado comumente em países hispanofalantes para a mandioca (*Manihot esculenta*), também conhecida como aipim em algumas regiões do Brasil. A mandioca foi e ainda é utilizada largamente pelos povos nativos latinoamericanos na alimentação. Na cultura nativa brasileira, utiliza-se para fabricação de bebidas fermentadas, como o *kaschiri*, feita de modo similar a *chicha*. Ver **Cauim; Chicha; Kaschiri**.

**Yuzu**: É uma fruta crítica originária do leste da Ásia, regiões centrais da China, também cultivada e amplamente valorizada no Japão, onde é frequentemente chamada de "limão yuzu" ou "limão japonês". Caracterizada por seu sabor cítrico e floral, é muito usada na culinária oriental e pode ser usada como insumo na fabricação de alguns estilos de cerveja.

***Zea mays:*** Ver **Milho**.

**Zenenet:** Ver **Tenenet**.

**Zero álcool:** Ver **Cerveja zero álcool**.

**Zimase:** Termo usado para indicar as enzimas presentes nas leveduras, responsáveis pela produção do etanol e $CO_2$ a partir da glicose/frutose. O termo é pouco utilizado, tendo ficado em desuso desde a década de 70.

**Zimbro**: Especiaria que pode ser utilizada na produção de cerveja, como em alguns estilos nórdicos, além de poder constituir o gruit. Consistem de pseudo-bagas – pinhas modificadas – produzidas por várias espécies, destacando a *Juniperus communis*, a partir da qual se obtém o zimbro mais utilizado na culinária e produção de bebidas. Ressalta-se que algumas espécies produzem pseudo-bagas tóxicas para os humanos, como a *Juniperus sabina*. Ver **Gruit**.

**Zimolectina:** Glicoproteína similar à lectina (*lectin-like proteins*), presente na parede externa de leveduras. Diferencia-se das lectinas de outros organismos por suas características específicas. Há indícios de estar relacionada com a agregação e floculação das leveduras, por meio de sua interação com resíduos de manose (carboidrato) na presença de íons de Cálcio ($Ca^{2+}$), os quais auxiliam na conformação da zimolectina. Em outros organismos, também chamada de floculina ou adesina. Ver **Floculação**.

**Zitologia:** Refere-se ao estudo da cerveja. Originou-se das palavras em grego *zythos* (ζῦθος), para cerveja, e *logia* (λογία), para estudo.

***Zoigl/Zoigl bier:*** Nome dado para um tipo tradicional de cerveja produzida na região de *Oberpfalz* (Baviera, norte do Palatinado Superior – Alemanha), desde o início do século XVI. Produzida a partir de fermentação de fundo, podendo clara ou escura, com baixa carbonatação e geralmente não filtrada. Também é conhecida como de *Zeugl* ou *Kommunbier* (cerveja comunitária). Sua produção ocorre de forma colaborativa em uma cervejaria comunitária, sendo que cada colaborador leva o mosto produzido para fermentar em suas casas.

**Zoiglstern:** Nome em alemão para a estrela de seis pontas (selo salomônico), usada tradicionalmente como estrela do cervejeiro/produção cervejeira, fazendo alusão aos elementos água/ar/fogo (três pontos de um dos triângulos-elementos fundamentais da alquimia) e água/ malte/lúpulo (outros três pontos, como insumos básicos da cerveja). Também é chamada de *Bauerstern, Bierstern, Bierzeiger, Bier zoigl*, entre outros.

**Zuckerpilz:** Termo em alemão que significa "fungos do açúcar". Foi usado pelos pesquisadores Theodor Schwann e Friedrich Traugot Kützing em 1837. Estes pesquisadores atribuíram, assim como Charles Cagniard-Latour, em trabalhos independentes, o processo de fermentação alcoólica às *Zuckerpilz,* ou seja, às leveduras.

**Zygosaccharomyces lentus:** Levedura não-Saccharomyces, da família Saccharomycetaceae, que pode ser utilizada como levedura alternativa na produção cervejeira, apresentando cepa comercial (ex.: WLP686). Pode ser utilizada na produção de cerveja de baixo teor etanólico. Consome apenas sacarose, glicose e frutose, sendo ideal para cervejas com baixo teor alcoólico. Apresenta fermentação lenta e com perfil neutro.

**Zymomonas:** Gênero de bactérias Gram-negativas, anaeróbias facultativas, da família Zymomonadaceae (Ex. *Z. mobilis*) Geralmente são contaminantes de cervejas Ale (após engarrafamento) e podem realizar fermentação etanólica. Crescem em temperatura entre 20 e 25 °C. *Z. mobilis.* Produzem acetaldeído e gás sulfídrico resultando no sabor éster-sulfúrico (maçã podre). Há trabalhos que utilizam estas para produção de etanol.

**Zythos/Zythum/Zithum/Zitos:** A palavra *zythos* refere-se a cerveja em grego (ζῦθος), derivada do verbo *zeo* (ferver), com origem na palavra egípcia para cerveja. Foi latinizada, posteriormente, para *zythum* e usada como zito em português. Originalmente a palavra *zytos* se referia a uma bebida alcoólica recreacional e medicinal.

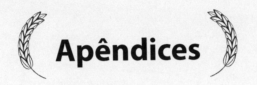

# Apêndices

## Unidades de medidas no meio cervejeiro

| Símbolo | Descrição | Grandeza/Derivadas/Aplicação |
|---|---|---|
| °P | grau Plato | Concentração (%m/m) |
| °B | grau Balling | Concentração (%m/m) |
| °Bx | grau Brix | Concentração (%m/m) |
| SG | gravidade específica | Densidade relativa |
| g/mL | grama por mililitro | Densidade |
| g/L | grama por litro | Densidade |
| g/cm$^3$ | grama por centímetro cúbico | Densidade |
| kg/L | quilograma por litro | Densidade |
| °L | grau Lintner | Poder diastático |
| °WK | grau Windisch-Kolbach | Poder diastático |
| bar | bar | Pressão |
| PSI | libra-força por polegada quadrada (lbf/in$^2$) | Pressão |
| Pa | pascal | Pressão |
| °C | grau Célsius | Temperatura |
| °F | grau Fahrenheit | Temperatura |
| K | kelvin | Temperatura |
| g | grama | Massa |
| kg | quilograma | Massa |
| t | tonelada | Massa |
| °L | grau Lovibond | Cor da cerveja |
| SRM | *Standard Reference Method* | Cor da cerveja |
| EBC | *European Brewery Convention* | Cor da cerveja |
| U.P. | Unidades de pasteurização | Pasteurização |

| IBU | Unidades internacionais de amargor | Amargor |
|---|---|---|
| m | metro | Comprimento |
| µm | micrômetro | Comprimento |
| $\lambda$ | lambda | Comprimento de onda |
| V | volt | Tensão elétrica |
| W | watts | Potência |
| A | ampere | Corrente elétrica |
| N | newton | Peso |
| s | segundo | Tempo |
| min | minuto | Tempo |
| h | hora | Tempo |
| mol | mol | Quantidade de substância |
| $m^2$ | metro quadrado | Área |
| $cm^2$ | centímetro quadrado | Área |
| Hz | hertz | Frequência |
| J | joule | Energia |

## Valores de pKs de alguns ácidos

| Composto | $pk_{a1}$ | $pK_{a2}$ | $pK_{a3}$ | Forma ionizada |
|---|---|---|---|---|
| Ácido acético | 4,76 | - | - | acetato |
| Ácido ascórbico | 4,17 | 11,6 | - | ascorbato |
| Ácido butírico | 4,82 | - | - | butirato |
| Ácido caprílico | 4,89 | - | - | caprato |
| Ácido capróico | 4,88 | | | caproato |
| Ácido carbônico | 3,77 | 10,25 | | carbonato |
| Ácido cítrico | 3,15 | 4,77 | 6,40 | citrato |
| Ácido ferúlico | 4,56 | 8,63 | - | ferulato |
| Ácido fosfórico | 2,14 | 7,19 | 12,31 | fosfato |
| Ácido isovalérico | 4,67 | | | isovalerato |
| Ácido lático | 3,86 | - | - | lactato |
| Ácido málico | 3,40 | 5,15 | - | malato |
| Ácido pirúvico | 2,49 | - | - | piruvato |
| Ácido peracético | 8,2 | - | - | peracetato |
| Ácido propiônico | 4,87 | - | - | propionato |
| Ácido sulfídrico | 7,02 | 1,96 | - | sulfeto |

*Obs.: Ácidos fracos com um único valor de pK são classificados como monopróticos, enquanto aqueles com dois valores de pK são classificados como dipróticos, e aqueles com três valores de pK são classificados como tripróticos.*

## Fórmulas moleculares de alguns compostos

| Composto | Fórmula Química |
| --- | --- |
| Acetaldeído | $C_2H_4O$ |
| Acetato de etila | $C_4H_8O_2$ |
| Acetato de isoamila | $C_7H_{14}O_2$ |
| Ácido acético | $CH_3COOH$ |
| Ácido ascórbico | $C_6H_8O_6$ |
| Ácido butírico | $C_4H_8O_2$ |
| Ácido caprílico | $C_8H_{16}O_2$ |
| Ácido cítrico | $C_6H_8O_7$ |
| Ácido clorídrico (ácido forte) | $HCl$ |
| Ácido ferúlico | $C_{10}H_{10}O_4$ |
| Ácido fítico | $C_6H_{18}O_{24}P_6$ |
| Ácido fosfórico | $H_3PO_4$ |
| Ácido isovalérico | $C_5H_{10}O_2$ |
| Ácido lático | $C_3H_6O_3$ |
| Ácido málico | $C_4H_6O_5$ |
| Ácido peracético | $CH_3CO_3H$ |
| Ácido pirúvico | $C_3H_4O_3$ |
| Ácido propiônico | $C_3H_6O_2$ |
| Ácido sulfúrico (ácido forte) | $H_2SO_4$ |
| Água | $H_2O$ |
| Azul de metileno | $C_{16}H_{18}ClN_3S$ |
| Bicarbonato de sódio | $NaHCO_3$ |
| Butanoato de etila / Butirato de etila | $C_6H_{12}O_2$ |
| Butanol | $C_4H_9OH$ |
| Carbonato de cálcio | $CaCO_3$ |
| Cloreto de cálcio | $CaCl_2$ |
| Cloreto de magnésio (sal) | $MgCl_2$ |
| Cloreto de potássio | $KCl$ |
| Cloreto de sódio | $NaCl$ |
| Diacetil | $C_4H_6O_2$ |

| | |
|---|---|
| Dietilenoglicol | $C_4H_8O(OH)_2$ |
| Dimetilsulfeto | $C_2H_6S$ |
| Dióxido de carbono (gás carbônico) | $CO_2$ |
| Dióxido de cloro | $ClO_2$ |
| Dióxido de enxofre | $SO_2$ |
| Etanol | $C_2H_5OH$ |
| Etilenoglicol | $C_2H_4(OH)_2$ |
| Fórmula geral dos carboidratos | $C_nH_{2n}O_n$ |
| Fosfato diamônico | $(NH_4)_2HPO_4$ |
| Hidróxido de cálcio (cal hidratada) | $Ca(OH)_2$ |
| Hidróxido de potássio (potassa cáustica): | $KOH$ |
| Hidróxido de sódio (soda cáustica) | $NaOH$ |
| Isopentanol (álcool Isoamílico) | $C_5H_{11}OH$ |
| Isobutanol (álcool 2-metilpropílico) | $C_4H_9OH$ |
| Oxigênio (gás) | $O_2$ |
| Propanol | $C_3H_7OH$ |
| Propilenoglicol | $C_3H_6(OH)_2$ |
| Sulfato de cálcio | $CaSO_4$ |
| Sulfato de magnésio | $MgSO_4$ |
| Sulfeto de hidrogênio | $H_2S$ |

## Microrganismos na cerveja

| Espécie | Tipo | Contexto cervejeiro |
|---|---|---|
| *Acetobacter* spp.<br><br>*A. aceti* | Bactéria Gram-negativa | Inoculação ou contaminação |
| *Aspergillus spp.*<br><br>*A. flavus*<br><br>*A. clavatus*<br><br>*A. ochraceus* | Fungo ascomiceto/ levedura | Inoculação ou contaminação |
| *Bacillus* spp. | Bactéria Gram-positiva | Contaminação |
| *Brettanomyces spp.*<br><br>*B. anomalus*<br><br>*B. bruxellensis*<br><br>*B. custersianus*<br><br>*B. naardenensis*<br><br>*B. nanus* | Fungo ascomiceto/ levedura | Inoculação ou contaminação |
| *Candida* spp.<br><br>*C. sojae*<br><br>*C. friedrichii* | Fungo ascomiceto/ levedura | Inoculação ou contaminação |
| *Citrobacter* spp. | Bactéria Gram-negativa | Contaminação |

| | | |
|---|---|---|
| *Cyberlindnera* spp.<br><br>*C. fabianii*<br><br>*C. jadinii*<br><br>*C. misumaiensis*<br><br>*C. mrakii* | Fungo ascomiceto/<br>levedura | Inoculação ou<br>contaminação |
| *Debaryomyces hansenii* | Fungo ascomiceto/<br>levedura | Inoculação ou<br>contaminação |
| *Dekkera bruxellensis* – Ver<br>*Brettanomyces bruxellensis* | Fungo ascomiceto/<br>levedura | Inoculação ou<br>contaminação |
| *Gluconoacetobacter* | Bactéria Gram-negativa | Contaminação |
| *Gluconobacter* spp.<br><br>*G. oxydans* | Bactéria Gram-negativa | Contaminação |
| *Hanseniaspora* spp.<br><br>*H. guilliermondii*<br><br>*H. opuntiae*<br><br>*H. valbyensis*<br><br>*H. vinae*<br><br>*H. uvarum*<br><br>*basiônimo:*<br><br>*Kloeckera apiculata* | Fungo ascomiceto/<br>levedura | Inoculação ou<br>contaminação |
| *Klebsiella oxytoca* | Bactéria Gram-negativa | Contaminação |
| *Kocuria kristinae*<br><br>*basiônimo:*<br><br>*Micrococcus kristinae* | Bactéria Gram-positiva | Contaminação |

| | | |
|---|---|---|
| *Komagataeibacter intermedius* | Bactéria Gram-negativa | Contaminação ou inoculação |
| *Lacticaseibacillus casei* | Bactéria Gram-positiva | Contaminação ou inoculação |
| *Lactiplantibacillus plantarum* | Bactéria Gram-positiva | Contaminação ou inoculação |
| *Lactobacillus* spp.<br><br>*L. delbruekii*<br><br>*L. helveticus* | Bactéria Gram-positiva | Contaminação ou inoculação |
| *Lactococcus lactis* | Bactéria Gram-positiva | Contaminação |
| *Lachancea thermotolerans* | Fungo ascomiceto/ levedura | Contaminação ou inoculação |
| *Lentilactobacillus* spp.<br><br>*L. buchneri*<br><br>*L. hilgardii* | Bactéria Gram-positiva | Contaminação ou inoculação |
| *Levilactobacillus brevis*<br><br>*basiônimo:*<br><br>*Lactobacillus brevis* | Bactéria Gram-positiva | Contaminação ou inoculação |
| *Megasphaera cerevisiae* | Bactéria Gram-negativa | Contaminação |
| *Metschnikowia pulcherrima* | Fungo ascomiceto/ levedura | Inoculação ou contaminação |
| *Micrococcus* spp. | Bactéria Gram-positiva | Contaminação |
| *Mrakia gelida* | Fungo basidiomiceto | Inoculação |
| *Obesumbacterium proteus* | Bactéria Gram-negativa | Contaminação |
| *Oenococcus oeni* | Bactéria Gram-prositiva | Inoculação |

| | | |
|---|---|---|
| *Pantoea agglomerans* syn. Hom.: *Enterobacter agglomerans* | Bactéria Gram-negativa | Contaminação |
| *Pediococcus* spp. <br>   *P. damnosus* <br>   *P. parvulus* | Bactéria Gram-positiva | Inoculação, Contaminação |
| *Pectinatus* spp. | Bactéria Gram-negativa | Contaminação |
| *Penicillium verrucosum* | Fungo ascomiceto | Contaminação dos grãos |
| *Pichia* spp. <br>   *P. fermentans* <br>   *P. kluyveri* <br>   *P. kudriavzevii* <br>   *P. manshurica* <br>   *P. membranifaciens* <br>   *P. myanmarensis* <br>   *P. terricola* | Fungo ascomiceto/ levedura | Inoculação ou contaminação |
| *Raoultella terrigena* *basiônimo:* *Klebsiella terrigena* | Bactéria Gram-negativa | Contaminação |
| *Saccharomyces cerevisiae* | Fungo ascomiceto/ levedura | Inoculação ou contaminação |
| *Saccharomyces cerevisiae var. diastaticus* | Fungo ascomiceto/ levedura | Contaminação |

| | | |
|---|---|---|
| *Saccharomyces pastorianus* | Fungo ascomiceto/ levedura | Inoculação |
| *Saccharomycodes ludwigii* | Fungo ascomiceto/ levedura | Inoculação ou contaminação |
| *Secundilactobacillus paracollinoides* <br><br> *basiônimo:* <br><br> *Lactobacillus paracollinoides* | Bactéria Gram-positiva | Contaminação ou inoculação |
| *Torulaspora delbrueckii* | Fungo ascomiceto/ levedura | Inoculação ou contaminação |
| *Weizmannia coagulans* <br><br> *basiônimo:* <br><br> *Bacillus coagulans* | Bactéria Gram-positiva | Contaminação |
| *Zygosaccharomyces lentus* | Fungo ascomiceto/ levedura | Inoculação ou contaminação |
| *Zymomonas mobilis* | Bactéria Gram-negativa | Contaminação |

Apêndices

## INS mais utilizados

| INS | Composto | Função |
| --- | --- | --- |
| 170i | Carbonato de cálcio | Correção do pH da mostura/ aumento da dureza da água |
| 221 | Sulfito de sódio | Antioxidante |
| 270 | Ácido lático | Correção do pH do mosto |
| 290 | Dióxido de carbono | Carbonatação da cerveja |
| 300 | Ácido ascórbico, vitamina C | Antioxidante |
| 316 | Eritorbato de sódio, isoascorbato de sódio | Antioxidante |
| 330 | Ácido cítrico | Correção do pH do mosto |
| 338 | Ácido fosfórico, ácido orto-fosfórico | Correção do pH do mosto. Tratamento de leveduras. |
| 405 | Alginato de propilenoglicol | Estabilizante de espuma |
| 407 | Carragena (inclui a furcelarana e seus sais de sódio e potássio), musgo irlandês | Clarificação do mosto e estabilização |
| 414 | Goma arábica, goma acácia | Estabilização da espuma |
| 500ii | Bicarbonato de sódio, carbonato ácido de sódio | Correção do pH do mosto e de íons da água cervejeira |
| 509 | Cloreto de cálcio | Correção íons da água cervejeira |
| 511 | Cloreto de magnésio | Correção íons da água cervejeira |
| 558 | Bentonita | Clarificante do mosto |
| 900a | Dimetilsilicone, dimetilpolisiloxano, polidimetilsiloxano | Antiespumante |
| 1201 | Polivinilpirrolidona | Clarificante do mosto |

# Referências

AGÊNCIA NACIONAL DE VIGILÂNCIA SANITÁRIA – ANVISA. Resolução nº 7, de 18 de fevereiro de 2011. Dispõe sobre limites máximos tolerados (LMT) para micotoxinas em alimentos. Ministério da Saúde. Disponível em: https://bvsms.saude.gov.br/bvs/saudelegis/anvisa/2011/res0007_18_02_2011_rep.html. Acesso em: 07 mar. 2023.

AGÊNCIA NACIONAL DE VIGILÂNCIA SANITÁRIA – ANVISA. Resolução da Diretoria Colegiada – RDC Nº 64, de 29 de novembro de 2011. Disponível em: https://bvsms.saude.gov.br/bvs/saudelegis/anvisa/2011/res0064_29_11_2011.html. Acesso 16 mar. 2022.

AGÊNCIA NACIONAL DE VIGILÂNCIA SANITÁRIA – ANVISA. Resolução da Diretoria Colegiada – RDC Nº 65, de 29 de novembro de 2011. Disponível em: https://bvsms.saude.gov.br/bvs/saudelegis/anvisa/2011/res0065_29_11_2011.html. Acesso 16 mar. 2022.

AGÊNCIA NACIONAL DE VIGILÂNCIA SANITÁRIA – ANVISA. Resolução da Diretoria Colegiada – RDC Nº 138, de 8 de fevereiro de 2017. Disponível em: http://portal.anvisa.gov.br/documents/10181/3219534/RDC_138_2017_.pdf. Acesso: 17 set. 2018.

AGÊNCIA NACIONAL DE VIGILÂNCIA SANITÁRIA – ANVISA. Resolução da Diretoria Colegiada – RDC nº 7, de 18 de fevereiro de 2011. Disponível em: http://portal.anvisa.gov.br/documents/10181/2968262/RDC_07_2011_COMP.pdf. Acesso: 17 set. 2018.

ALSAMMAR, H., DELNERI, D. An update on the diversity, ecology and biogeography of the Saccharomyces genus. FEMS Yeast Research, v. 20, n. 3, 2020.

AMARAL, L.; JAIGOBIND, A. G.; JAISINGH, S. Processamento da mandioca: dossiê técnico. Curitiba: Instituto de Tecnologia do Paraná - TECPAR, 2007. Disponível em: http://respostatecnica.org.br/dossie-tecnico/downloadsDT/NjY=. Acesso em: 04 out. 2023.

ANDRADE, A. G. (org). Álcool e saúde dos brasileiros: Panorama 2022. São Paulo: CISA – Centro de Informações sobre Saúde e Álcool, 2022.

AQUARONE, E. (coord.) *Biotecnologia industrial*: Volume IV Biotecnologia na Produção de Alimentos. São Paulo: Blucher, 2011.

AQUARONE, E.; LIMA, U. A.; BORZANI, W., (coord.) *Alimentos e bebidas produzidos por fermentação*. São Paulo: E. Blucher, 1983.

AUGUSTO, P. E. D.; PINHEIRO, T. F.; CRISTIANINI, M. Using Computational Fluid-Dynamics (CFD) for the evaluation of beer pasteurization: effect of orientation of cans. *Ciênc. Tecnol. Aliment.*, Campinas, v. 30, n. 4, p. 980-986, 2010. Disponível em: http://dx.doi.org/10.1590/S0101-20612010000400022. Acesso em: 11 set. 2018.

BAMFORTH, C. W. *Brewing*: New technologies. New York: CRC Press, 2006.

BAMFORTH, C. W. *Standards of brewing:* A proactical appoach to consistency and excellence. Boulder: Brewer Association, 2002.

BARFORD, J.P., HALL, R.J. An examination of the Crabtree effect in Saccharomyces cerevisiae: the role of respiratory adaptation. J. Gen. Microbiol., v. 114, p.267-275, 1979.

BARNETT, J.A., ENTIAN, KD. A history of research on yeasts 9: regulation of sugar metabolism. Yeast, v.22, 835-894p, 2005. Disponível em: https://dx.doi.org/10.1002/yea.1249. Acesso em 17 jun. 2021.

BATISTA, P. R. *Manual de boas práticas de fabricação*. Trindrade: Indústria e comércio de bebidas Imperial S/A, 2008.

BEAUMONT, S. *Cerveja e Comida*: princípios de harmonização, receitas e guia de degustação. São Paulo: Publifolha, 2016.

Beer & brew dictionary. https://beerandbrewing.com/dictionary/3uqrpamzMs/

BELEZA, J. Simulação das concentrações de cloro residual e trihalometanos em redes de distribuição de água para consumo humano. Dissertação (mestrado), Faculdade de Engenharia, Universidade do Porto, 2005.

BELTRAMELLI, M. *Cerveja*: um guia ilustrado. São Paulo: Faro Editorial, 2022.

BERG, J. M. *Bioquímica*. 7. ed. Rio de Janeiro: Guanabara Koogan, 2014.

BRASIL - ANVISA. Portaria nº 540, de 27 de outubro de 1997 - Aprova o Regulamento Técnico: Aditivos Alimentares - definições, classificação e emprego. Disponível em:

BRASIL - FUNDAÇÃO NACIONAL DA SAÚDE. Portaria nº 1.469/2000, de 29 de dezembro de 2000: aprova o controle e vigilância da qualidade da água para consumo humano e seu padrão de potabilidade. Disponível em: http://bvsms.saude.gov.br/bvs/publicacoes/portaria_1469.pdf. Acesso em 14 abr. 2020.

BRASIL-MAPA.InstruçãoNormativaNº65,de10dedezembrode2019-Estabeleceospadrões de identidade e qualidade para os produtos de cervejaria. Disponível em: https://www.in.gov.br/en/web/dou/-/instrucao-normativa-n-65-de-10-de-dezembro-de-2019-232666262

BRASIL. Decreto Lei nº 9.902, de 8 de julho de 2019. Altera o Anexo ao Decreto nº 6.871, de 4 de junho de 2009, que regulamenta a Lei nº 8.918, de 14 de julho de 1994, que dispõe sobre a padronização, a classificação, o registro, a inspeção, a produção e a fiscalização de bebidas. Brasília, DF, 08 jul. 2019. Disponível em: http://www.planalto.gov.br/ccivil_03/_ato2019-2022/2019/decreto/D9902.htm. Acesso em 21 ago. 2018.

BRASIL. Decreto-Lei nº 6.871, de 4 de Junho de 2009. Regulamenta a Lei no 8.918, de 14 de julho de 1994, que dispõe sobre a padronização, a classificação, o registro, a inspeção, a produção e a fiscalização de bebidas. Brasília, DF, 04 jun. 2009. Disponível em: <http://www.planalto.gov.br/ccivil_03/_Ato2007-2010/2009/Decreto/D6871.htm>. Acesso em 19 dez. 2018.

BRASIL – Ministério da Saúde, Secretaria de Vigilância em Saúde. Vigilância e controle da qualidade da água para consumo humano. Brasília: Ministério da Saúde, 2006. Disponível em: https://bvsms.saude.gov.br/bvs/publicacoes/vigilancia_controle_qualidade_agua.pdf. Acesso em 11 mar. 2022.

BRASIL. Lei nº 8.918, de 14 de julho de 1994. Dispõe sobre a padronização, a classificação, o registro, a inspeção, a produção e a fiscalização de bebidas, autoriza a criação da Comissão Intersetorial de Bebidas e dá outras providências. Brasília, DF, 14 jul. 1994. Disponível em: http://www.planalto.gov.br/ccivil_03/Leis/L8918.htm. Acesso em 19 dez. 2018.

BRIGGS, D. E. et al. *Brewing*: Science and Practice. New York: CRC Press, 2004.

BROWN, H. T.; MORRIS, G. H. On certain functions of hops used in the dry-hopping of beers. LONDRES: The *Brewer's Guardian*, v. 23, p. 107-109, 1893. Disponível em: https://books.google.com.br/books?id=MsI9AQAAMAAJ. Acesso em 16 fev. 2023.

BRUNO, L.M. *Manual de Curadores de Germoplasma – Micro-organismos*: Bactérias Ácido-Láticas. Brasília: Embrapa Recursos Genéticos e Biotecnologia, 2011. Disponível em: https://www.embrapa.br/documents/1355163/2005846/doc336-151.pdf/4c82dbc8-73bd-4689-a47e-5819e3f1ffc7. Acesso em 30 nov. 2022.

BUENO, A. F.; VELOSO, G. A.; ALMEIDA, V. S.; HORNINK, G.G. Avaliação dos teores de fenólicos totais e do potencial antioxidante durante a produção de cerveja artesanal. *Exatas Online*, v. 12, n. 2, 2021. Disponível em: https://www.researchgate.net/publication/356536258_Avaliacao_dos_teores_de_fenolicos_totais_e_do_potencial_antioxidante_durante_a_producao_de_cerveja_artesanal. Acesso em 04 out. 2023.

CAMPOS, A.C.S.; BRANDÃO, R. L. *Estudo sobre o desenvolvimento de cervejas utilizando fermentação consorciada entre bactérias do ácido láctico e levedura isolada de alambique de cachaça*. 2017. 75f. Dissertação (Mestrado em Biotecnologia) - Universidade Federal de Ouro Preto, Programa de Pós-graduação em Biotecnologia, Ouro Preto, 2017. Disponível em: http://www.repositorio.ufop.br/handle/123456789/7710. Acesso em: 04 out. 2018.

CASTRO, H. F. Processos químicos industriais II: apostila 2 - Indústria alcooleira. Escola de Engenharia de Lorena - Universidade de São Paulo, 2011. Disponível em https://sistemas.eel.usp.br/docentes/arquivos/5840556/434/Apostila2IndustriaAlcooleira-2011.pdf. Acesso em 04 out. 2023.

CECCHI, H. M. Fundamentos teóricos e práticos em análise de alimentos. 2 ed. rev. Campinas: Editora Unicamp, 2003.

CENTRE NATIONAL DE RESSOURCES TEXTUELLES ET LEXICALES - CNTE. Cervoise: definition, 2020. Disponível em: https://cnrtl.fr/definition/cervoise. Acesso em 20 de mar. 2020.

CETESB. Ficha de informação de produto químico - dietilenoglicol. Disponível em: <https://sistemasinter.cetesb.sp.gov.br/produtos/ficha_completa1.asp?consulta=DIETILENOGLICOL>. Acesso em 06 jan. 2020.

CETESB. Ficha de informação de produto químico - etilenoglicol. Disponível em: https://sistemasinter.cetesb.sp.gov.br/produtos/ficha_completa1.asp?consulta=ETILENOGLICOL. Acesso em 06 jan. 2020.

CETESB. Ficha de informação de produto químico - propilenoglicol. Disponível em: https://sistemasinter.cetesb.sp.gov.br/produtos/ficha_completa1.asp?consulta=propilenoglicol. Acesso em 06 jan. 2020.

CISA - Centro de Informações sobre Saúde e Álcool. O que é consumo moderado? 2020. Disponível em: https://cisa.org.br/sua-saude/informativos/artigo/item/146-o-que-e-consumo-moderado. Acesso em 09 nov. 2022.

DANIELS, R. *Designing great beers*: The ultimate guide to brewing classic beer styles. Boulder: Brewer Association, 2000.

DEEDS, S. *Brewing engineering*: Great beer through applied science. 2. ed. San Bernardina: Createspace, 2013.

DRAGONE, G.; MUSSATTO, S. I.; NOGUEIRA, A. D.; SILVA, J. B. A. Produção de cerveja: microrganismos deteriorantes e métodos de detecção. *Brazilian Journal of food technology*, Campinas, v. 10, n. 4, p. 240-251, 2007. Disponível em: http://www.ital.sp.gov.br/bj/artigos/html/busca/PDF/v10n4298a.pdf. Acesso em: 04 out. 2018.

DRAGONI, G., MUSSATO, S. I., NOGUEIRA, A. D., SILVA, J. B. A. Revisão: Produção de Cerveja: Microrganismos Deteriorantes e Métodos de Detecção, Brazilian Journal of Food Technology, v. 10, n. 4, 2007. Disponível em: https://repositorium.sdum.uminho.pt/bitstream/1822/16769/1/3812.pdf. Acesso em 24 mar. 2020.

DUTCOSKY, S. D. Análise sensorial de alimentos. 5 ed. Curitiba: PUCPRESS, 2019.

ELEWA, M.; EL-SAAD, G.; IBRAHIM, H.; TAWFEK, M.; ELHOSSIENY, H. A novel Method for Brix Measuring in raw sugar solution, *Egyptian Sugar Journal*, v. 15, 2020. Disponível em: https://esugj.journals.ekb.eg/article_209517.html. Acesso em 08 mar. 2023.

EMBRAPA. *Cultivo da cevada (website)*. Disponível em https://www.embrapa.br/trigo/cultivos/cevada. Acesso em 18 fev. 2021.

EMBRAPA. Indicações técnicas para produção de cevada cervejeira nas safras de 2019 e 2020. Passo fundo: EMBRAPA, 2020. Disponível em https://ainfo.cnptia.embrapa.br/digital/bitstream/item/205744/1/ID44787-2019SP10RNPC32indicacoes.pdf. Acesso em 23 ago. 2021.

ESKIN, N.A.M.; SHAHIDI, F. *Bioquímica de alimentos*. 3 ed. Rio de Janeiro: Elsevier, 2015.

ESPOSITO, E.; AZEVEDO, J. L. (orgs.) *Fungos*: uma introdução à biologia, bioquímica e biotecnologia. 2. ed. Caxias do Sul: Educs, 2010. 639p.

FISHER, J.; FISHER, D. The homebrewer`s garden: how to grow, prepare & use your own hops, malts & Brewing herbs. 2 ed. North Adams: Story Publishing, 2016

FIX, G. *Principles of brewing science:* a study of serious brewing issues. 2. ed. Boulder: Brewers publications, 1999.

GARCIA, M. M. E. *Produção de cerveja: utilização de estirpes não-convencionais em co-fermentação com Saccharomyces para potenciação do perfil sensorial de diversos tipos de cerveja.* 2017. 108f. Dissertação (Mestrado em Engenharia Alimentar) - Universidade de Lisboa, Programa de pós-graduação em Engenharia Alimentar – Processamento de Alimentos, Lisboa, 2017. Disponível em: http://hdl.handle.net/10400.5/13875. Acesso em: 04 out. 2018.

GASTINEAU, C. F.; DARBY, W. J.; TURNER, T. B. (eds.) *Fermented food beverages in nutrition*. New York: Academic Press, 1979.

GAVA, A. J.; SILVA, C. A. B.; FRIAS, J. R. G. *Tecnologia de alimentos:* princípios e aplicações. São Paulo: Nobel, 2008.

GUERREIRO, L. *Produção de cerveja*: Dôssie técnico. Rio de Janeiro: Rede de Tecnologica do Rio de Janeiro, 2007. Disponível em: http://www.sbrt.ibict.br/dossie-tecnico/downloadsDT/NTc=. Acesso em 02 fev. 2023.

GOERS, L.; FREEMONT, P.; POLIZZI, K.M. Co-culture systems and technologies: taking synthetic biology to the next level. J. R. Soc. Interface 11: 20140065, 2014. Disponível em: http://dx.doi.org/10.1098/rsif.2014.0065. Acesso em 28 maio 2021.

GRUSS, J.J.; HIRSCH, A.R. Retronasal Olfaction. In: HIRSCH, A.R. Nutrition and Sensation, Boca Raton: CRC Press - Taylor & Francis Group, 2015.

GUINARD, J. X. *Lambic*: Classic Beer style series – *book* 3. 3. ed. Boulder: Brewers publications, 1990.

GYLLENBOK, J. *Encyclopaedia of historical metrology, weights, and measures*. Loma: Birkhäuser, 2018. 2v.

HANSEN, E. C. Practical studies in *fermentation being contributions to the life history of micro-organisms*. London: E. & F. N. SPON, 1896.

HIBBETT, D.S.; TAYLOR, J.W. Fungal systematics: is a new age of enlightenment at hand? Nat. Ver. Microbiol. 11, p.129-133, 2013. Disponível em: http://dx-doi.ez37.periodicos. capes.gov.br/10.1038/nrmicro2963. Acesso em 28 maio 2021.

HIERONYMUS, S. *For the love of Hops*: The practical guide to aroma, bitterness and the culture of hops. Boulder: Brewer Association, 2012.

HOPKINS, R. H. Biochemistry applied to beer brewing: general chemistry of raw materials of malting and brewing. Read Books Ltd., 2013

HORNINK, G.G. (org). Compêndio de infográficos em ciência cervejeira: uma coletânea do projeto de extensão Cerveja com ciência (2019-2022). Alfenas: Edição do autor, 2023. Disponível em: https://www.researchgate.net/publication/374380166_Compendio_de_ infograficos_em_ciencia_Cervejeira_uma_coletanea_do_projeto_de_extensao_Cerveja_ com_ciencia_2019-2022. Acesso em 04 out. 2023.

HORNINK, G.G. Princípios da produção cervejeira e as enzimas na mosturação. 1 ed. revisada, Alfenas: UNIFAL-MG, 2022 [2023]. Disponível em: https://www.researchgate.net/ publication/360621535_Principios_da_producao_cervejeira_e_as_enzimas_na_mosturacao. Acesso em 04 mar. 2024.

HORNINK, G.G Glossário cervejeiro: da cultura à ciência. Alfenas: UNIFAL-MG, 2019. Disponível em: https://www.researchgate.net/publication/332754233_Glossario_cervejeiro_ da_cultura_a_ciencia. Acesso em 20 set. 2022.

HOUSTON, J. *Home Brewing*: A complete Guide on how to brew beer. New York: Pylon Publishing LLC, 2013.

KLUYVER, A.J., CUSTERS, M.T.J. (1940) The suitability of disaccharides as respiration and assimilation substrates for yeasts which do not ferment these sugars. Antonie van Leeuwenhoek., 6, 121-162.

Referências

KÜNZE, W. *Technology, brewing & Malting*. 5. ed. Berlin: VLB Berlin, 2015.

LEHNINGER, A. L. *Princípios de bioquímica de Lehninger*. 6. ed. Porto Alegre: Artmed, 2014.

LIMA, U. A.; AQUARONE, E.; BORZANI, W. *Biotecnologia*: tecnologia das fermentações. São Paulo: Ed. Edgard Blucher, 1975.

LOPES, E. *Guia para elaboração dos procedimentos operacionais padronizados exigidos pela RDC nº275 da ANVISA*. São Paulo: Varela editora e livraria ltda, 2004.

MACEDO, J. A. B. Água & Águas. 3. ed. Belo Horizonte: CRQ-MG, 2007.

MacGREGOR, A. W. α-amilase I from malted barley – physical properties and action pattern on amylose. *Cereal Chem.*, Saint Paul, v. 55, n. 5, p. 754-765, 1978. Disponível em: https://www.aaccnet.org/publications/cc/backissues/1978/Documents/CC1978a114.html. Acesso em: 03 set. 2018.

MacGREGOR, A. W. α-amilase I from malted barley – physical properties and action pattern on amylose. *Cereal Chem.*, Saint Paul, v. 55, n. 5, p. 754-765, 1978. Disponível em: https://www.aaccnet.org/publications/cc/backissues/1978/Documents/CC1978a114.html. Acesso em: 03 set. 2018.

MALLETT, J. *Malt*: A practical guide from field to brewhouse. Boulder: Brewer Association, 2014.

MARTIN, J. G. P.; LINDNER, J. D. Microbiologia de alimentos fermentados. São Paulo: Blucher, 2022.

MARZZOCO, A.; TORRES, B. B. *Bioquímica básica*. 4. ed. Rio de Janeiro: Guanabara Koogan, 2015.

MATOULKOVÁ D.; ŠAVE, J. Brewing and the taxonomy of brewer's yeast.Peer-reviewed article. *Kvasny Prumysl*, v. 53, n.7-8, 2007. Disponível em: http://doi.org/10.18832/kp2007012. Acesso em:10 nov. 2020.

MELZ, M. Levantamento da Abracerva com 200 cervejarias não encontra uso de dietilenoglicol na produção. Associação Brasileira de Cerveja Artesanal, Notícias, 2020. Disponível em:https://abracerva.com.br/2020/01/18/levantamento-da-abracerva-com-200-cervejarias-nao-encontra-uso-de-dietilenoglicol-na-producao. Acesso em 13 abr. 2020.

MOLINARO, E. M.; CAPUTO, L. F. G.; AMENDOEIRA, M. R. R. (org). *Conceitos e métodos para a formação de profissionais em laboratórios de saúde*: volume 1. Rio de Janeiro: EPSJV; IOC, 2009.

MORADO, R. *Larousse da cerveja*. São Paulo: Alaúde Editorial, 2017.

MOSHER, R. Radical Brewing. São Paulo: Ed. Krater, 2018.

MOSHER, R. Tasting beer: an insider's guide to the world's greatest drink. 2 ed. North Adams: Storey Publishing, 2017.

MUXEL, A. A. *Química da Cerveja*: Uma Abordagem Química e Bioquímica das Matérias-Primas, Processo de Produção e da Composição dos Compostos de Sabores da Cerveja. Curitiba: Editora Appris, 2022.

MYERS, R. J. One-hundred years of pH. *Chemistry for Every one*, V. 81, N. 1, 2010. Disponível em: https://pubs-acs-org.ez37.periodicos.capes.gov.br/doi/full/10.1021/ed800002c. Acesso em 28 set. 2022.

NARZIß, L.; BACK, W.; GASTL, M.; ZARNKOW, M. *Abriss der Bierbrauerei*: 7.,aktualisiert und erweiterte Auflag. Weinheim: Wiley-VCH, 2005.

NOELLI, F.S.; BROCHADO, J.P. O cauim e as beberagens dos Guarani e Tupinarabá: equipamentos, técnicas de preparação e consumo. *Revista do Museu de Arqueologia e Etnologia*, São Paulo, v. 8, p. 117-128, 1998. Acesso em: 15 abr. 2019. Disponível em: https://www.revistas.usp.br/revmae/article/download/109531/108012.

OETTERER, M. *Fundamentos de ciência e tecnologia de alimentos*. São Paulo, SP: Manole, 2006.

OLIVEIRA, G. A. V. *Equilíbrio químico e cinética enzimática da interação de alfa-amilase com compostos fenólicos encontrados em cerveja*. 2017. 68 f. Dissertação (Mestrado em Química) - Universidade Federal de Alfenas, Programa de Pós-Graduação em Química, Alfenas, 2017. Disponível em: https://bdtd.unifal-mg.edu.br:8443/handle/tede/912. Acesso em: 12 maio. 2017.

OLIVER, G. (ed), MENDES, I. (ed. brasileiro). *O guia Oxford da cerveja*. São Paulo: Blucher, 2020.

PALERMO, J.R. *Análise sensorial*: Fundamentos e métodos. Rio de Janeiro: Editora Atheneu, 2015.

PALMER, J. J. *How to brew:* Tudo que você precisa saber para fazer excelentes cervejas. 1 ed. Porto Alegre: Editora Krater, 2022.

PALMER, J. J; KAMINSKI, C. *Water*: A comprehensive Guide for brewers. Boulder: Brewer Association, 2013.

# Referências

PAPAZIAN, C. *The Complete Joy Of Home Brewing*. 3 ed. Nova York: Morrow, 2003.

PASTEUR, L. *Etudes sur la bière, ses maladies, causes qui les provoquent, procédé pour la rendre inaltérable, avec un théorie nouvelle de la fermentation*. Paris: Gauthier-Villars, Imprimeur-Libraire, 1876.

POVINELI, K. L.; FINARDI FILHO, F., As múltiplas funções das lectinas vegetais. *Nutrire Rev. Soc. Bras. Alim. Nutr.*,v. 24, 2002. Disponível em: http://sban.cloudpainel.com.br/files/revistas_publicacoes/49.pdf. Acesso em 07 mar. 2023.

PRIMEIRO, R. I. C. Estudo do efeito da pressão na fisiologia de leveduras. Tese (doutorado), Escola de Engenharia, Universidade do Minho, 2004. Disponível em: https://repositorium.sdum.uminho.pt/bitstream/1822/2624/1/Tese_Doutoramento_Rita_Pinheiro.pdf. Acesso em 11/jan/2021.

RABIN, D.; FORGET, C. *Dictionary of beer & brewing*. 2. ed. Boulder: Brewer Association, 1998.

RIBEIRO, J. R. Desenvolvimento de cerveja funcional sem glúten a partir de mandioca e trigo sarraceno. Disertação (mestrado), Engenharia de Alimentos, a Universidade Federal de Santa Catarina, 2016. Disponível em: https://repositorio.ufsc.br/handle/123456789/168261. Acesso em 09 mar. 2023.

RODRIGUES, J. R. (ed). Os ácaros fitoseídeos na limitação natural do aranhiço-vermelho em fruteiras e vinha. Ponte de Lima: Escola Superior Agrária de Ponte de Lima, 2005.

RODRIGUES, K. L. *Propriedades anti-inflamatória e antiulcerogênica de uma cerveja fermentada unicamente por grãos de quefir*. 2016. 96 f. Tese (Doutorado em Ciências Fisiológicas) - Universidade Federal de Alfenas, Programa de Pós-Graduação Multicêntrico em Ciências Fisiológicas, Alfenas, 2016. Disponível em: https://bdtd.unifal-mg.edu.br:8443/handle/tede/799. Acesso em: 12 maio 2017.

ROSA, N. A.; AFONSO, J. C. A Química da cerveja. *Química Nova na Escola*, São Paulo, v. 37, n. 2, p. 98 - 105, 2015. Disponível em: http://dx.doi.org/10.5935/0104-8899.20150030. Acesso em: 03 set. 2018.

SILVA, C. H. P. M. *Microbiologia da cerveja*: do básico ao avançado, o guia definitivo. São Paulo: Editora Livraria da Física, 2019.

SILVA, F.; FERREIRA, FERREIRA, I. M. P. L. V. O.; TEIXEIRA, N. Polipeptídeos e proteínas com influência na qualidade da espuma da cerveja e métodos analíticos utilizados no seu estudo. Quím. Nova, São Paulo, v. 29, n. 6, p. 1326-1331, 2006; Disponível em: http://www.scielo.br/scielo.php?script=sci_arttext&pid=S0100-40422006000600030&lng=en&nrm=iso. Acesso em 30 ago. 2019.

SILVA, G. C. *Desenvolvimento de método para identificação de "off-flavours" em cerveja*. 76 f. 2012. Dissertação (Mestrado em Ciência e Tecnologia de ALim) - Instituto Federal de Educação, Ciência e Tecnologia – Campus Rio de Janeiro, Programa de Pós-graduação em Ciência e Tecnologia de Alimentos, Rio de Janeiro, 2012. Disponível em: https://sucupira.capes.gov.br/sucupira/public/consultas/coleta/trabalhoConclusao/viewTrabalhoConclusao.jsf?popup=true&id_trabalho=312426. Acesso em: 06 set. 2018.

SPÓSITO, M.N., *et al*. A cultura do lúpulo. Série produtor rural. Piracicaba: ESALQ-USP, 2019. Disponível em: https://www.esalq.usp.br/biblioteca/file/4098/download?token=h3Ea_cPL. Acesso em 11 set. 2019.

STOKHOLM, A.; SHELLHAMMER, T. H. Hop creep: techincal brief. Oregon StateUniversity, 2020. Disponível em: https://cdn.brewersassociation.org/wp-content/uploads/2020/05/Hop-Creep-%E2%80%93-Technical-Brief.pdf. Acesso em 29 mar. 2023.

TADEI, N. S. *et al* . Micotoxinas de Fusarium na produção de cerveja: características, toxicidade, incidência, legislação e estratégias de controle. Scientia Agropecuaria, Trujillo, v. 11, n. 2, p. 247-256, abr. 2020. Disponível em: http://www.scielo.org.pe/scielo.php?script=sci_arttext&pid=S2077-99172020000200247&lng=es&nrm=iso. Acesso em 02 set. 2020.

TECHNICAL COMMITTEE OF THE BREWERS ASSOCIATION. *Draught Beer Quality Manual*. 4ed. Boulder: Brewer Association, 2019.

TEIXEIRA, L. V. Análise sensorial na indústria de alimentos. *Revista do Instituto de Laticínios Cândido Tostes*, Juiz de Fora, v. 64, n. 366, p. 12-21, 2009. Disponível em: https://www.revistadoilct.com.br/rilct/article/view/70. Acesso em: 07 dez. 2018.

TONSMEIRE, M. *American sour beer*: innovative techniques for mixed fermentations. Boulder: Brewer Association, 2014.

TORRE, L. *Ciência da cerveja*: A química dos processos cervejeiros. Porto Alegre: Editora Krater, 2022.

TREESE, S. A. *History and measurement of the base and derived units*. Gig Harbor: Springer, 2018.

TSCHOPE, E. C.; EVANS, A. A. Qualidade do malte na produção de uma grande cerveja. *Jornal da Cerveja*, [S.l.]. Disponível em: http://w19141918.wixsite.com/jornaldacerveja/mesa-quase-redonda-2. Acesso em: 14 jan. 2019.

TURLAND, N. J., WIERSEMA, J. H., BARRIE, F. R., GREUTER, W., HAWKSWORTH, D. L., HERENDEEN, P. S., KNAPP, S., KUSBER, W.-H., LI, D.-Z., MARHOLD, K., MAY, T. W., MCNEILL, J., MONRO, A. M., PRADO, J., PRICE, M. J. & SMITH, G. F. (EDS.) International Code of Nomenclature for algae, fungi, and plants (Shenzhen Code) adopted by the Nineteenth International Botanical Congress Shenzhen, China, July 2017. Regnum Vegetabile 159. Glashütten: Koeltz Botanical Books, 2018. Disponível em https://doi.org/10.12705/Code.2018, Acesso em 18 ago. 2022.

VALLES, H.M. Mohos productores de micotoxinas. *In* RAMOS, A,J. Ramos. *Micotoxinas y Micotoxicosis*, Madrid: A. Madrid Vicente Ediciones, 2011. Disponível em http://hdl.handle.net/1822/58765. Acesso em 28 maio 2021.

VAN MULDERS, S. E., GHEQUIRE, M., DAENEN, L., VERBELEN, P. J., VERSTREPEN, K. J., & DELVAUX, F. R. Flocculation gene variability in industrial brewer's yeast strains. *Applied microbiology and biotechnology*, v. 88, n. 6, p. 1321–1331, 2010. Disponível em https://doi.org/10.1007/s00253-010-2843-5. Acesso em 15 out. 2020.

VENTURINI FILHO, W. G. *Tecnologia de bebidas*: matéria prima, processamento, BFP/APPCC, legislação e mercado. São Paulo: Edgard Blücher, 2001.

WANDERLEY, M. G. L.; SHEPHERD, G. J.; GIULIETTI, A. M.; MELHEM, T. A.; KAMEYAMA, C.; BITTRICH, V. (eds.) *Flora Fanerogâmica do Estado de São Paulo*. Vol. 1, São Paulo: Instituto de Botânica, 2001.

WHITE, C.; ZAINASHEFF, J. *Yeast*: The practical guide to beer fermentation. Boulder: Brewer Association, 2010.

JIN, Y.; SPEERS, R. A.. Flocculation of Saccharomyces cerevisiae, *Food Research International*, v. 31, n. 6-7, p. 421-440, 1998. Disponível em: https://doi.org/10.1016/S0963-9969(99)00021-6. Acesso em 15 out. 2020.

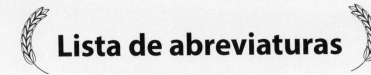

# Lista de abreviaturas

| | |
|---|---|
| AA | α-ácidos / alfa ácidos |
| APPCC | Análise de perigo e pontos críticos de controle |
| ABV | *Alcohol by volume* |
| AAU | *Alpha acid unit* |
| Abracerva | Associação Brasileira da Cerveja Artesanal |
| Acerva | Associação dos Cervejeiros Artesanais |
| ABW | *Alcohol by weight* |
| ACS | *American Chemical Society* |
| ADH | Álcool desidrogenase |
| AISI | *American Iron and Steel Institute* |
| Anvisa | Agência Nacional de Vigilância Sanitária |
| ARNF | Açúcares residuais não fermentescíveis |
| ASBC | *American Society of Brewing Chemist* |
| ATP | Adenosina trifosfato |
| BA | *Brewers Association* |
| BASI | *Barley α-amylase/ Subtilisin Inhibitor* |
| BAA | Bactérias ácido acéticas |
| BAL | Bactérias ácido láticas |
| BIAB | *Brew in a Bag* |
| BJCP | *Beer Judge Certification Program* |
| BPF | Boas práticas de fabricação |
| BU | *Bitterness unit* |
| CAMRA | *Campaign for real zle* |
| CIP | *Clean in place* |
| CISA | Centro de Informações sobre Saúde e Álcool |
| COP | *Clean Out of Place* |
| CP | *Chemically pure* |

| | |
|---|---|
| DAS | Diacetoxiscirpenol |
| DBO | Demanda bioquímica de oxigênio |
| DQO | Demanda química de oxigênio |
| DDH | *Double dry hopping* |
| DEG | Dietilenoglicol |
| DIY | *Do-it-yourself* |
| DME | *Dry malt extract* |
| DMS | Dimetilsulfeto |
| DON | Desoxinivalenol |
| DV | Dicetonas vicinais |
| DQO | Demanda química de oxigênio |
| EBC | *European Brewery Convention* |
| EC | *Enzyme commission number* |
| EPC | Equipamento de proteção coletiva |
| EPI | Equipamento de proteção individual |
| ES | Enzima-substrato (complexo ES) |
| FG | *Final gravity* |
| HBU | *Homebrew bitterness units* |
| FAA | *Free amino acids* |
| FAN | *Free Amino-Nitrogen* |
| FAO-OMS | *Food and Agriculture Organization-Organização Mundial de Saúde* |
| FCC | *Food Chemicals Codex* |
| FDA | *Food and Drug Administration* |
| GC-MG | *Gas chromatography coupled with mass spectrometry* |
| GU | *Gravity unity* |
| HBU | *Homebrew bitterness units* |
| HERMS | *Heat exchange recirculating mash system* |
| HPLC | *High performance liquid chromatography* |
| IAR | Índice de amargor relativo |

# Lista de abreviaturas

IBU   *International bitterness unit*

IDC   *Iodine dextrin color*

IN   Instrução normativa

INS   *International numbering system*

ISBT   *International Society of Beverage Technologists*

Ka   Constante de dissociação ácida

Keq   Constante de equilíbrio

Kcal   Quilocaloria

KZ   Índice de Kolbach

LOX   Lipoxigenase

MAPA   Ministério da Agricultura, Pecuária e Abastecimento

MLT   Malt-lauter tun

NADH   Nicotinamida adenina dinucleotídio

NBR   Norma brasileira

NCBI   *National Center for Biotechnology Information*

OG   *Original gravity*

PA   *Pro analysis*

ppm   Partes por milhão

PDB   *Protein data bank*

PET   Polietileno tereftalato

pH   Potencial hidrogeniônico

POF   *Phenolic off-flavour*

pOH   Potencial hidroxiliônico

POP   Procedimento operacional padrão

PSI   *Pound force per square inch*

PVPP   Polivinilpolipirrolidona

ppb   Partes por bilhão

RDC   Resolução da Diretoria Colegiada

RNA   Ácido ribonucleico

| | |
|---|---|
| RIMS | *Recirculating infusion mash system* |
| SG | *Specific gravity* |
| *Syn.* | Sinônimo (para espécies) |
| *Syn.* het. | Sinônimo heterotípico (para espécies) |
| *Syn.* hom. | Sinônimo homotípico (para espécies) |
| UV | Ultravioleta |
| SI | Sistema internacional de unidades |
| Sindcerv | Sindicato Nacional da Indústria Cervejeira |
| SMaSH | *Single malt and single hop* |
| SMM | S-metil-metionina |
| sp. | *specie* (latim) |
| spp. | *species* (latim) |
| SRM | *Standard reference method* |
| SMM | S-metil-metionina |
| SWT | *Strike water temperature* |
| UCM | Unidade de cor de malte |
| UFC | Unidade formadora de colônia |
| UP | Unidade de pasteurização |
| USP | *United States Pharmacopeia* |
| VDK | *Vicinal diketones* |
| VZ | Índice Hartong |
| °WK | Graus Windisch-Kolbach |

# Índice remissivo

**A**

AAU 21, 149, 301

*Abbey beer* 21, 74

*Abdijbier* 21, 74

ABRACERVA 21, 22, 44

ABV 21, 38, 43, 46, 53, 74, 75, 76, 103, 118, 143, 147, 150, 170, 182, 184, 205, 223, 253, 267, 301

ABW 21, 43, 45, 269, 301

Ácaro rajado 21, 46, 258

Ácaro vermelho europeu 22

Aceitação/testes de aceitação 22

ACERVA 21, 22

Acetaldeído 22, 116, 123, 179, 280

Acetato 22, 23, 52, 114, 157, 243, 280

Acetato de etila 22

Acetato de isoamila 23, 52, 114, 280

Acético 23

Acetificar 23

*Acetobacter* 23, 24, 51, 86, 123, 138, 139, 208, 282

Acetobactérias 23, 138

Ácido 19, 22, 23, 24, 25, 26, 27, 28, 47, 63, 64, 66, 80, 114, 121, 123, 126, 127, 128, 129, 131, 138, 156, 158, 159, 167, 169, 170, 179, 184, 188, 190, 192, 210, 212, 218, 224, 233, 237, 239, 255, 261, 268, 279, 280, 287, 291, 303

Ácido acético 22, 23, 24, 25, 138, 268, 279, 280

Ácido ascórbico 24, 47, 156, 268, 279, 280, 287

Ácido butanoico 24

Ácido butírico 24, 63, 64, 123, 170, 268, 279, 280

Ácido caprílico 24, 25, 27, 66, 233, 279, 280

Ácido caproico 24

Ácido carbônico 25, 279

Ácido cítrico 25, 80, 156, 279, 280, 287

Ácido etanoico 25

Ácido etilenodiamino tetra-acético 25

Ácido ferúlico 19, 25, 114, 121, 128, 261, 279, 280

Ácido fítico 25, 129, 190, 280

Ácido forte 26, 28

Ácido fosfórico 26, 131, 156, 169, 279, 280, 287

Ácido fraco 26

Ácido graxo 26

Ácido hexanoico 26

Ácido isovalérico 26, 159, 224, 279, 280

Ácido lático 27, 126, 156, 167, 169, 279, 280, 287

Ácido málico 27, 179, 279, 280

Ácido mevalônico 27, 158, 188, 192, 239, 255

Ácido octanoico 27

Ácido peracético 27, 210, 237, 279, 280

Ácido pirúvico 27, 212, 279, 280

Ácido propiônico 28, 127, 218, 279, 280

Ácido sulfídrico 28, 279

Ácido sulfúrico 28, 169, 280

Aço 18/8 28

Aço inox 28, 35, 155

Aço inoxidável 28

ACS 28, 140, 141, 203, 301

Açúcar 28, 29, 66, 118, 236

Açúcar-cândi 28

Açúcar de mesa 28

Açúcar invertido 29, 66, 236

Açúcar *priming* 29

Açúcar residual 29, 118

Adesina 29

Adhumulona/Ad-humulona 29

Aditivos 29, 30, 44, 290

Adjuntos 29

Adlupulona/Ad-lupulona 30

Adoçante 30

Adsorção 30, 215

Adsorvente 30, 215

Adstringência 30

Adstringente 30

*Aegir/Ægir* 30

Aeração 30

Aeróbio 30, 43

Afídeos do lúpulo 31

Aflatoxina 31, 47

*Afterfeel* 31, 230, 239

*Aftertaste* 31

Agente floculante 31, 58, 135, 157

Ageusia 31

Agitador magnético 31, 53

Aglutinação 32

Agrokeg 32

Água cervejeira 32, 69

Água de Burton 32, 63, 175

Água de Dortmund 32

Água de Dublin 32, 33, 175

Água de Edinburgh 33

Água de infusão 33, 245, 252

Água deionizada 34, 94

Água de lavagem 33

Água de Londres 33

Água de Melbourne 33, 34

Água de Munique 33

Água de Pilsen 33

Água desmineralizada 34, 97, 201

Água destilada 34

Água de Viena 34

Índice remissivo

Água dura 34, 35

Água moderadamente dura 34, 35

Água mole 34, 35

Água muito dura 35

Água para *priming* 35

Água primária 35

Água secundária 33, 35

*Airlock* 35, 125

AISI 28, 35, 155, 301

AISI 201 35

AISI 304 35

Albumina 35, 219

Álcali 36

Alcalinidade da água 36

Alcalino 36

Álcool 19, 36, 37, 38, 45, 103, 123, 157, 159, 202, 218, 237, 289, 292, 301

Álcool 70% 36, 45

Álcool absoluto 36

Álcool anidro 36

Álcool de fúsel/Álcool fúsel 36

Álcool desidrogenase/ADH 36, 202

Álcool etílico 37

Álcool fenetílico 37

Álcool *free* 37

Alcoólico 37

Alcoolpop 38

Álcool superior 37

Álcool zero 37

Aldeído 22, 36, 38

Aldeído redutase 36, 38

Aldose 38

Ale 32, 38, 40, 55, 60, 66, 71, 72, 73, 111, 125, 165, 168, 181, 185, 235, 252, 260, 276

*Alehouse* 38

Aleurona 38

*Alewife* 38

Alfa-ácidos/α-ácidos 29, 39

Alfa-amilase/α-amilase 39, 41, 98, 204

alfa-galactosidase/α-galactosidase 39

Alfa-glicosidase/α-glicosidase 39, 180

Alginato de propileno glicol/alginato de propilenoglicol/PGA 39

*All grain* 40

*All late hopping* 40

*Alpha acid unit* 21, 40, 301

*Alt* 40

Alta fermentação 40, 235

Amaranto 40

Amargor 21, 40, 278

Amêndoas 40, 56, 121, 182, 183, 197

*American Standard Barrel/ASB* 40

AMG 300L 41, 47

Amido 41, 42, 257

Amilase 41

Amilase dextrogênica 41

Amilase maltogênica 41

Amilofosforilase 41

Amiloglicosidase 41

Amilólise 41

Amilolítica 41, 109

Amilopectina 41, 138, 257

Amilopectina-1,6-glicosidase 41

Amilose 41, 42, 257

Aminoácidos 42, 119, 132, 196

Aminoácidos livres 42, 119, 132, 196

Aminopeptidases 42

Anabolismo 42

Anaeróbio 31, 42

Análise de perigo e pontos críticos de controle/APPCC 43

Análise descritiva quantitativa/ADQ 43, 209

Análise sensorial 31, 43, 44, 46, 65, 91, 148, 199, 257, 293, 296, 298

André Goffeau 43

Anidro 43

Ânion 44, 195, 196

Anosfrasia 44

Anosmia 44

Anticongelante 44, 100, 116, 137, 174, 218

Antiespumante 29, 44, 122, 287

Antioxidante 24, 29, 44, 88, 287

Antisséptico 45

Antoine Lavoisier 45

Antoni van Leeuwenhoek 45, 189

Anvisa 28, 29, 45, 119, 121, 141, 203, 301

APP 21, 45

Aprolúpulo 45

Aproveitamento 45

APV 21, 46

Aranhiço-amarelo 46

Aranhiço-vermelho 22, 46

Aroma 46, 139, 199, 201, 230, 233

Aroma retronasal 46

Arriada 46

Arriar o malte 46

Arrolhador 46

Arroz 46, 201

ASBC 47, 301

Ascomicetos 47, 171

Ascomycota 47, 134, 145, 165, 171, 211, 235

Ascorbato 47

Ascósporo 47

*Aspergillus* 31, 41, 47, 48, 60, 61, 189, 199, 217, 271, 282

Atenuação aparente 47, 127

Atenuação real 47

ATP 30, 42, 48, 69, 122, 131, 137, 172, 195, 228, 230, 260, 301

*Attenuzyme Pro* 48, 197

August Karl Johann Valentin Köhler 48, 153

Autólise 48

Autorefrigerado 48, 135

*Auxiliary bitter compounds*/ABC 48

Aveia 48

Avenalina 49

Avenina 49

Índice remissivo

Azeda/o 49

Azul de metileno 49, 65, 89, 280

## B

*Bacillus* 48, 51, 108, 253, 282, 286

Bacilos 51, 83, 108, 109

Bactérias 23, 27, 51, 123, 125, 138, 164, 167, 291, 301

Bactérias ácido acéticas/BAA 23, 51, 125

Bactérias ácido láticas/BAL 27, 51

Bacteriostático 52

Bagaço de malte 52

Balling/°B 52, 140

Banana 52

Band-Aid 52

Banho ultrassônico 52, 265

Bantu 52, 163

*Barley wine/Barleywine* 53

Barra magnética 31, 53, 207

Barrica 53

Barril 32, 40, 53, 54, 61

Barril cervejeiro britânico 53, 54, 61

Barril padrão americano 40, 53, 54

bar (unidade) 53

Base 36, 54, 122

Basiônimo 54

*Batch sparge* 54, 130, 170, 190

Batelada 54

*Bauerstern* 54, 276

Baumé 54

Baunilha 54

Bazuca/*Bazooka* 55, 134

Bazuka *dry hopping* 55

Bebabilidade 55

Beber pesado episódico/BPE 55, 88

Bebida alcoólica 55, 163, 225

*Beer* 55, 56, 58, 59, 60, 115, 243, 250, 290, 294, 298, 301

*BeerAdvocate* 56

*Beer Judge Certification Program*/BJCP 56

*BeerSmith* 56

*Beer stone* 55

*Belgian lace/Brussels lace* 56, 229

Benzaldeído 56

Beta-ácidos/β-ácidos 30, 56, 85, 177, 216

Beta-amilase/β-amilase 41, 56, 204

Beta-glicosidase/β-glicosidase 57

Beta-glucanase/β-glucanase 57

Beta-glucano/β-glucano 57

*BIAB/Brew in a Bag* 57

Bicarbonato de sódio 58, 156, 280, 287

*Bier* 58, 79, 276

*Bière* 58

*Bière d'Abbaye* 58

*Biergarten* 58, 148, 149

*Bierstern* 58, 276

*Biersteuergesetz/BStG* 58

*Bier vom fass* 58, 79

Biocatalisador 58

*Biofine* 30, 58, 80, 240

*Biofine clear* 30, 58, 240

BJCP 56, 59, 69, 115, 143, 154, 301

*Blow-by/Blowby* 59

*Blow-off/blowoff* 59

Boas práticas de fabricação/BPF 59, 217

Bolor 59

Bombona 59

Boteco/Botequim 59

*Bottle hopping* 59

BPF 43, 59, 217, 301

Brassagem 59, 121

*Brasserie* 60

*Brauerei* 60

Bretanomice 60

Bretas 60

*Brettanomyces* 25, 26, 47, 60, 70, 71, 86, 87, 94, 95, 106, 124, 134, 159, 169, 172, 211, 239, 247, 282, 283

*Brew* 57, 60, 169, 301

*Brewer Clarex®* 47, 60, 102, 138, 217

*Brewers Association*/BA 61

*Brewery* 61, 105, 277, 302

*Brewing liquor* 61

*Brewpub* 61

*Brewstand* 61

Brilho 61

*British brewery barrel* 61

Brix/°Bx 61, 140

Brotamento 61, 80, 229

BRS Brau 62, 92

BRS Cauê 62, 92

BRS Itanema 62, 92

BRS Kalibre 62, 92

BRS Manduri 62, 92

BRS Quaranta 62

BRS Sampa 63, 92

BU:GU 63, 153, 154, 226

Buquê/*Bouquet* 63

Burtonização 63

Butanoato de etila 63, 280

Butanol 64, 280

Butirato 63, 64, 280

Butírico 26, 64

## C

Cacosmia 65

Cálculo da massa de sal 65

Caloria/cal 65, 163

Camada aleurona 65

Cama de malte 65

Câmara de Neubauer 65, 89, 189

CAMRA 66, 301

Cande 66

Candida 66, 171, 172, 240, 241, 282

*Candy sugar* 28, 66, 67, 119

*Candy syrup* 66, 67

Canhão 66

## Índice remissivo

*Cannon* 66

Capacidade tampão 66

Caprato 66

Caprílico 66

Caproato 66

Caproato de etila 66

*Caramalt* 67, 227

Caramelização 67, 112, 128, 180, 181

Carboidratos 67, 147, 201, 215

Carbonatação 67, 287

Carbonato de cálcio 67, 136, 280, 287

Carbonatos 32, 33, 68

Carboxipeptidases 68

*Carboy* 68

Cardamomo verde 68

Cariofileno 68, 117, 211, 239

Cariopse 68, 73

Carl von Linde 68

Carragenas 68

Carvão ativado/carvão ativo 69

Cascas e grãos 69

Catabolismo 69

Catalisador 69

Catálise enzimática 69

*Catharina sour* 56, 69, 164

Cátions 69

*Catty* 70, 266

Cauim 70, 163, 273

Cavalo 70

Caxeri/caixiri/caysúma 70

Cebola 70

Celíaco 70

Célsius/°C 70, 140

Celulase 70, 71

Celulose 71

Centeio 71, 238

Cepas 71, 72, 73

Cepas Ale 71, 72, 73

Cepas *Brettanomyces* 71

Cepas cheias/full/maltadas 72, 73

Cepas excêntricas 71, 72

Cepas fenólicas 71, 72

Cepas frutadas 71, 72

Cepas híbridas 71, 72

Cepas Lagers 72

Cepas limpas/neutras/clean 73

Cepas secas/crisp/dry 73

Cereal 46, 48, 71, 73, 113, 190, 295

Ceres 73, 95

Cerevisia 73

Cerveja 7, 21, 29, 37, 52, 55, 58, 73, 74, 75, 76, 90, 97, 124, 130, 138, 143, 153, 163, 165, 188, 195, 212, 221, 223, 275, 290, 292, 294, 295, 296, 298, 301, 339, 340, 341

Cerveja cigana 74

Cerveja com teor alcoólico reduzido 74

Cerveja convidada 74, 143

Cerveja da abadia 21, 58, 74, 165

Cerveja de fermentação múltipla 74

Cerveja de quefir 74

Cerveja desalcoolizada 74

Cerveja em barril 74, 163

Cerveja em garrafa/engarrafada 75

Cerveja encorpada 75

Cerveja glúten reduzido 75, 138

Cerveja pesada 75

Cerveja puro malte 73, 75, 221

Cervejaria cigana 76, 89

Cerveja sem álcool 74, 75

Cerveja sem glúten 75, 138

Cerveja verde 75

Cerveja zero álcool 37, 75, 76, 275

Cervejeiro(a) 76

*Cerveza* 76

*Cervoise* 76, 292

Cetona 76

Cetose 76

Cevada 45, 77, 104, 110, 128, 180, 239, 242, 263

Cevada de duas fileiras 77, 104, 128, 263

Cevada de inverno 77, 110

Cevada de seis fileiras 77, 128, 239, 242

Cevada de verão 77, 110

Cevada dística 77

Cevada hexástica 77

Cheiro 78

*Chicha* 78, 161, 220, 273

*Chicha de Jora* 78, 161

*Chiller* de contrafluxo 78, 229, 230

*Chiller* de imersão 78, 229, 230

*Chiller* de placas/trocador de calor 78

*Chill haze* 78, 84

*Chip* de carvalho 79

*Chip* de madeira 79

Chopp/Chope 79, 238

*Christmas beer* 79, 269

Chulé 79

Ciclo de vida do lúpulo 79

Cinética enzimática 79

CIP 4, 79, 89, 242, 301

Cissiparidade 80

Citrato 80

Cítrico 80

Citrinina 80

cl 80

Clarificação 80, 128, 268, 287

Clarificante/s 69, 80

Clavagem 80

*Clearmax* MS 80

Cloreto de cálcio 80, 156, 280, 287

Cloreto de magnésio hidratado 81

Cloreto de sódio 81, 236, 280

Cloretos 32, 33, 34, 81

Clorexidina 82

Cloro 82, 93

Clorofenol 82, 93, 184

Índice remissivo

Clorofluorcarbonetos/CFC 82

Cloro residual combinado 82

Cloro residual livre 82, 93

Cloro residual total 82

$CO_2$ 22, 25, 83, 84, 101, 120, 123, 135, 147, 150, 157, 165, 179, 207, 212, 216, 217, 266, 268, 273, 275, 281

Coadjuvante/Coadjuvante de tecnologia de fabricação 83

Cocos 51, 83

Co-cultura/cocultura 82

Código de Hamurabi 83

Coentro 83

Cofator 83

Co-fermentação 82

Cohumulona/Co-humulona 83

Colarinho 84

Cold break 84, 231, 262

Cold crash 84

Coliformes 84

Collapsed foam 84, 165

Coloidal 84

Colóide 84, 101, 242

Coloração de Gram 85, 139, 140, 145, 187, 252

Colupulona/Co-lupulona 85

Comparação pareada 85

Complementaridade 85, 89

Compostos secundários de amargor 48, 85

Compostos tensoativos 85

Comprimento de onda 85, 169, 278

Concentração 24, 26, 85, 100, 179, 192, 277

Condicionamento 86, 87, 168, 184

Condicionamento acelerado 86

Condicionamento aditivo 86, 87

Condicionamento biológico 86, 87

Condicionamento em barril 86, 87, 168, 184

Condicionamento em garrafa 87

Condicionamento químico 87

Condicionamento subtrativo 87

Condimentado 87

Cone/cone floral/cone do lúpulo 87

Conector ball-lock 87, 253

Conector pin-lock 88, 253

Conservadores 88

Conservantes 88

Constante de dissociação ácida 88, 156, 157, 163, 213, 303

Constante de equilíbrio/Keq 88

Constante de ionização ácida 88

Consumo abusivo 88

Contagem de células/de leveduras 88, 189

Contract brewing 89

Contrapressão 89

Contraste 85, 89

Conversão 89, 119, 175, 220

COP 89, 242, 301

Corpo/Corpo da cerveja 75, 89

Corte 85, 89, 90

Couro 90

Cozinha bibloco 90

Cozinha cervejeira 90

Cozinha monobloco 90

Cozinha quadribloco 90

Cozinha tribloco 90

Cozinha unibloco/uni-bloco 90

*Craft beer* 90

Crescimento de microrganismos 91

Crescimento malthusiano 91

Crescimento populacional 91

Criptosmia 91

Cromatografia gasosa acoplada à espectrometria de massa/CG-EM 91

Cromatografia líquida de alta eficiência 21, 91, 151, 154

*Cryo hops* 91

Cultivar/cultivares 91

Cultivares de cevada 91

Cultura mista 92

Curva de crescimento 92

## D

*Damson-hop aphid* 93, 220

DAP 93

DBO 93, 95, 103, 302

DDH 93, 103, 104, 302

*Debaryomyces hansenii* 94, 283

Decantação 93

Decloração da água 93

Decocção 94

*Decoction mash* 94

Degradação do amido 94, 136, 174, 234

Deionização 94

*Dekkera* 60, 94, 283

*Dekkera bruxellensis* 94, 283

Demanda bioquímica de oxigênio 95, 302

Demanda química de oxigênio 95, 302

Deméter/Demetra 95

Densidade 95, 96, 277

Densidade específica 95

Densidade final 95

Densidade inicial 95

Densidade potencial 95

Densidade potencial da brassagem 95

Densidade potencial do malte 95

Densímetro 96, 147, 234

Dermatite herpetiforme 96

Descanso ácido 96

Descanso da produção de maltose 96

Descanso de diacetil 96, 98, 99, 143

Descanso de sacarificação 96

Descanso proteico 96

Descarbonatar 96

Desgaseificação 96

Desinfecção 97, 237

Desinfetante 97, 237

Desmineralização 34, 97, 201

Índice remissivo

Desoxinivalenol/DON 97, 197, 261

Detector de Espuma na Cerveja/DEC 97, 130

Detergentes ácidos 98

Detergentes alcalinos 98

Detergentes neutros 98

Dextrina 39, 98

Dextrinização 98

Diacetil 19, 98, 99, 102, 267, 280

*Diacetil rest* 98

Diacetoxiscirpenol/DAS 99

Diastase/diástase 99

Diatomáceas 99, 128, 255

Diatomito 99, 255

Dicetonas/Dicetonas vicinais 19, 99, 267

Dietilenoglicol/DEG 99

Difusor 100

Digluconato de clorexidina 100

Diluição 86, 100, 245

Diluição de soluções 86, 100

Dimetilpolisiloxano 44, 100

Dimetilsulfeto/Dimetilsulfureto/DMS 100, 101, 186

Dioica 101

Dióxido de carbono/$CO_2$ 83, 101, 135

Dióxido de cloro 101, 281

Dipeptidases 101

Dispersão coloidal 101

Dissacarídio 101, 182, 234

*DIY* 101, 302

dL 101

DME 95, 117, 223, 231, 245, 302

DMS 100, 101, 186, 197, 229, 230, 243, 251, 302

Doce 102, 106

Doença celíaca 70, 96, 102, 138

Doença da Sarcina 102, 237

Dorna 102

Dose 55, 102

*Double dry hopping* 103, 302

*Dough-in* 103

*Downy Mildew* 103, 189

DQO 93, 95, 103, 302

Draft beer 103

*Draught beer* 79, 103

*Drinkability* 55, 103

*Dry hopping* 55, 93, 103, 149, 150

Duas fileiras 104

*Dubbel/Double* 104

*Dunkel* 72, 104

*Dunkles* 104

*Duplo dry hopping* 104

Dureza total da água 104

# E

*EBC/European Brewery Convention* 105

Ebulição 105

Ebuliômetro 105

EC 17, 36, 39, 56, 57, 70, 105, 109, 114, 129, 131, 137, 167, 172, 173, 174, 185, 197, 202, 212, 217, 233, 302

EDTA 25, 106

Eduard Buchner 105

Edulcorantes 106

Edulcorantes artificiais 106

Efeito crabtree 106

Efeito custer 106

Efeito kluyver 106

Efeito Pasteur 106, 228

Efeito Pasteur negativo 106

Eficiência da brassagem 107

Emil Christian Hansen 107, 124, 184, 234, 235

Encorpada 107

Endopeptidase 107

Endosperma 108

*Endozym AGP 120* 108

*Endozym Alphamyl SB1–AEB* 41, 108, 253

*Endozym Glucacel UHT – AEB* 108

Energia de ativação 108, 109

*Enterobacter* 84, 108, 109, 199, 285

*Enterobacter agglomerans* 108, 199, 285

Enterobactérias 109

Envelhecimento 86, 109

Enzimas 42, 68, 69, 101, 107, 108, 109, 117, 129, 147, 158, 172, 202, 219, 242, 260

Enzimas amilolíticas 109

Enzimas proteolíticas 42, 68, 101, 107, 109, 117

EPC 109, 110, 302

EPI 27, 28, 110, 302

Época de semeadura 110

*Epsom salt* 110, 246

Equação de Henderson-Hasselbach 110

Erros de análise sensorial 43, 110

Escala de pH 110

Escala hedônica 110

Escalas JAR/*Just About Right* 110

Escola Alemã 111

Escola Americana 111

Escola Belga 111

Escola Britânica 111

Escola Franco-Belga 111

Escola Inglesa 111

Escolas cervejeiras 112

Escolha forçada 112

Escurecimento de Maillard 112

Escurecimento não Enzimático 112

Especiarias 112

Espectrofotômetro 112, 158, 245, 265

Espelta 112, 244, 261

Espículas 113

Esporão do centeio 80, 113

Esporo 113

Espuma 84, 97, 113, 130, 165, 273

Estabilizante 113, 287

Estacas herbáceas 113, 218

Éster 114, 133

Esterase do ácido ferúlico 114, 128

Esterases 114

Éster de banana 114

Esterificado 114

Esterilização 115

Esterilização comercial 115

Estilos de cerveja 115, 146

Estirpe 115

Estresse da levedura 115

Estresse de estocagem 115

Estresse nutricional 115, 116

Estróbilo 87, 116, 176, 208, 226

Etanol 36, 37, 116, 123, 281

Etilaldeído 116

Etilenoglicol 44, 100, 116, 174, 218, 250, 281

EtOH 116

Eugenol 87, 116, 211

Evaporação dos óleos essenciais 117, 215

Exopeptidases 117

*Export* 32, 117

Extrato aparente 117

Extrato de malte líquido 118

Extrato de malte seco 95, 117

Extrato original 118

Extrato primitivo 117, 118

Extrato real 118

Extrato residual 118

*Extreme late hopping* 118, 150

## F

FAA 119, 132, 196, 302

*Fahrenheit/*°F 119, 141

FAN 15, 22, 42, 117, 119, 157, 159, 196, 218, 302

FAO-OMS 28, 119, 121, 131, 141, 203, 266, 302

Farneseno 117, 119, 239

*Faro Lambic* 119

Fase de desaceleração 119

Fase de morte/declínio 120

Fase estacionária/de condicionamento 120

Fase fria 120, 199, 231, 268

Fase *Lag*/latência/adaptativa 120, 209

Fase *Log*/exponencial/crescimento 120, 273

Fase preparatória 121

Fase quente 121

Fases de crescimento 91, 92, 120, 121, 217

FCC 28, 119, 121, 131, 140, 141, 203, 266, 302

FDA 121, 302

Fenilmetanal 121

Fenol 121

Fenolftaleína 122

Fenólico 122

*Fermcap*® *S* 44, 100, 122, 156

Fermentação 23, 27, 28, 38, 40, 51, 63, 64, 74, 82, 122, 123, 124, 125, 126, 127, 147, 149, 167, 168, 195, 212, 224, 235, 242, 245

Fermentação aberta 122

Fermentação acética 23, 51, 122, 125

Fermentação alcoólica/etanólica 123, 212

Fermentação alta 123

Fermentação arrastada 123

Fermentação baixa 123

Fermentação butírica 63, 64, 123

Fermentação consorciada 74, 123, 126, 167

Fermentação de fundo 123, 124, 168

Fermentação de topo 38, 40, 123, 124, 235

Fermentação espontânea/fermentação alcoólica espontânea 124

Fermentação fechada 124

Fermentação gliceropirúvica 125

Fermentação heterolática 125, 147

Fermentação homoacética 125

Fermentação homolática 125, 126, 149

Fermentação lática 125, 167

Fermentação lenta 126, 168, 242

Fermentação malolática 126

Fermentação mista 74, 82, 124, 126

Fermentação presa 123, 126, 168, 245

Fermentação primária 127

Fermentação propiônica 28, 127, 224

Fermentação secundária 127

Fermentador 127

Fermentador cilíndrico-cônico 127

Ferulato 128

Feruloil esterase 128

Fervura 128, 250

Fileiras 128

Filtração 99, 128, 255

Filtração diatomácea 128

Filtro de diatomácea 128

*Final gravity*/FG 128

*Fining(s)* 128

*First wort hopping*/FWH 129

Fita de pH 129

Fitase 25, 129, 204

Fitato 129, 204

*Flame out* 129, 150

Flavonoides 129, 215

*Flavor* 130

Flocos 130

Floculação 130, 239, 275

Floculante 130

Floculina 130

Fluido frigorigêneo 130

Fluido refrigerante 130

*Fly sparge* 130, 170, 190

*Foam on beer detector*/FOB 97, 130

*Food grade* 131

Fosfatase ácida 131

Fosfato 93, 131, 197, 281

Fosfato de diamônio 131

Índice remissivo

Fosfato diamônico 93, 131, 197, 281

Fosforilase 41, 131

*Fox Lambic* 131, 169

Fração atribuível ao álcool/FAA 132

Fração do Nitrogênio solúvel 132, 196, 219

Franz Julius Ferdinand Meyen 124, 132, 234, 235

*Free amino acids* 132, 196, 302

*Free amino-nitrogen* 132

*Free house* 132

*Freeze dry* 132

*French press hopping* 132

*Fresh hop* 132

Friabilidade do malte 132

Friabilômetro 133

Fritz Plato 133, 213

*Fruit beer* 133

Frutado 133

Frutose 133

Fumonisinas 134

Fundo falso 134

Fungos 134, 235, 251, 293

*Fusarium* 97, 99, 134, 189, 197, 220, 260, 261, 298

**G**

Gaiacol 135

Gambá 135

Gás carbônico 135

Gás refrigerante 82, 130, 135, 147, 228

Gato molhado 135

Gay-Lussac 45, 135, 141, 161

GC-MS 135

Gelatina 135, 157

Gelatina de peixe 135

Gelatinização 94, 136, 174

Geraniol 136

*Geuze* 136

Gipsita/Gypsum 136

Giz 136

Glândula de lupulina 136

Gliadina 136

Glicerol 137

Glicoamilase 41, 137, 235

Glicogênio 137

Glicol 44, 100, 116, 137, 174, 218

Glicólise 27, 137, 195, 267

Glicose 138

Glucano 138

Gluconato de clorexidina 82, 100, 138

*Gluconobacter* 23, 24, 51, 123, 138, 139, 208, 283

*Gluconobacter oxydans* 24, 51, 138

Glutelina 138

Glúten 49, 61, 75, 96, 102, 113, 136, 138, 139, 151, 190, 217, 238, 244

Glutenina 136, 139, 151, 238

*Goblet* 139

Gosto 23, 139, 233, 244, 265

Gosto ácido 23, 139, 244

Gram 23, 51, 85, 108, 109, 138, 139, 140, 145, 164, 167, 184, 187, 189, 199, 200, 207, 252, 260, 276, 282, 283, 284, 285, 286

Gram – 139

Gram + 139

Grama verde cortada 140

Gramíneo 140, 267

Gram-negativa 85, 108, 109, 139, 140, 145, 164, 184, 199, 207, 282, 283, 284, 285, 286

Gram-positiva 51, 85, 139, 145, 189, 200, 207, 282, 283, 284, 285, 286

Grau Alemão/°Alemão 140

Grau *Balling*/°B 140

Grau Belga 140

Grau Brix/°Bx 140

Grau Célsius/°C 140

Grau de modificação 57, 140, 191

Grau de pureza do sal 28, 119, 121, 131, 140, 203, 221, 266

Grau Fahrenheit/°F 141

Grau Francês/°Francês 141

Grau Gay Lussac/°GL 141

Grau INPM/°INPM 141

Grau Lintner/°L 141, 214, 270

Grau Plato/°P 141

Grau Régie/°R 141

Grau Windisch-Kolbach/°WK 141

Gravidade Específica/GE 141

Gravidade final/GF 128, 141, 142

Gravidade original/GO 95, 141, 142, 200

*Gravity units*/GU 142

*Green hop* 142

*Grist* 33, 142

*Growler* 142

Gruit 142, 275

Guaiacol 117, 135, 142

Guarda quente 143

*Guest ale* 74, 143

*Gueuze/Geuse* 143

Guia de estilos BA 143

Guia de estilos BJCP 143

*Gushing* 143

*Gyle* 143, 205, 206

# H

*Hallertau/Holledau* 145, 190

Hans Christian Joachim Gram 85, 139, 145

*Hanseniaspora uvarum* 145

Harmonização de cerveja 145

*Harsh* 84, 145, 227

Harton 45° 146

*Haze* 78, 146, 215

HDPE 146, 210

*Head-space/headspace* 146, 265

*Heat exchange recirculating mash system/* HERMS 146, 228, 242

*Hefe* 146

Índice remissivo

HERMS 146, 228, 242, 302

Heterocíclico 146

Heterofermentativo 147

Hexanoato de etila 66, 147

Hidratação 147

Hidratos de carbono 147

Hidroclorofluorocarbonos/HCFC 147

Hidrolase 42, 57, 68, 101, 114, 147, 173

Hidromel 147

Hidrômetro 147

Hifa 147, 220

*High maltose* 148

Hildegarda de *Bingen/Hildegard von Bingen* 148, 211

Hiperosmia 148

Hipoclorito de sódio 66, 97, 148

Hiposfresia 148

Hiposmia 148

*Hirschgarten* 58, 148

hl 149

*Hofbräuhaus* 149

*Homebrew bitterness units*/HBU 149

*Homebrewer* 149

*Homebrew/Homebrewing* 149

Homofermentativo 149

*Hop* 66, 149, 150, 214, 259, 270, 298

*Hop back/hopback* 149

*Hop bag/hopbag* 149

*Hop burst* 149

*Hop bursting* 150

*Hop cannon* 66, 150

*Hop creep* 150, 214, 298

*Hop spider* 149, 150

*Hop stands* 150

*Hop torpedo* 150, 259

Hordeína 151

Hordenina 151

*Hot break* 151, 231, 262

HPLC 21, 40, 91, 151, 153, 302

Huluponas 151

Humuleno 117, 151, 239

Humulinonas 151

Humulona 145, 152, 226

*Humulus lupulus* 136, 152, 176


I

IBU/*International bitterness unit* 153, 266

*Ice beer* 153

Iluminação de Köhler 48, 153, 189

Imperial 153, 212, 290

Impressão digital volátil 91, 153

Índice de amargor relativo/RAR 154

Índice de Kolbach/KZ 154

Índice Hartong/VZ 140, 154

Infusão 33, 94, 154

Inoculação 154, 212, 282, 283, 284, 285, 286

Inóculo 155

Inox 201 28, 35, 155

Inox 304  28, 35, 155

INS  24, 25, 26, 27, 28, 39, 44, 58, 67, 68, 80, 81, 88, 113, 122, 155, 156, 157, 215, 247, 287, 303

INS 170i  67, 155

INS 221  88, 155, 156, 247

INS 300  24, 156

INS 316  44, 155, 156, 157

INS 330  25, 156

INS 338  26, 156

INS 405  39, 113, 155, 156

INS 407  68, 156

INS 500ii  58, 156

INS 509  80, 156

INS 511  81, 156

INS 558  156

INS 900a  44, 122, 156

INS 1201  156, 215

Invertase  156

Iodofor/iodófor/iodóforo  156

Íon/Íons  156

Ionização ácida  157

*Irish moss*  84, 157, 262, 270

ISBT  157, 303

*Isinglass*  135, 157

ISN 270  156

Iso  157, 158, 265

Isoamila  157

Isoascorbato de sódio  44, 155, 156, 157

Isobutanol  157, 281

Isobutiraldeído  19, 157

Isomerase  158

Isomerização do lúpulo  158

Isomerização dos $\alpha$-ácidos  158

Isômero  157, 158

Iso-octano  158, 265

Isopreno  158, 192, 239, 255

Isoprenóides  158

Isopropanol  158

Isovalerato  159

Isovalérico  79, 159, 224

## J

John Baptiste Henri Joseph Desmazières  161

*Jora*  78, 161

Josef Groll  124, 161, 212

Joseph Louis Gay-Lussac  45, 141, 161

Joule/Joules/J  161

*Just about rigth*/JAR  161

## K

Ka  88, 163, 213, 303

*Kaffir*  163

*Kaschiri*  70, 163, 273

*Kauin*  163

Kcal  161, 163, 303

*Keferloher*  163

Kefir/Kéfir/Kephir  163, 223

# Índice remissivo

*KEG* 164, 215

*Keg beer* 163

*Keg hopping* 163

*Kelevala* 164

Keq 88, 164, 303

*Kettle hopping* 164

*Kettle sour* 164

*Kieselguhr* 164

*Klebsiella* 84, 164, 199, 226, 240, 283, 285

*Kloeckera apiculata* 164, 283

*Klosterbräu* 165

*Kocuria kristinae* 165, 283

*Kölsch* 72, 111, 165

*Kräusen collapsing* 165

*Kräusening* 165

*Kräusen/Kraeusen* 121, 165, 166

Kriek 166, 169

Kveik 166

KZ 154, 166, 303

## L

LAB 167

*Lachancea* 169, 171, 172, 236, 244, 284

Lactato 167, 202

Lactato desidrogenase/LDH 167, 202

Lactobacillaceae 51, 52, 167, 200, 207

*Lactobacillus* 27, 51, 52, 86, 124, 125, 126, 139, 147, 149, 167, 169, 220, 223, 244, 284, 286

*Lactococcus* 83, 149, 167, 284

Lactonas 168

Lactose 168

*Lager* 32, 68, 71, 72, 73, 107, 111, 124, 125, 149, 161, 168, 181, 182, 183, 184, 185, 190, 212, 234, 238

*Lagerlike* 72, 73, 168

*Lag* na fermentação 168

Lama 169, 170, 243, 259

*Lambda/λ* 169

*Lambic doux* 124, 131, 169

Lambic/*Lambiek* 169

Lático 169

Lauril sulfato de amônio 169

Lauril sulfato de sódio 169

*Lautering* 169, 183, 244, 268

Lavagem 26, 28, 35, 101, 169, 170, 244

Lavagem ácida 26, 28, 169, 170

Lavagem alcoólica 170

Lavagem com dióxido de cloro 170

Lavagem contínua 170

Lavagem mista 170

Lavagem por batelada 170

Lectina 170

Lei de pureza alemã 170

Leite azedo 170, 268

Leva 170

Levedura 171, 172, 174, 211, 235, 236, 238, 259, 276

Levedura alternativa 171

Levedura de cerveja 171

Levedura liofilizada 171, 174

Levedura líquida 171

Levedura não convencional 171

Levedura não-*Saccharomyces* 171, 211, 236, 238, 259, 276

Levedura selvagem 172

Leveduras secas 172

Liase 172

Ligase 172

*Lightstruck/Light-struck* 172

Limiar absoluto 173

Limiar de detecção 24, 26, 173

Limiar de reconhecimento 173

Limite-dextrinase 41, 173, 225, 234

Limpeza 173

Linha de cerveja 173

Lintner/°L 141, 173, 214, 270

Liofilização 132, 171, 174

Lipoxigenase/LOX 174

Liquefação 94, 136, 174

Líquido refrigerante 44, 116, 174, 250

*Liquor* 61, 175

*Liquor* cervejeiro 61, 175

Lote 54, 170, 175

Louis Camille Maillard 175, 227

Louis Pasteur 107, 175, 184, 206, 266

Lovibond/°L 175

Lublin/*Lubelskie* 176

Lupulagem 103, 176

Lupulagem contínua 176

Lupulina 136, 176

Lúpulo 39, 45, 79, 101, 149, 152, 176, 177, 190, 226, 260

Lúpulo aromático 176

Lúpulo de amargor 177

Lúpulo de uso misto 177

Lúpulo Mantiqueira 177

Lupulona 177

Lúpulos nobres 177, 190

Lúpulos tipo *Saazer* 177

# M

Maçã verde 179

Macro-oxigenação 179

Malato 179

Malta 179, 180

Malta gaseificada 179

Maltaria 180, 182

Maltase 180

*Malt color unit*/MCU 179

Malte 67, 133, 179, 180, 181, 184, 270

Malteação 113, 180, 181, 225

Malte ácido/acidificado 180

Malte base 180

Malte cara 180

Malte cristal 180

Malte defumado 181

Malte de vento 181, 270

Malte especial 67, 180, 181

Malteria 182

Malte tostado/Malte preto 181

Malte verde 181

Maltose 39, 182

Maltotetrose 182

Maltotriose 182, 262

*Malzbier* 182

Manômetro 53, 182, 203, 220

MAPA 59, 74, 118, 121, 182, 223, 290, 303

Maraschino 182

*Märzen/Märzenbier* 182

Marzipan 183

*Mash hopping* 183

*Mashing-off* 183

*Mash-in/Mashing-in/Mashing* 183

*Mash-lauter tun*/MLT 183

*Mash-out* 35, 183

*Mash-tun* 183

*Mass/Maß* 149, 183

Maturação 86, 183, 184

Maturação em barril 184

Max Reess 107, 184, 234, 235

MCU 179, 184, 266

Medição do grau de satisfação 184

Medicinal 52, 82, 184

*Megasphaera* 83, 184, 284

Meio de cultivo 184

Melanoidinas 175, 185

Melibiase 39, 185

Melibiose 185, 225

Mercaptano 185

Mesofílico 185

Mesófilo 185

Mestre(a) cervejeiro(a) 76, 186

Metálico 186, 325

Metiltio-metano 186

Método *Champenoise* 186

Método *Charmat* 187

Método de Gram 187

Método de Rager 153, 187, 225

Método de Tinseth 153, 187, 258

Métodos descritivos 43, 187, 188, 209

Métodos discriminativos 43, 188, 255, 256, 257, 258

Métodos hedônicos ou afetivos 110, 111, 188

Método *Spectrum* 187, 266

Método *Traditionelle* 187

*Metschnikowia* 172, 188, 284

Mevalonato 188

Micotoxinas 31, 134, 188, 199, 271, 298, 299

*Micrococcus* 83, 165, 189, 231, 283, 284

Microscópio de luz/óptico 89, 153, 189

Míldio 103, 189, 220

Milheto 189, 190

Milheto-pérola 189

Milho 190, 275

*Millet* 190

Mio-inositol hexaquisfosfato 190

Mirceno 117, 190, 192

*Mittelfrueh/Mittelfrüh* 190

*Mix sparge* 130, 170, 190

mL 21, 47, 86, 88, 95, 96, 141, 179, 187, 190, 212, 227, 228, 231, 237, 238, 262, 265, 277

m/m 43, 85, 118, 133, 151, 179, 213, 269, 277

Moagem 191

Modificação/Modificação do malte 191

Mofado 191

Mofo 19, 59, 191

Mofo preto do pão 191

Moinho de rolos 191

Moinho Guzzo 191

Molaridade 192

Mol/Moles 192

Monoetilenoglicol/MEG 192

Monossacarídios 192, 201, 215

Monoterpenos 158, 192, 239, 255

Mosto filtrado 192

Mosto não filtrado 192

Mosturação 35, 39, 154, 180, 183, 193

*Mrakia gelida* 193, 284

Murcha de verticilagem 193, 267

Musgo irlandês 84, 193, 262, 270

m/v 85, 108, 179, 269

# N

NAD 37, 122, 167, 195

NADH 37, 106, 107, 122, 131, 167, 195, 230, 303

Nefelômetro 195, 263

*Nibs* de cacau 195

Nicotinamida adenina dinucleotídio 195, 303

Ninkasi 195

Nitrato 195

Nitrito 196

Nitrogênio amínico livre 42, 119, 132, 196

Nitrogênio solúvel total 196

Nitrogênio total 196

Nitrosamina 196

Nivalenol 97, 197

*No chill* 197

Normal/N 197

*Novozymes Attenuzyme Pro* 197

*Novozymes Ultraflo* 197

Nozes 197

Nucleação 197

Número EC 197

Nutrientes 197

# O

*Obesumbacterium* 108, 199, 284

*Obesumbacterium proteus* 199, 284

Ocratoxina 47, 199

Índice remissivo

Odor 46, 78, 108, 139, 199, 201, 233

Odor fecal/fezes 108, 199

*Oenococcus oeni* 27, 126, 200, 284

*Off-flavor* 173, 184, 200, 249

OG 47, 48, 133, 142, 154, 200, 201, 202, 223, 303

Oídio 200, 214, 216, 244

*Øjvind Winge* 200, 229

Óleos essenciais 177, 200

Olfação ortonasal 201

Olfação retronasal 201

Oligossacarídios 192, 201

*On-flavor* 201

Organoléptica 145, 201, 239

*Original gravity*/OG 200, 201

*Oryza sativa* 201, 213

Osmose inversa 201

Osmose reversa 34, 201

*Over-pitching/Overpitching* 201

Ovo podre 201

Oxidação 202

Oxigenação/Oxigenação do mosto 179, 202, 245

Oxirredutase 202

## P

PA 140, 141, 203, 303

PA/ACS 203

Panela de pressão 203

Pa/Pascal 203

Papelão 202, 203, 259

Parada da produção de maltose 96, 204

Parada de acidificação 129, 204

Parada de sacarificação 96, 204

Parada do β-glucano 205

Parada ferúlica/Parada do ácido ferúlico 205

Parada proteica 42, 68, 96, 101, 107, 117, 205, 219

Parada/s 204, 225, 252

Parede dupla 135, 205, 250

*Parti-Gyle* 143, 205

Pasteurização 175, 206, 266, 277

Pasteurização de túnel 206

Pasteurização *flash* 206

PDB 17, 36, 39, 56, 57, 70, 114, 129, 131, 167, 173, 174, 206, 212, 219, 233, 303

PEAD 146, 210, 214

Peagômetro 206, 210

Pectina 207

*Pectinatus* 127, 139, 185, 207, 285

*Pediococcus damnosus* 52, 125, 207

Pedra cervejeira 55, 106, 207

Pedra de carbonatação 207

Pedra difusora 100, 207

Peixinho 207

Película 207

*Pellet* 208, 258

*Pellet* T45 208

*Pellet* T90 208

Percentual de aproveitamento 208

Percentual de utilização 208

Perfil convencional 208

Perfil de água cervejeira 32, 33, 34, 209

Perfil de livre escolha/PLE 209

Perfil de sabor/*flavor* 43, 209

Perfil de textura 209

Perfil *flash* 209

Perfil livre *flash* 209

Período *Lag* 209

*Perlage* 209

Peróxido de hidrogênio 209

PET 210, 214, 303

pH 23, 24, 25, 26, 27, 32, 35, 36, 39, 41, 42, 54, 57, 58, 66, 67, 68, 81, 101, 102, 107, 108, 109, 110, 113, 114, 115, 122, 123, 126, 129, 130, 131, 151, 168, 169, 173, 174, 180, 184, 189, 199, 200, 204, 205, 206, 207, 210, 213, 214, 216, 217, 219, 233, 242, 243, 244, 251, 253, 258, 287, 296, 303

pHmetro 36, 206, 210

*Phorodon humuli* 210, 220

pH ótimo 39, 41, 42, 57, 68, 101, 107, 114, 129, 204, 210, 219, 242

pH *Stabilizer* 5.2 210, 243

*Physica Sacra* 148, 210

Picância 211

Picante 117, 211

*Pichia* 171, 172, 211, 285

Pichiaceae 60, 95, 211

*Pichia kluyveri* 211

*Pigtail* 212

*Pils* 212

Pilsen/Pilsener/Pilsner 212

*Pint* 53, 212

Piruvato 212

Piruvato descarboxilase 212

*Pitching* 212

*Pitching rate* 212

*Pivo* 212

Pivovar 212

*Piwo* 212

*Piwowar* 212

pKa 22, 24, 27, 28, 64, 66, 88, 110, 167, 210, 212, 213

Placa de toque 213, 257

Plato/°P 133, 141, 213, 253

Poaceae 46, 48, 68, 71, 73, 77, 112, 113, 189, 190, 213, 236, 244, 261

Poço termométrico 213

Poder diastático 57, 77, 180, 214, 277

Poder revigorante do lúpulo 214

*Podosphaera macularis* 200, 214

POF 19, 166, 214, 303

pOH 36, 214, 303

Polietileno de alta densidade 214

Polietileno tereftalato 214, 303

Polifenol/polifenóis 214

Polimento 215

Polissacarídios 192, 201, 215

Índice remissivo

Polivinilpolipirrolidona 215, 303

Polyclar 30, 80, 215

Polygel 215

Ponto de evaporação dos terpenos 215

Pontos de gravidade 215

POP 59, 215, 217, 303

Posthumulona/post-humulona 216

Postlupulona/post-lupulona 216

*Post-mix* 215

Potencial hidrogeniônico 216, 303

*Pound force per square inch* 216, 303

*Powdery mildew of hops* 216

ppb 216, 303

ppm 22, 23, 24, 25, 28, 32, 33, 34, 35, 58, 61, 65, 67, 75, 81, 99, 101, 102, 104, 140, 141, 170, 195, 196, 202, 216, 245, 246, 303

Prehumulona/pre-humulona 216

Prelupulona/pre-lupulona 216

*Premium* 216

*Priming* 29, 87, 101, 216, 223

Procedimento Operacional Padrão/POP 59, 217

Processador ultrassônico 217

Prodooze BG 217

Prolamina 136, 151, 217, 238

Proliferação 91, 217

Prolil endopeptidase ácida 61, 102, 217

Propagação 114, 217, 218, 229

Propagação controlada 218

Propagação por sementes 218

Propagação vegetativa 114, 218, 229

Propanol 157, 159, 218, 281

Propilenoglicol 44, 100, 116, 174, 218, 281

Propionato 218

Proteases 218

Proteína 36, 49, 136, 138, 139, 151, 196, 219, 238

Proteína solúvel 196, 219

Proteína total 219

Proteína Z 36, 219

*Protein Data Bank* 17, 206, 219

Proteólise 219

*Pry-off* 220, 263

Pseudo-hifa 220

*Pseudoperonospora humuli* 189, 220

Psi 220

Psicrófilo 220

Psicrotrófico 220

*Puka* 220

Pulgão do lúpulo 31, 93, 210, 220

Pureza do sal 221

Puro malte 221

## Q

*Quadrupel/quadruppel* 223

*Quaff* 223

Qualidade do grão de cevada 223

Quantidade de água para priming 35, 217, 223

Quefir 74, 123, 124, 125, 163, 223, 244

Queijo 224

Queijo velho 224

Queimado 224

Quelação 224

Quelantes 224

Quinoa 224

# R

Radiação Ultravioleta 225

Radículas 225

*Radler* 225, 240

Rafinose 185, 225

Rager 153, 187, 225

Rampa isotérmica 225

Rampas de temperatura 94, 225

*Randall* 132, 225

*Raoultella terrigena* 164, 226, 285

Raque 226

Ráquis 226

*Ratebeer* 226

Razão água:malte 226, 252

Razão BU:GU 153, 226

Razão de amargor relativo 226

Razão humuleno/cariofileno 226

Razão humuleno/mirceno 177, 190, 226

Razão humulona/cohumulona 145, 177, 226

Razão sulfato/cloreto 227, 246

Reação de Benedict 227

Reação de Fehling 227

Reação de Maillard 67, 112, 128, 175, 180, 181, 185, 227

*Recirculating Infusion Mash System*/RIMS 146, 227, 242

Redemoinho 228

Refratômetro de luz 228

Refrigerante 228

Régie/°R 141, 228

Regulação do catabolismo de açúcares 228

Reidratação do fermento 147, 228

*Reinheitsgebot* 58, 111, 112, 170, 228, 229, 244

Renda 229

R-Enzima 225

Reprodução assexuada 229

Reprodução sexuada 200, 229

Resfriamento/Resfriamento do mosto 229

Resina 176, 230

Resinas duras 230, 271

Resinas moles 136, 230

Respiração aeróbia 230

Retrogosto 31, 230, 233

Revitalização do fermento 231

*RIMS* 146, 227, 231, 242, 304

Rizoma 176, 231

*Ropiness* 231

*Rothia kristinae* 165, 189, 231

Índice remissivo

*Run-off/runoff* 231

Ruptura a frio 231

Ruptura a quente 231

## S

Sabão 233

Sabor 19, 130, 139, 233

Sabor remanescente 233

Sabor residual 233

*Sabtiem* 233

Sacarase 156, 233, 234

Sacarificação 109, 174, 204, 233

Sacarímetro 234

Sacarômetro 234

Sacarose 28, 234

*Saccharomyces* 38, 43, 47, 54, 86, 94, 98, 107, 116, 123, 124, 125, 126, 132, 134, 137, 145, 161, 165, 166, 168, 169, 170, 171, 172, 184, 185, 188, 211, 220, 225, 234, 235, 236, 238, 239, 240, 241, 259, 271, 276, 285, 286, 289, 290, 293, 299

*Saccharomyces carlsbergensis* 107, 234, 241

*Saccharomyces cerevisiae* 38, 43, 47, 54, 98, 123, 126, 132, 137, 161, 166, 168, 169, 170, 171, 185, 211, 220, 225, 234, 235, 239, 259, 271, 285, 290, 299

*Saccharomyces cerevisiae* var. *diastaticus* 98, 137, 235, 285

*Saccharomyces pastorianus* 168, 184, 185, 225, 235, 241, 286

*Saccharomyces uvarum* 235

Saccharomycetaceae 169, 171, 235, 236, 276

*Saccharomycodes ludwigii* 236, 286

*Saccharum* 236

Sachê 236

*Sahti* 236

*Saison* 111, 236, 237, 240

Sala de brassagem 237

Sala de cozimento 237

Sal amargo 236, 246

Sal de cozinha 236

Sal de epsom 236

Salgado 237

Sanitização 36, 97, 102, 231, 237, 268

Sanitizante 97, 237

*Sarcinae sickness* 237

Sazonal 237, 238

*Schizosaccharomyces japonicus* 238

*Schoppen* 79, 237, 238

*Schwarzbier* 111, 238

*Seasonal* 238

Seca/cerveja seca 238

Secagem de leveduras 172, 238

*Secale cereale* 71, 213, 238

Secalina 238

Secalinina 238

Sedimentação 239

Seis fileiras 239

Sela 90, 239

Selo salomônico 239

Senescência 239

Sensação organoléptica  239

Sensação residual  239

Sensações trigeminais  117, 211, 233, 239

Sesquiterpenos  158, 239, 255

*Session*  236, 240

*Set mash*  240

*Shandy*  225, 240

*Shelf-life*  240

Sifão  240

Sílica  240

SINDCERV  240

Síndrome da autocervejaria  240

Síndrome da fermentação intestinal  240

*Single hop*  241

*Single malt*  241, 243, 304

*Single malt and single hop*/SMaSH  241

*Single vessel*  90, 241, 242

Sinônimo heterotípico  241, 242, 251, 304

Sinônimo homotípico  165, 241, 242, 304

Sinônimo nomenclatural  241

Sinônimo objetivo  242

Sinônimo subjetivo  242

Sinônimo taxonômico  242

SI/Sistema internacional de unidades  240

Sistema CIP  242

Sistema coloidal  242

Sistema COP  242

Sistema de brassagem de um único recipiente  242

Sistema de mosturação por infusão recirculante  242

Sistema de mosturação por troca de calor recirculante  242

Sistemas sensoriais  242

Sítio ativo  242

*Six-row barley*  242

*Skunk/Skunking*  242

*Sluggish fermentation*  242

*Slurry*  243

*SMaSH*  241, 243, 304

*SMM/S-metil-metionina*  243

*Snifter*  243

Solução tampão  25, 66, 210, 243

Solvente  243

*Sommelier* (masculino)/*Sommelière* (feminino)  243

Sonicação  243

Sonicador  217, 243, 244, 265

Søren Peter Lauritz Sørensen  210, 244

Sorgo  244

*Sour*  27, 56, 126, 169, 244

*Sparge*  244

*Specific Gravity*/SG  244

*Speise*  244

*Spelt*  244

*Sphaerotheca humuli*  200, 244

*Spin vinator*  245, 268

*Splash*  245

Índice remissivo

SRM 69, 85, 105, 112, 175, 245, 266, 277, 304

*Standard reference method*/SRM 245

*Starter* 31, 218, 245

*Strain* 245

*Strike water* 245, 304

*Strike water temperature*/SWT 245

*Stuck fermentation* 245

*Stuck sparge* 245

Subinoculação 245, 266

Sulfato de cálcio hidratado 246

Sulfato de magnésio/Sal amargo/Sal Epsom/ *Epsom salt* 246

Sulfato/s 246

Sulfeto de hidrogênio 28, 202, 224, 246, 281

Sulfítico 247

Sulfito de sódio 88, 155, 156, 247, 287

Suor 247

Superatenuação 247

Superinoculação 201, 246, 247

Surfactantes 85, 169, 247, 252, 253

**T**

*Taint* 36, 82, 184, 186, 249

Taninos 30, 249

Tanoaria 54, 87, 102, 249, 259

Tanoeiro 249, 259

Tanque cilindro-cônico 249

Tanque de fermentação 127, 250

Tanque de fervura 250

Tanque de glicol 250

Tanque de parede dupla 250

Tanque de resfriamento 250

Tanque secundário 250

*Tap beer* 250

Taxa de evaporação 250

Taxa de inoculação 155, 212, 246, 247, 251

Taxonomia 251

Técnica da Panela pressão 203, 251

Técnica de Gram 252

Teleomorfo 252

Temperatura da água de infusão/TAI 252

Temperatura de serviço 252

Temperatura ótima 252

Tempo de prateleira 252

Tenenet 252, 275

Tensioativos 252

Tensoativos 247, 253

Teor alcoólico 253

Termamyl® 41, 108, 253

Terminal *ball-lock* 88, 253

Terminal *pin-lock* 88, 253

Termistor 254

Termofílico 253

Termófilo 253, 254

Termômetro 254

Termostato 254

Terpenóides 254

Terpenos 27, 136, 158, 239, 254

Terpenos livres de oxigênio 254

Terpenos oxigenados 136, 254

Terra 99, 128, 164, 255

Terra branca 255

Terra de infusórios 255

Terra diatomácea/Terra de diatomácea 99, 128, 164, 255

Terra molhada 255

Teste de amido 255

Teste de A – não A 255

Teste de diferença direcional 85, 112, 256

Teste de diferença do controle 256

Teste de diferença simples 256

Teste de ordenação 256

Teste de semelhança 257

Teste do iodo 94, 213, 255, 257

Teste dois-em-cinco 257

Teste duo-trio 257

Testes de aceitação 255

Testes de preferência 110, 111, 256

Teste sensorial 257

Teste tetraédrico 257

Teste triangular 257

*Tetranychus urticae* 21, 46, 258

*The world guide to beer* 258

*Tied house* 258

Tina de fervura 258

Tinseth 153, 187, 208, 258

Tipo 45 208, 258

Tipo 90 208, 258

Tira indicadora de pH 129, 258

Tolerância ao etanol 258

Tonel 53, 54, 87, 168, 249, 258

Torpedo 259

Torrado 259

Torta de levedura 259

*Torulaspora delbrueckii* 241, 259, 286

Tostado 259

Toxina T-2 259

Trans-2-nonenal 259

Transfega 259

Transferase 131, 260

Translocase 260

Trapista 74, 104, 111, 223, 260, 262

Trasfega 259, 260

Treliça 260

Tricoteceno 97, 99, 134, 197, 259, 260

Trigo 113, 261, 262

Trigo mourisco 261

Trigo pré-gelatinizado 261

Trigo sarraceno 261

Trigo torrificado 261

Trigo vermelho 261

*Tripel* 223, 252, 261

Trissacarídio 182, 262

*Triticum* spp. 262

Trocador de calor 262

Índice remissivo

*Trub* frio/Trüb frio 262

*Trub* quente/Trüb quente 262

*Trub/Trüb* 84, 93, 262

Tubo Falcon 262

*Tumbler* 262

Turbidez 78, 102, 195, 262, 263

Turbidímetro 263

Turvação 263

*Twist-off* 220, 263

*Two-row barleys* 263

## U

*Ullage* 265

*Ultraflo®* 197, 265

Ultrassom 52, 96, 243, 244, 265

Ultravioleta/UV 225, 265

Umami 265

Umbela 265

*Underpitching/Under-pitching* 266

Unidade de carbonatação 266

Unidade de cor de malte/UCM 266

Unidade de Pasteurização/UP 266

Unidade formadora de colônia/UFC 265

Unidades de amargor 153, 266

Unidades de gravidade/GU 266

Unitanque 266

*Universal scale* 266

Urina de gato 266

USP 141, 266, 298, 304

## V

Validade 240, 252, 267

VDK 99, 267, 304

Vegetal 267

*Verticillium albo-atrum* 193, 267

Viabilidade celular 49, 89, 267

Via glicolítica 267

Vias metabólicas 267

*Vicinal diketone*/VDK 267

*Vieux Lambic* 267

Vinagre 268

*Vinator* 245, 268

Vinil-guaiacol 19, 122, 214, 268

Viscosidade 268

Vitalidade celular 268

Vitamina C 268

Volume de $CO_2$ 217, 266, 268

Vômito de bebê 268

*Vorlauf* 268

v/v 21, 36, 43, 55, 74, 75, 76, 85, 179, 211, 253, 258, 267

VZ-45 °C 268

## W

Watt/W 269

*Weihenstephan* 269

*Weihnachtsbier* 79, 237, 269

*Weiss* 269

*Weisse* 269

*Weizen* 72, 114, 269

*Wet hopping* 132, 142, 269

*Whirlfloc* 69, 80, 84, 193, 262, 270

*Whirlpool* 15, 93, 150, 151, 228, 262, 270

*Whirlpool hopping* 270

*Wickerhamomyces* 270

William Sealy Gosset 270

Windisch-Kolbach/°WK 141, 270

*Wind malt* 270

w/v 269

w/w 269

# X

Xantumol/*Xanthohumol* 271

Xarope de malte 271

Xenobióticos 271

Xilose 271

# Y

*Young Kräusen* 121, 165, 273

Yuca 273

Yuzu 273

# Z

*Zea mays* 190, 213, 275

Zenenet 252, 275

Zero álcool 275

Zimase 275

Zimbro 275

Zimolectina 29, 130, 170, 275

Zitologia 275

*Zoiglstern* 239, 276

*Zoigl/Zoigl bier* 275

*Zuckerpilz* 276

*Zygosaccharomyces lentus* 276, 286

*Zymomonas* 139, 276, 286

*Zythos/Zythum/Zithum/Zitos* 276

# Revisores técnicos

*2ª ed. 2023 e 1ª ed. 2019*

**Eduardo de Figueiredo Peloso**

Professor de Bioquímica na Universidade Federal de Alfenas (Unifal-MG). Graduado em Farmácia (UNIFAL-MG), Mestre em Ciências Farmacêuticas pela (UNIFAL-MG), Doutor em Biologia Funcional e Molecular – Bioquímica pela Universidade Estadual de Campinas (UNICAMP).

*Revisor 1ª ed. 2019*

**Vitor Renato Alves de Brito**

Companheiro cervejeiro de Alfenas-MG, *homebrewer* desde 2016. Graduado em Ciência da Computação (Unifenas), mestre em Sistemas de Produção na Agropecuária (Unifenas). Trabalha como Analista de Tecnologia da Informação – Segurança de Redes na UNIFAL-MG.

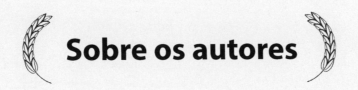

# Sobre os autores

**Gabriel Gerber Hornink**

Doutor em Ciências pela Universidade Estadual de Campinas (Unicamp), mestre em Biologia Funcional e Molecular – área Bioquímica (Unicamp), especialista em gestão ambiental (Unicamp), graduado em Ciências Biológicas (Unicamp). Realizou pós-doutoramento na Universidade do Minho. Desde 2009 está como professor na Universidade Federal de Alfenas (UNIFAL-MG) e atua na graduação e pós-graduação. Ministra as disciplinas de Bioquímica e Ciência da Cerveja (optativa) na graduação desde 2017 e a disciplina de tecnologia da produção de cerveja artesanal no curso de especialização em Tecnologia e Qualidade em Produção de Alimentos (2022). Coordena o projeto de extensão Cerveja com Ciência desde 2019. Em 2019 publicou a primeira edição do ebook "Glossário cervejeiro: da cultura à ciência", com mais de 700 verbetes, e iniciou a produção de materiais didáticos envolvendo a ciência cervejeira. Lançou em 2022 o *ebook* Princípios da produção cervejeira e as enzimas na mosturação. Desenvolve pesquisas envolvendo a produção cervejeira e o potencial antioxidante da bebida.
http://lattes.cnpq.br/7615930937088442

**Alfredo Alberto Muxel**

Doutor em Química Inorgânica – Bioinorgânica (2014) pela Universidade Federal de Santa Catarina (UFSC), mestre em Química dos Recursos Naturais (2007) e graduado em Química (2004) pela Universidade Estadual de Londrina (UEL). É docente da UFSC – Campus Blumenau, onde atua como professor no curso de graduação em Química desde de 2014. Na pesquisa se dedica a síntese de complexos modelos para metaloenzimas com potencial atividade biológica. Na graduação leciona disciplinas teóricas e experimentais de Química Geral e Química Inorgânica. Na área cervejeira, ministra na graduação a disciplina de Fundamentos de Produção de Cerveja e coordena o projeto de extensão "Cervejaria Escola UFSC-Blumenau" que tem como objetivo produzir e divulgar conhecimentos sobre a produção de cerveja, a partir do desenvolvimento de material técnico e pela oferta de cursos referente ao tema, como os de "produção de cerveja artesanal" e "análise e avaliação sensorial

de cervejas" promovendo a transferência de conhecimento, formação e capacitação profissional na área. É o autor do livro "Química da Cerveja – Uma abordagem Química e Bioquímica das matérias-primas, processo de produção e da composição dos compostos de sabores da cerveja" lançado em 2022 pela Editora Appris.
http://lattes.cnpq.br/0297261021413130

## Gabriel Galembeck

Graduado Engenheiro de Alimentos (1990-1994) pela Unicamp, com 24 anos de experiência em Cervejaria. Mestre cervejeiro, certificado em Tecnologia da Cerveja pelo *Siebel Institute of Technology (1997)*, trabalhou como Coordenador de desenvolvimento de cervejas e processos da Ambev (2000-2004) e como diretor do Centro de Inovação e Tecnologia da Anheuser-Busch InBev em Guarulhos (2004-2014). É Co-fundador e Sócio da *BioinFood* Soluções em Biotecnologia, *start-up* criada em Agosto de 2018 e que visa o desenvolvimento personalizado de leveduras para diversas aplicações industriais.
https://www.linkedin.com/in/gabrielgalembeck

# Indicações de leitura

No âmbito do projeto Cerveja com Ciências foram produzidos diversos materiais que podem ser consultados e obtidos no site:

https://www.unifal-mg.edu.br/lme/cervejacomciencia/materiais

Tipos de materiais produzidos: eBooks; Fichas de produção; Minuto da cerveja; Infográficos; Boletins; Vídeos/gravações; Publicações do grupo; Banco de materiais; Mapa cervejarias: Mapa interativo de cervejarias; Indicações de leituras; legislação cervejeira.

Estamos sempre publicando novos materiais, nos acompanhe pelas redes sociais, participe do projeto e fique de olho em nosso site!

Conheça também as produções do prof. Alfredo A. Muxel em:

https://amuxel.paginas.ufsc.br/alfredo-a-muxel

Impresso na Prime Graph
em papel offset 75 g/m²
fonte utilizada adobe caslon pro
março / 2024